Eschscholtzia californica Cham.,
Kalifornischer Gelbmohn, Schlafmützchen
Erstbeschreibung und Originalzeichnung publiziert in
„Horae physicae berolinenses“ (s. Seite 65 ff.)

ADELBERT VON CHAMISSO

....UND LASSEN GELTEN, WAS ICH BEOBACHTET HABE

Naturwissenschaftliche Schriften mit Zeichnungen des Autors

Herausgegeben von
Ruth Schneebeli-Graf

DIETRICH REIMER VERLAG · BERLIN

CIP-Kurztitelaufnahme der Deutschen Bibliothek

Chamisso, Adelbert von:
Und lassen gelten, was ich beobachtet habe:
naturwiss. Schr. / Adelbert von Chamisso. Mit Zeichn.
d. Autors. Hrsg. von Ruth Schneebeli-Graf. [Übers.,
Bearb., Anm.: Friedrich Markgraf. Text- u. Bildausw.,
Übers. aus d. Franz., Anm., Porträtskizze, Bibliogr.,
Reg.: d. Hrsg.]. – Berlin: Reimer, 1983.
ISBN 3-496-00730-3

NE: Markgraf, Friedrich [Bearb.]

Inh. Dr. Friedrich Kaufmann
Unter den Eichen 57
1000 Berlin 45

Printed in Germany

„Ich habe, so weit meine Stiefel gereicht, die Erde, ihre Gestaltung, ihre Höhen, ihre Temperatur, ihre Atmosphäre in ihrem Wechsel, die Erscheinungen ihrer magnetischen Kraft, das Leben auf ihr besonders im Pflanzenreiche, gründlicher kennen gelernt, als vor mir irgend ein Mensch. Ich habe die Tatsachen mit möglichster Genauigkeit in klarer Ordnung aufgestellt in mehreren Werken, meine Folgerungen und Ansichten flüchtig in einigen Abhandlungen niedergelegt."

„Peter Schlemihl"

Inhaltsverzeichnis

Adelbert von Chamisso

Naturwissenschaftliche Schriften mit Zeichnungen des Autors herausgegeben von *Ruth Schneebeli-Graf*

Originaltitel: „Voyage de Kotzebue-Lettre écrite à M. le comte de Romansoff, par M. de Chamisso, naturaliste français, qui a fait le voyage autour du monde sur le bric le „Rurick" – „De animalibus quibusdam e classe vermium Linnaeana: De Salpa" – „De plantis in expeditione speculatoria romanzoffia observatis: Praefatur Adelberts de Chamisso" – „Eschscholtzia californica Cham." – „De Potamogeton" – „Draba? parryoides n. sp. vel. nov. gen. Ermania parryoides Cham." – „Notices sur les îles de corail du Grand Océan" – „Über eine Exkursion auf den Gipfel des Werstovoi bei Neu-Archangel im Norfolk-Sund" – „Untersuchung eines Torfmoors bei Greifswald und ein Blick auf die Insel Rügen" – Über die Torfmoore bei Colberg, Gnageland und Swinemünde" – Aus „Übersicht der nutzbarsten und der schädlichsten Gewächse, welche wild oder angebaut in Norddeutschland vorkommen: Nebst Ansichten von der Pflanzenkunde und dem Pflanzenreiche".

Von Professor Dr. *Friedrich Markgraf* stammen Übersetzung, Bearbeitung, Anmerkungen folgender Beiträge: „De Salpa" – „Praefatur-De plantis in expeditione speculatoria romanzoffia observatis" – „Eschscholtzia californica Cham." – „De Potamogeton" – „Draba ? parryoides n.sp.vel.nov.gen. Ermania parryoides Cham."

Text- und Bildauswahl, Übersetzungen aus dem Französischen, Anmerkungen, Porträtskizze, Bibliographie, Register erfolgte durch die Herausgeberin.

Dank

Für das spontane Interesse an der Herausgabe der „Naturwissenschaftlichen Schriften“ von Adelbert von Chamisso und die hilfreiche Vermittlung danke ich herzlichst Herrn Professor Dr. Hanno Beck, Leiter des Amtes für Forschung der „Humboldt-Gesellschaft für Wissenschaft, Kunst und Bildung“, Bonn. – Eine glückhafte Fügung wollte es, daß Herr Professor Dr. Friedrich Markgraf, em. Direktor des Botanischen Gartens der Universität Zürich, Übersetzung und Bearbeitung der lateinischen Texte übernahm; ihm gilt mein großer Dank für diese seine Bereitschaft, seine Arbeit, seine tätige Teilnahme am Gedeihen dieser „Schriften“. – Besonders danke ich Frau Dr. Rosmarie Honegger, Dozentin am Institut für Pflanzenbiologie, Cytologie der Universität Zürich; sie stand mir mit Hinweisen und schriftlichen Auskünften helfend zur Seite. – Ebenso danke ich allen meinen Lehrern am Institut für Systematische Botanik der Universität Zürich; für besondere Auskünfte bin ich dankbar den Herren Balthasar Stüssi (em. Dozent für Pflanzengeographie) und Professor Dr. Peter K. Endress (Systematik, Verbreitungsbiologie). – Mein Dank gilt auch der Direktion des Botanischen Museums Berlin-Dahlem, insbesondere Herrn Dozent Dr. H.W. Lack, für die Beschaffung von Bildmaterial. – Für die freundliche Auskunft über nachgelassene naturwissenschaftliche Arbeiten danke ich Herrn Dr. H. E. Teitge, Abteilungsdirektor (Handschriften/Literaturarchiv), Deutsche Staatsbibliothek Berlin/DDR. – Für besondere Auskünfte danke ich Frau Dorothea von Chamisso de Boncourt, Leverkusen; Ms. Mary Fallen, San Francisco, Ass. Inst. für Systematische Botanik Universität Zürich; Ms. Isabel Miller, Sitka Historical Society, Sitka, Alaska; Herrn Dr. Carl Arbenz, Winterthur, Schweiz; Herrn Professor V. Grubov, Botanisches Museum Leningrad. – Für ihre Geduld danke ich den Leitern und Mitarbeitern folgender Bibliotheken: Zentralbibliothek

Luzern; ETH-Bibliothek Zürich; Institute für Systematische Botanik und Pflanzenbiologie der Universität Zürich; Conservatoire de Botanique Chambésy/Genève. – Dem Inhaber des Dietrich Reimer Verlags, Herrn Dr. Friedrich Kaufmann, danke ich herzlich für die ruhige Zusammenarbeit.

R.S.-G.

Vorbemerkung

„Es setzt etwas Neues", schrieb *Adelbert von Chamisso* an seinen langjährigen Freund, den Botaniker de La Foye, als er, kaum von der Weltreise zurückgekehrt, die von ihm illustrierte Arbeit „De Salpa" („Über die Gattung Salpa") ankündigte. In der Tat, ein noch nie beschriebenes Naturphänomen, der Generationswechsel, wurde hier abgehandelt, klar aufgezeigt und belegt. Damit eroberte Chamisso einen bleibenden Platz im Reich der Naturwissenschaften, so wie er, kurz vor der Reise, mit seinem „Peter Schlemihl", sich in die Reihe deutscher Dichter eingeschrieben hatte.

Erstmals wurden im vorliegenden Lesebuch naturwissenschaftliche Schriften zusammengetragen: es ist ein gewichtiger Teil seiner Lebensarbeit. Ein bedeutender Biologe, der zugleich ein Meister der Sprache ist, deckt, lebendig und prägnant, Zusammenhänge im Haushalt der Natur auf und gibt, als erfahrener Systematiker, in seinen „Ansichten von der Pflanzenkunde und dem Pflanzenreiche" Einsicht und Übersicht in die vielfältigen pflanzlichen Lebensformen; insbesondere zeigt er auf die Florengebiete der Erdoberfläche, was durchaus neu für seine Zeit war. Wir lernen einen Unbekannten kennen: den Vorbereiter des Evolutionsgedankens, den Pflanzensammler und -geographen von Weltruf, den vergessenen Korallenriff- und Torfmoorforscher, einen Wissenschaftler, der Teamarbeit nicht nur schätzte, sondern ihr nachlebte, und nicht zuletzt den fleißigen, mikroskopierenden, zeichnenden Phytographen, der mit ironischer Selbstdistanz von sich schrieb: „Ich stehe von morgens bis abends einer Heu-Manufaktur vor, komme nicht vorwärts und habe doch Sitzfleisch wie kein Mensch!"

Die Texte erschienen seinerzeit vereinzelt, sei es in Fachzeitschriften oder schwer zugänglichen Einzelpublikationen; sie sind in keiner Gesamtausgabe enthalten. Jedem Kapitel folgen Anmerkungen, die u.a. vollständige Artenlisten der

Pflanzenfunde auf Unalaschka und Presidio (Kalifornien) enthalten. Den damals verwendeten Pflanzennamen wurden heute geltende Synonyme danebengesetzt, orthographische Abweichungen und Interpunktion teilweise belassen, die vielen sinnstörenden Druckfehler in „Ansichten von der Pflanzenkunde" korrigiert. Zeittafel, knappe biographische Daten, bibliographische Angaben, Liste von Pflanzen, Tieren, Orten, die Chamisso gewidmet sind, schließen die „Naturwissenschaftlichen Schriften".

Der Naturwissenschaftler Chamisso zeichnet sich aus durch Sachlichkeit, differenzierende Beobachtungsgabe und Schlichtheit. Die Fragen, weshalb seine Leistung ein Schattendasein lebt, bleiben einstweilen unbeantwortet. Weil er ein berühmter Dichter war? Aus politischen Gründen? Weil er außereuropäische Pflanzen gesammelt und beschrieben hat? – In angloamerikanischen Gebieten hat sein Name auch heute noch einen guten Klang; er lebt weiter als „the justly distinguished naturalist" (Darwin) und „as a very keen and reliable plant collector, plant-geographer and taxonomist" (Hultén), so daß seine eigenen Worte noch gelten: „. . . ich werde von meinen Pairs vollgültig anerkannt: *Hooker, de Candolle* und andere nehmen mit ehrendem Zutrauen auf, was ich bearbeitet und lassen für gesehen gelten, was ich beobachtet habe."

Kapitel I

„Erster Bericht über eine Expedition“

„Vorwort zu ‚Die Pflanzen der Romanzoffschen Forschungs-expedition‘ “

„Ich bin nach Weisheit weit umhergefahren"

„Erster Bericht über eine Expedition"

Ich erachte es als besondere Gunst, Ihnen, verehrter Herr Graf, meine Ansichten über die Reise mit Herrn von Kotzebue mitzuteilen. Es scheint mir angebracht, daß ich meine persönlichen Beobachtungen in einem Bericht und in Einzelartikeln veröffentlichen sollte. Hin und wieder werde ich *meine* Gefühle ausdrücken, da ich vieles mit *meinen* Augen gesehen habe. Aber ich ermächtige die Redaktion, diese meine Bemerkungen kritisch zu lesen und sie, wenn nötig, mit Fußnoten zu versehen. Solche Diskussionen sind durchaus wünschenswert, und sie helfen, der Wahrheit näher zu kommen. In Berlin, wo ich wieder Wohnsitz nehmen werde – dort kenne ich mich aus, dort bin ich zu Hause –, werde ich sofort mit Schreiben beginnen. Dort habe ich auch die nötige Ruhe für diese umfangreiche Arbeit, ebenso die geistige Unterstützung, deren ich bedarf. Häufige, zuverlässige Postzustellung wird die vielfältige Korrespondenz erleichtern, und ich sehe in diesem meinem Entschluß nur Vorteile.

Im folgenden gebe ich eine Übersicht über die Themen, die ich zu behandeln gedenke.

Von jedem Ort, in dessen Hafen wir vor Anker lagen, werde ich einen Artikel verfassen, der nur *objektive* Tatsachen enthalten wird und bar von Erzählerischem ist. Ich werde allgemeine Beobachtungen und höchstens kleine Besonderheiten mitteilen. Auch werde ich es nicht unterlassen, andere Autoren zu berücksichtigen, die vorher diese Gebiete beschrieben haben, und vermeiden, Dinge zu wiederholen, die schon anderswo publiziert worden sind. Aus Kamtschatka habe ich einige Notizen vorausgeschickt, die Einblick geben, wie ich die Artikel zu gestalten gedenke.

In einem einzigen Überblick werde ich die Nordhemisphäre beschreiben, deren Grenze die Gebirgsketten der Alëuten bilden.

Die *Korallenriffe* der Südseeinseln, die wir bei längeren Aufenthalten mehrmals eingehend betrachtet haben, geben einen so interessanten Einblick in den Haushalt der Natur, daß ich gezwungen bin, unsere Beobachtungen länger darzulegen. Übrigens glaube ich nicht, daß diese Anhäufungen das unmittelbare Produkt von Polypen sind. Auf der Wasseroberfläche erscheinen nur horizontale Schichtablagerungen eines kalkhaltigen Gesteins, in dem Bruchstücke und Splitter von Schwammkorallentieren (Madreporen) aneinanderkleben. – Eine der Inselgruppen ist untergetaucht und wird umgeben von einem breiten Dammriff, das die Wasseroberfläche nicht übersteigt. Nur dort, wo das Riff dem Wind ausgesetzt ist (von Osten her), ragt es aus dem Wasser. An jenen Punkten, wo sich aufsteigende Prallwinkel gebildet haben, gerade dort häufen sich sandige Dünen, wo sich pflanzliches Leben ansiedelt. Verschiedene Inseln, verschiedene Gruppen, verschiedene Bergketten zeigen eine Vegetation, die mehr oder weniger fortgeschritten ist. Aber, obschon unter tropischer Sonne, ist sie von äußerster Armut.

Ich werde mit besonderer Anteilnahme von einem armen Volk sprechen, das einfach ist, aber von besonderer Liebenswürdigkeit, und dessen Sitten unvergleichlich sanft und anmutig sind. Unsere Freunde auf der Insel Radack besitzen das, was den Reiz des Lebens ausmacht. Aber unsere Vorstellungen von Moral sind ihnen fremd. Ich befürchte sehr, daß wiederholte Besuche von uns Europäern, falls es dazu käme, ihnen diese rührende Schamhaftigkeit nehmen würden. Ist es nicht die Schuld des weißen Mannes, daß eine gewisse Verderbtheit und Verkommenheit bei den Bewohnern der Sandwich- und Pelew-Inseln zu beobachten ist? Dort, wo unsere Gesetze gierigen Spekulanten keine Schranke setzen, gerade dort ist es an uns, schamrot zu werden – sich erhaben fühlen über unsere Brüder ist fehl am Platz – „. . . derjenige werfe den ersten Stein, der sich frei von Schuld fühlt“.

Ich werde von Kadu sprechen, unserem geliebten Reisebegleiter, dem wir wichtige Auskünfte und Angaben verdanken. Ich werde seinen Charakter darstellen und unser letztes Gespräch aufzeichnen, als er mir seinen Entschluß mitteilte, für immer auf Radack zu bleiben, damit er den Inselbewohnern alles von uns Gelernte weitergeben könne.

Dieser Mensch war durchdrungen vom Geist unserer Expedition. Ihm verdanke ich die interessantesten Berichte über die Karolinen-Inseln, Ulea, seine Heimat, die Pelew-Inseln usw.

*

In Guam habe ich von Don Louis de Torres Neues erfahren, z. B. daß die Lieder einziger Besitz geschichtlicher Überlieferung sind. Von Lamureck kommen jährlich mehrere Schiffe nach Guam und tauschen Kanus und Muscheln gegen Eisen und andere handliche Dinge ein. Christliche Nachkommen der Los-Velos-Inseln, die dem Gemetzel entgangen sind, haben Handwerk, Künste, ja sogar die Sprache ihrer Väter vergessen.

Kapitän Kotzebue hat mich ermuntert, eine Karte der Karolinen-Inseln anzufertigen. Meine spärlichen geographischen Angaben werden kaum genügen. Dennoch werde ich versuchen, diese Aufgabe so gut als möglich zu lösen, obschon ich fürchte, dabei zu versagen.

Es ist bekannt, daß dieselbe Menschenrasse, die weit verstreut ist, von Madagaskar bis zu den Osterinseln, verschiedene Dialekte derselben Muttersprache spricht. Mir scheint, daß die malayische Sprache die Ursprache ist, und daß die Einwohner Sumatras diese auf die Südseeinseln gebracht haben. Man kann die Einflüsse der Inder und später des Islams feststellen. Die ungewöhnlich einfache Grammatik des Malayischen trifft man wieder auf den Südseeinseln an. Die Karolinen-Inseln (ich verstehe darunter alle Inseln östlich der

Philippinen bis und mit Radack) gehören zu einer anderen Gruppe. Diese Bewohner unterscheiden sich durch Sitten und Künste. Ich habe ein Wörterbuch aufgestellt, das bemerkenswerte Unterschiede zeigt.

Noch kenne ich das Resultat meiner Untersuchungen nicht, aber ich betrachte es als erwiesen, daß die Polynesier, gegen den Wind segelnd, sich auf diesen Inseln ausgebreitet haben. Auch Haustiere und Nutzpflanzen sind lebendige Zeugen davon. Aber zu welchem Zeitpunkt diese Ausbreitung stattgefunden hat, ist in vollkommenes Dunkel gehüllt.

Solche Beobachtungen sehe ich als mitteilenswert an, und mein Bericht soll es ermöglichen, neue Diskussionsgrundlagen zu schaffen. – Dem Zeichner unserer Expedition habe ich eine Skizze des Vulkans Taal mitgegeben, und ich wünsche, daß diese mit meinem Bericht publiziert wird.

*

Als *Botaniker* habe ich mich bemüht, die verschiedensten Sämereien und Pflanzen einzusammeln. Bedenke ich die mißlichen Umstände, so ist meine Kollektion recht beachtlich. Mehrere Jahre wird die Bearbeitung der Pflanzen in Anspruch nehmen. Die meisten Samen stammen aus Kalifornien, Chile, Luçon und Owaihy, alles unbekannte Arten, unbekannte Gattungen. Unsere Gärten werden damit bereichert werden. Ist es nicht schön, wenn unter unserem Himmel, auf heimatlichem Boden, aus fernen Welten unbekannte Pflanzenkinder keimen und wachsen? Sie leben sehen, sich an ihnen freuen, ist nicht nur ein Ereignis für den Botaniker, sondern auch für viele andere Naturfreunde. In unseren botanischen Gärten werde ich nach jenen Pflanzen suchen, die ich nur gepreßt und getrocknet heimgebracht habe, ohne sie vorher bestimmen zu können, da mir die nötige Zeit gefehlt hat. Ich schätze, es sind nicht weniger als 2500 Pflanzenarten, die wir gesammelt haben, und ein Drittel davon scheint mir neu und unbeschrieben zu sein.

Ich werde alle Pflanzen beschreiben, Doktor Eschscholtz hingegen alle Insekten. Was wir gemeinsam gesammelt haben, teilen wir in diesem Sinn auf. Diese botanische Arbeit wird vielleicht mein Hauptwerk sein; ich wünsche, mir damit einen Namen zu machen. Zwar werde ich mich davor hüten, die Publikation rasch voranzutreiben. Viele Untersuchungen stehen bevor, ja es kann sein, daß ich die Herbarien von Paris und Joseph *Banks* konsultieren muß. Wichtig ist, daß meine Beschreibungen von Abbildungen begleitet werden, wenigstens jene Arten, die neu und unbekannt sind. Aber dies verteuert ein Buch und könnte die Publikation verhindern.

Eine Liste aller gesammelten/beobachteten Pflanzenarten scheint mir nützlich. Auf diese Weise wird die Flora der einzelnen Landesteile bekannter, und demzufolge vertiefen sich die *pflanzengeographischen* Kenntnisse.

*

Eine besondere Arbeit habe ich über wirbellose Tiere geschrieben (Vermes Linn.); hauptsächlich werden jene betrachtet, die im Wasser leben und bei Meeresstille an die Oberfläche getrieben werden. Beim Betrachten dieser rätselhaften Wesen gab die Natur ein unerwartetes Geheimnis preis. Einen Vorgang, den Doktor Eschscholtz zuerst gesehen hat, werde ich beschreiben; wir haben dieses Phänomen bei anderen Arten derselben Gattung bestätigt gefunden. Die *Salpen* (Manteltiere) leben zuerst aneinanderklebend zusammen, und dies in bestimmter gesetzmäßiger Weise. Wenn sie aufgewachsen sind, ist in jedem Individuum ein Fötus gut erkennbar. Wir haben einen solchen beobachtet, von seinem Anfangs- bis zu seinem Endstadium, und festgestellt, daß er auf besondere Weise organisiert ist, anders als die Mutter. Er schwimmt frei herum, einzeln. Auch sahen wir, wie aus dieser Einzelsalpe eine ganze Population oder Genossenschaft geboren wurde, die genau gleich aussehen wie jene, aus der sie hervorgegangen war. Zwei verschieden aussehende, aufeinanderfolgende

Generationen bilden *eine Art; Cuvier,* den ich in London gesprochen habe, hat mich gebeten, diese meine Beobachtungen sofort und ohne Aufschub zu veröffentlichen und mit Zeichnungen zu versehen, da er diesem Phänomen große Bedeutung beimißt. Auch ich wünsche, daß diese Arbeit meine erste Publikation werde; ich werde sie in lateinischer Sprache abfassen, und die Abbildungen sollen, wenn irgend möglich, koloriert werden. Ich habe alle Arten dieser Klasse so exakt wie möglich und in natürlicher Größe gezeichnet. Einige Figuren werde ich auswählen, und dazu noch anatomische Details vergrößert hinzufügen. (Jene Salpen, die ich im Weingeist aufbewahrt habe, werden dazu dienen, Schnitte anzufertigen.) Ich nehme an, daß ich drei oder vier Bogen mit Zeichnungen füllen werde.

Was die Zoologie sonst betrifft, haben es mißliche Umstände verhindert, eine gute Sammlung anzulegen. Immerhin hatten wir im Norden Gelegenheit, verschiedene Tiere zu beobachten, Notizen zu machen, die Arbeiten von *Steller* zu bewundern, und gelegentlich konnten wir Irrtümer berichtigen, denen auch ein guter Wissenschaftler nicht entgehen kann. Über diese zoologischen Merkblätter werden wir gesondert berichten.

Mit der Mineralogie konnten wir uns nicht sonderlich beschäftigen. Auch haben wir keine sehr interessanten Mineralien beobachtet. Orte, die wir besucht haben, waren meist vulkanischen Ursprungs, die für Geologen von Interesse sind. Aber leider bin ich zu wenig Fachmann, um darüber etwas auszusagen. Von meinen Exkursionen bin ich meist schwer beladen mit Gesteinsproben heimgekehrt. Ich hoffe, diese meinem verehrten Lehrer *Weiß* unterbreiten zu dürfen und ihm beim Bestimmen mit meinen Beobachtungen helfend beizustehen. Was ich zu diesem Thema zu sagen habe, werde ich jeweils bei den einzelnen Länderbeschreibungen einfügen.

Und nun noch zu meinem gesammelten Material. Wie Sie wissen, hat die Expedition das von ihr gesteckte Ziel nicht erreicht; außerdem zwang uns die beschränkte Kapazität des Schiffs und der Besatzung, unsere Wünsche zu beschneiden, sodaß keine ansehnliche naturwissenschaftliche Kollektion zustande gekommen ist, wie Kapitän Kotzebue sagen würde. Wir haben da und dort einige Vögel gesammelt; Bälge und Felle der Vierbeiner sind verdorben, da eine „kluge“ Vorschrift verbot, Gift zu verwenden. In Petropawlovski hatte ich mein Gewehr eingetauscht und den Auftrag gegeben, bis zu unserer Rückkehr einige Tiere zu erlegen. Wir sind nicht mehr in diesem Hafen vor Anker gegangen. In Unalaschka habe ich eine Kiste bei sehr feuchtem Wetter mit Fellen vollgepackt. Ich habe wenig Hoffnung, daß sie noch gut erhalten sind. Vielleicht ist es dennoch möglich, wenigstens die Tierart zu bestimmen.

Da der Weingeist zum Expeditionsgut gehörte, konnte ich die Gegenstände nur in dringenden Fällen einlegen. Ich erwarte die Befehle von S. Ex. Mgr. Graf von Romanzoff, was mit der Kollektion geschehen soll. Indessen erlaube ich mir, daran zu erinnern, daß sie nur neue Erkenntnisse bringen kann, wenn sie in den Händen dessen bleibt, der sie zusammengestellt hat.

Anmerkungen zu „Bericht über eine Expedition“

Dieser offene Brief an den Grafen *von Romanzoff* wurde veröffentlicht in „Journal des Voyages – Découvertes et Navigations“, tome I, 3e cahier, Paris, janvier 1819 unter dem Originaltitel „Voyage de Kotzebue – Lettre écrite à M. le comte de Romansoff, par M. de Chamisso, naturaliste français, qui a fait le voyage autour du monde sur le bric le Rurick“.

Chamisso schrieb ihn nieder kurz nach seiner Ankunft in London 1818 und zwar im Inn „Belle Sauvage“; zur gleichen Zeit entstand sein selbstironisches Gedicht, das den Naturforscher verrät: „Wer gab mir jenen Carabus, den Unalaschka nähren muß?“ (s. ChsW Bd. I, S. 693).

„von jedem Ort“ – Dier Plan wurde verwirklicht mit der „Reise um die Welt“, Teil I „Tagebuch“ und Teil II „Anhang; Bemerkungen und Ansichten“ (s. ChsW Bd. II).

„Korallenriffe“ – In „Nouvelles Annales des Voyages“, tome X, Paris 1821, erschien der Erstdruck von „Notice sur les îles de corails du grand Océan“, s. S. 81 uff. „Über die Koralleninseln“ (ChsW Bd. II, s. S. 284–288, 391–393, 501–503).

„als Botaniker“ – durch seine Veröffentlichungen verwirklicht; vor allem in der Zeitschrift „Linnaea – Journal für Botanik in ihrem gesamten Umfange“ herausgegeben von Adelbert von Chamisso und D. F. L. Schlechtendal. Unter dem Titel „De plantis in expeditione speculatoria Romanzoffiana ...“ Bd. I–X. Zum ersten Band steuerte Chamisso das einleitende „Vorwort“ bei (s. S. 21 uff.). Noch heutzutage sind die damals beschriebenen rund 50 neuen Gattungen und rund 700 neuen Arten wichtiges Informationsmaterial. Im Nekrolog („Linnaea“ Bd. XII, 1839) charakterisierte Schlechtendahl den Beitrag Chamissos folgendermaßen: „Mit der ihm eigenen Ausdauer kämpfte er gegen alle Widerwärtigkeiten und seine Beharrlichkeit, sein steter Eifer haben seine Sammlungen, besonders in den Gegenden, wo auch die Vegetationszeit für ihn günstig war, nicht allein an Arten, sondern auch an Exemplaren bereichert ... Er kehrte nach Preußen in sein zweites Vaterland mit seinen Sammlungen zurück, übergab den zoologischen und mineralogischen Teil derselben den Museen der Universität Berlin zum Geschenk, und begann seine Pflanzen zu ordnen und, je nach ihrem Vaterlande, in Familien zu bringen, ungewiß, wie er die Bearbeitung einrichten, auf welchem Weg er dieselben veröffentlichen sollte, aber bereit, jede fremde Arbeit durch seine Materialien zu unterstützen, und jeder Förderung der Botanik die Hand zu bieten.“ So, um nur einige aufzuzählen, erhielt Schlechtendahl die Gattung *Ranunculus*, C. A. Meyer und Trinius *Juncus* und *Carex*, die *Compositae* gingen an Lessing, *Labiatae* an Bentham, *Viola* an Gingins, *Saxifraga* an Sternberg, *Leguminosen* an Vogel und an Klotzsch die *Erica*. (In den nachgelassenen Schriften befindet sich ein „Journal ausgeteilter Pflanzen“). Von jeder gesammelten Art übergab Chamisso ein Exemplar den Kgl. Herbarien Berlin.

„dem Zeichner“ – L. L. Choris (s. Reg.).

„Namen zu machen“ – 1819 Ehrendoktor der Universität Berlin; Mitglied der Gesellschaft Naturforschender Freunde Berlin; Leopoldinisch Carolinischen Akademie der Naturforscher u.s.w.

„ein unerwartetes Geheimnis preis“ – die *erste* Publikationsstelle über den Generationswechsel, im Original lautet dies „deux générations dissemblables et alternatives constituent l'espèce“; s. S. 45 uff. „Die Salpe“.

„Vorwort“ zu „Die Pflanzen der Romanzoffschen Forschungsexpedition“

Aus dem Lateinischen übersetzt von *Friedrich Markgraf*

Der hochherzige Förderer aller Wissenschaften und Schönen Künste bei den Ruthenen, Graf von Romanzoff, Reichskanzler usw., rüstete im Jahre 1815 auf eigene Kosten ein Forschungsschiff aus, hauptsächlich zur Erforschung der Beringstraße und der amerikanischen Küste, die von dort gegen Osten zieht. Als Kapitän setzte er Otto von Kotzebue ein, Leutnant in der Kaiserlichen Marine. Mich berief er als Naturforscher für die bevorstehende Reise. Hierzu gehörte auch Dr. med. Friedrich Eschscholtz als Schiffsarzt, ein sehr begabter Naturforscher. Mit Handschlag besiegelten wir beide eine innige Freundschaft, die nie getrübt werden konnte. Gemeinsam besprachen wir unsere Studien und Arbeiten und ihre Ergebnisse.

Das Schiff war klein für solche Unternehmen, ein Kaperschiff von 180 Tonnen mit 30 Mann Besatzung. Sein Name war Rurik. Mit Genehmigung des Zaren führte es die Kriegsflagge.

Am 30. Juli stach es aus dem Petersburger Hafen Kronstadt in See. Ich selbst bestieg es in Kopenhagen am 9. August. Mit Gunst der Schutzgöttin des Schiffes sind wir volle 3 Jahre gesegelt. Kaum ein Drittel dieser Zeit, während wir vor Anker lagen, standen uns die außerhalb liegenden Stätten der Flora offen. Über die einzelnen Länder, die wir betreten haben, und die zu der mitgebrachten Pflanzenernte beitrugen, will ich in wenigen Worten berichten, ohne mich an die Reihenfolge der Reise zu halten, damit nicht die Funde ein und derselben Flora auseinander gerissen werden.

„Arktische Inseln und Küsten diesseits und jenseits der Beringstraße“

Kamtschatka. Im Peter-Paul-Hafen (Petropawlowsk kamtschatskij) wurde vom 20. Juni bis 14. Juli 1816 verweilt. Nördliche Breite 53° 1'. Die Ostküste der Halbinsel besteht aus einer Kette von Bergen vulkanischen Ursprungs. Die höheren Kämme und die höchsten Vulkanschlote überragen weit die Grenze des ewigen Schnees. Die Ansiedlung Petropawlowsk an den Hügeln der innern Awatscha-Bucht ist nach Angabe der Geologen von mesozoischen Schichten umgeben.

Sie liegt, gegen die Seewinde geschützt, unter einem Breitengrad, der zwischen Berlin und Hamburg die Mitte hält, ist aber einer Temperatur unterworfen, die kälter ist, als man erwartet. Getreide gibt es nicht, Kartoffeln und einige Gemüsepflanzen werden sorgsam kultiviert. Sterile Arven, Erlen, Ebereschen, Weiden wachsen als niedergedrückte Sträucher. Nur Birken werden baumförmig, wenn auch nicht so stattlich wie bei uns. Gegen Ende Juni schmilzt in den innern Talabschnitten der Schnee: Anemonen und Lerchensporn blühten. Mitte Juli belaubten sich endlich die Sträucher. Lilium kamtschaticum in den krautigen Mulden, Linnaea, Siebenstern, Cornus suecica, Rhododendron kamtschaticum entfalteten am untersten Teil der Hänge ihre ersten Blüten. Die höheren Lagen waren immer noch mit Winterschnee bedeckt. Die Einwohner klagten über die ungewöhnliche Verzögerung dieses Jahres. Aus diesem Grunde haben wir nur wenige Pflanzen gesammelt. Aber der Gouverneur der Ansiedlung übergab uns mehrere getrocknete Pflanzen, die der verstorbene Redowsky in Kamtschatka oder an den fernöstlichen Küsten Asiens gesammelt hatte. Leider waren ihre Fundorte auf keinem der Etiketten vermerkt.

Unalaschka in den Aleuten. Dreimal hat uns der Hafen dieser Insel aufgenommen und beschützt, vom 7. bis 14. September 1816, vom 25. April bis 29. Juni 1817 und vom 22. Juli bis

18. August 1817. Geogr. Breite 54°. Unalaschka nimmt unter den Aleuten-Inseln, die sich in einer halbkreisförmigen Reihe von dem nordamerikanischen Kap Alaska gegen Asien erstrekken, die vorletzte Stelle gegen Osten ein, wenn man einige kleinere nicht mitrechnet. Sie alle bilden eine einzige Kette von Vulkanen, die aus einer gewaltigen Scheitelhöhe in Amerika allmählich gegen Asien niedriger werden. Das Kap Alaska besitzt Tannenwälder mit kräftigem Baumwuchs. Die Bäume gehen auch auf die nächste Insel, Unimak, über. Von Unalaschka, das auf derselben Breite wie Lübeck liegt, sind sie gänzlich verbannt. Nur Weiden von kaum 5 Fuß Höhe kommen vor. Kultiviert wird nur die Kartoffel, die aber sehr kleine Knollen liefert. Die untersten Talabschnitte, in denen üppigere Kräuter grünen, enthalten mehrere Pflanzen, die auch für die Westküste Amerikas bezeichnend sind, und die auch Pursh erwähnt (Rubus spectabilis Pursh), dazu einige, die auch im Innern dieses Erdteils verbreitet sind (Sanguisorba canadensis L.) Die Abhänge der Berge sind bis ganz an den Fuß ausschließlich mit alpinen und arktischen Arten bedeckt. Die felsigen Gipfel starren kahl oder schneebedeckt. Der feuerspeiende Berg Makuschkin erhebt sich aus einer breiten Eismasse bis zu den Wolken. Der Schnee bleibt ab 300–400 Klafter Höhe als Dauerschnee. Als Mitteltemperatur des Bodens zeigen Quellen der Ebene Werte zwischen 38 und 39 Grad des Fahrenheit-Thermometers. In Unalaschka haben wir alle Vegetationsflecke besichtigt. Die Umgebung des Hafens haben wir in täglichen Exkursionen bis an die Schneegrenze sorgfältig und fleißig durchforscht. Bei einem Marsch zur Ansiedlung Makuschkin Anfang August 1817 habe ich die Granitschluchten im Innern der Insel durchwandert, die unter Schnee und Eis lagen. Wir sind überzeugt, daß uns nicht viele Pflanzen der Flora von Unalaschka entgangen sind.

Die *Insel Sankt Georg*, vulkanisch, klein, ein Tafelberg von mäßiger Höhe, liegt nördlich von Unalaschka, 56° 42' Breite.

Am 30. Juni 1817, während das Schiff beigedreht im Winde lag, entwichen wir hier an Land. Die Flora ist rein alpin. Die Täler tragen keine üppigeren Kräuter.

Die *Insel Sankt Paul* ist ausgedehnter aber niedriger als die vorige, in deren Nähe sie unter 57° 5' Breite liegt. Sie ist gleichfalls vulkanisch und mit ähnlicher Vegetation bewachsen. Am 2. Juli 1817 haben wir sie kurz besucht, ohne Anker zu werfen.

Die *Insel Sankt Lorenz* schließt die Beringstraße gegen Süden ab. Zweimal haben wir ihre Südküste angelaufen: am 27. Juli 1816 unter 63° 13' Breite und am 10. Juli 1817 weiter östlich unter 62° 47' Breite. Der Boden besteht aus Granit und hat mäßige Höhe. Die Ufer sind sandig, die Rücken felsig und ziemlich flach. Hinsichtlich der Flora ist sie, verglichen mit dem nahen asiatischen Festland, reich an alpinen Felsenpflanzen.

Die *Sankt Lorenz-Bucht* bietet den sichersten Hafen im Land der Tschuktschen. Er liegt südlich des östlichsten asiatischen Kaps unter 65° 35' Breite. Dort ging unser Schiff vom 20. bis 29. August 1816 vor Anker. Mit Booten sind wir von da aus in die innersten Teile der Bucht eingedrungen. Das felsige Gelände besteht aus archaischen Gesteinen, teils Granit, teils Kalk. Alle Vegetation flieht die abschreckenden, durch das ungünstige Klima zerklüfteten und klippigen Berge. Nur die Niederungen am Fuß der Felsen, vom schmelzenden Schnee berieselt, sind spärlich begrünt mit niedrigen, dem Boden angedrückten Alpenpflanzen. Auch die Ufer im Innern des Golfs, die den Seewinden ausgesetzt sind, tragen keinen üppigeren Krautwuchs. Weiden wachsen dort kaum bis zur Höhe von 3/4 Fuß. Jedoch tragen diese schroffen Einöden die seltensten und schönsten Pflanzen der arktischen Flora. Wir haben von dort herrliche Beutestücke mitgebracht.

Die *amerikanische Küste jenseits der Beringstraße* haben wir im August 1816 zwischen 60° und 60° 30' Breite erforscht.

Romanzoffia unalaschcensis Cham.

Vorkommen: Aleuten (Unalaschka), Alaska, Kalifornien

a) ganze Pfl., nat. Gr., b) offene Corolla, c) Anthere, d) Kelch, e) reife Frucht mit Kelch, f) id., Querschnitt (alle vergr.), g) Samen, nat. Gr., h) id., Längsschnitt, vergr.

Diese Hydrophyllaceen-Art wird im Botanischen Garten kultiviert. Erstbeschreibung in „Horae physicae berolinenses".

An Land gegangen sind wir an der *Schischmareff-Bucht* am 31. Juli und am *Kap Espenberg* am 1. August. Hier ist der äußere, den Seewinden ausgesetzte Küstenstreifen alluvial, sandig und flach und wegen des rauhen Klimas nur mit niedergedrückten Pflanzen bewachsen.

Vom *Kap Espenberg* an dringt die weite Bucht, der der Kapitän seinen Namen verliehen hat, gegen Osten ins Festland ein. Wenn man der Küste folgt, kann man bald gegen Süden in die *Gute-Hoffnungs-Bucht* einbiegen. Dieser Hafen wurde am 12. August angelaufen. Die Beschaffenheit des Geländes und der Vegetation ist nahezu dieselbe wie an den oben erwähnten Orten.

Die *Chamisso-Insel*, granitisch, schützt im Inneren des Kotzebue-Sundes einen Hafen, in dem das Schiff vom 4. bis 11. August sicher vor Anker lag. Von da aus haben wir mit Booten den innersten Abschluß der *Eschscholtz-Bucht* gegen Norden durchstreift.

Das Gelände ist durch sanfte Hügelrücken wellig. Die Ufer sind abschüssig oder klippig, etwa 5 Klafter (10m) hoch. Sie bestehen meist aus alluvialem Sand, aber auf eine ziemlich lange Strecke auch aus reinem Eis. Ein Teil des Ufers ist auch felsig; den haben wir aber nicht besucht. Der Rücken ist mit torfigem Humus bedeckt. Der Boden, durch Dauerfrost verhärtet, taut in der Sommerwärme niemals tiefer als 6 Zoll auf. Diese inneren Küsten der Bucht scheinen sich eines Mittelmeerklimas zu erfreuen. Ihre Uferhänge sind bedeckt mit üppigerem Gras und hochstengligen Kräutern. Ziemlich schlank wachsen die Pflanzen in die Länge; man könnte glauben, daß sie bei schwachem Licht in unseren Gewächshäusern herangezogen worden seien. Moose, Seggen und torfbewohnende Arten besetzen den Rücken, ohne Unterschied, ob sie über Eis oder in Sand wachsen. Der felsige Teil der Insel wird Felsenpflanzen hervorbringen. Strauchige Erlen erreichen zwischen den Küstenfelsen 4 Fuß Höhe. Nicht weiter entfernt als 1 1/2

Grad südlich von diesem baumlosen Strand stehen die Tannenwälder, die die inneren Küsten des Norton-Sundes beschatten.

„Die tropischen Inseln des Großen Ozeans“

Der Große Ozean, den man gewöhnlich den Stillen nennt, umspült im Westen eine dichte Reihe größerer Inseln, die ich lieber für die Küste eines eigenen Festlandes halten würde. Diese über das Meer zerstreuten Inseln werden im Westen häufiger, im Osten seltener. Ihre Natur ist zweifach: die hohen, bergigen sind vulkanisch, die niedrigen tauchen kaum aus den Wellen auf und bestehen aus Kalkstein, der aus unter Wasser angehäuften Bruchstücken von Korallen entstanden ist. Die bergigen sind reich an Pflanzen, die niedrigen, denen oft der Humus fehlt, sind mit sehr wenigen und gewöhnlicheren Arten bewachsen.

Nach herrschender Meinung sind die Tiere und Pflanzen von den Festländern nur auf die nächsten Inseln eingewandert. In dem oben genannten Büchlein habe ich aber nachdrücklich behauptet, daß die Inseln des Großen Ozeans, da die tropischen Winde und Meeresströmungen dem entgegenstehen, die Tiere und Pflanzen, die sie beherbergen, aus Indien und Australien erhalten haben.

Von Luzon ausgehend, das so gut wie ein Festland ist, werde ich gegen Osten zuerst die bergigen Inseln aufzählen, die wir besucht haben; von den niedrigen werde ich zuletzt sprechen.

Luzon. Vom 17. Dezember 1817 bis 29. Juni 1818 verweilte man im Hafen Cavite der Stadt Manila. Nördl. Breite 14° 36'.

Luzon, von tätigen Vulkanen durchsetzt, gebirgig und waldreich, ist bereichert durch mehrere Schätze der indischen Flora, die genau zu studieren bisher niemand vergönnt war. Die Stadt Manila und die Festung Cavite bieten für Botaniker, die sich durch das üppige Wachstum verlocken lassen, keinen dankbaren Aufenthalt: Die Küste einer ziemlich breiten Bucht des Chinesischen Meeres, die sie bedecken, ist landwirtschaftlich kulitviert und ohne Wildpflanzen. Außerdem liegt die Festung weit vom höheren Gestade entfernt hinter einer niedrigen, sandigen, sterilen Landzunge. Im Stadtteil Sierra Alta habe ich meinen Wohnsitz genommen, und auch hier hat mir die Umgebung keine erhebliche Pflanzen-Ausbeute geboten. Eine reichere habe ich von einer Wanderung mitgebracht, die ich Ende Januar zum Vulkan Taal unternahm. Mein lieber Gefährte wurde wie gewöhnlich durch sein Amt an Bord zurückgehalten.

Guajan, die südlichste der Marianen-Inseln. Am 24. November 1817 abends liefen wir in den Hafen Agaña ein, am 29. früh morgens wurden die Segel wieder gehißt. Nördl. Breite 13° 27'.

Mit Luzon verglichen ist es reich an beachtlichen Arten. Wir haben, durch andere Sorgen gebunden, nur eine einzige Botanik-Exkursion veranstaltet und ziemlich viele Pflanzen gesammelt, an denen wir viel Freude hatten.

Die sogenannten *Sandwich-Inseln* liegen nahe am tropischen Wendekreis. Der Hafen Hana-ruru der Insel O-Wahu (nördliche Breite 21° 18') hat uns zweimal aufgenommen, vom 28. November bis 14. Dezember 1816 und vom 2. bis 14. Oktober 1817. Außerdem haben wir zweimal die Küste der Insel O-Waihi kurz berührt, am 24. November 1816 und am 28. September 1817.

Mauna-roa, der höchste Berg der Insel Hawaii, der 2582 Fuß hoch ist, erhebt seinen breiten Gipfel über die Wolken und ist mitunter grau von Schnee. Nur Menzies, der Begleiter des Kapitäns Vancouver, ein unermüdlicher und erfolgreicher Verehrer der scientia amabilis, hat die höchsten Gipfel des Mauna Loa und der Nachbarinsel Mauvi bestiegen. Die Pflanzen, die er von dort mitgebracht hat, liegen verborgen im Museum Banks und sind bis jetzt nicht veröffentlicht worden. Die alpine Flora von Hawaii, die für die Pflanzengeographie besonders bedeutungsvoll wäre, ist völlig unbekannt. Wir haben die Gipfel von Hawaii mit verlangenden Augen betrachtet, nur an der Küste wenige Pflanzen verstohlen abgerissen und sind, dem Neid des Schicksals fluchend, widerwillig abgereist.

Die Kämme der kleineren Insel *Oahu* erheben sich, von kräftigen Wäldern beschattet, triefend von Regen und reichlich Tau, bis zu 631 Fuß Höhe. Ihre Hänge, von vielen Bächen berieselt, sind grün belaubt. Am Fuß laufen sie in eine dürre, nach Wasser dürstende Ebene aus, die von spärlichem, bleichem Graswuchs bedeckt ist. Sie besteht aus demselben Gestein wie die niedrigen Korallen-Inseln. Bewässerungsteiche, sehr kunstvoll zur Anpflanzung von Arum angelegt, nehmen die unteren Talabschnitte ein. Die Eingeborenen bauen ihre Häuser neben die Uferdämme im Schatten von Cocospalmen. Die regenlosen Küsten bringen nur wenige Arten hervor; das feuchte und bergige Innere ist reich an verschiedenen Bäumen und Pflanzungen. Blattlose Akazien, Myrtaceen, Epacridaceen usw. betonen die australische Flora. Die bewaldeten Täler und Abhänge in der Nähe des Hafens haben wir in täglichen Begehungen durchforscht. Zweimal habe ich eine Wanderung quer durch die ganze Insel unternommen und die Bergschluchten bis etwa 400 Fuß Höhe durchstreift.

Die *Osterinsel*, die östlichste von allen, liegt jenseits vom Wendekreis des Steinbocks unter 27° 9' südlicher Breite. Sie ist entwaldet und wegen der Armut ihrer Flora verrufen. Am 28. März 1816 haben wir hier nur gerade den Fuß aufs trockene Land gesetzt, weil uns drohende Wilde den Zutritt verwehrten.

Die niedrigen *Koralleninseln*. Die *Radack*-Inseln (Mulgrave's Range der Autoren), zwischen 8° und 10° 30' nördlicher Breite, haben wir vom 6. Januar bis 12. März 1817 und wieder

---

Eine eingehende Abhandlung über Aristolochia-Arten veröffentlichte Chamisso in „Linnaea“ Bd. VII mit folgenden Abbildungen:

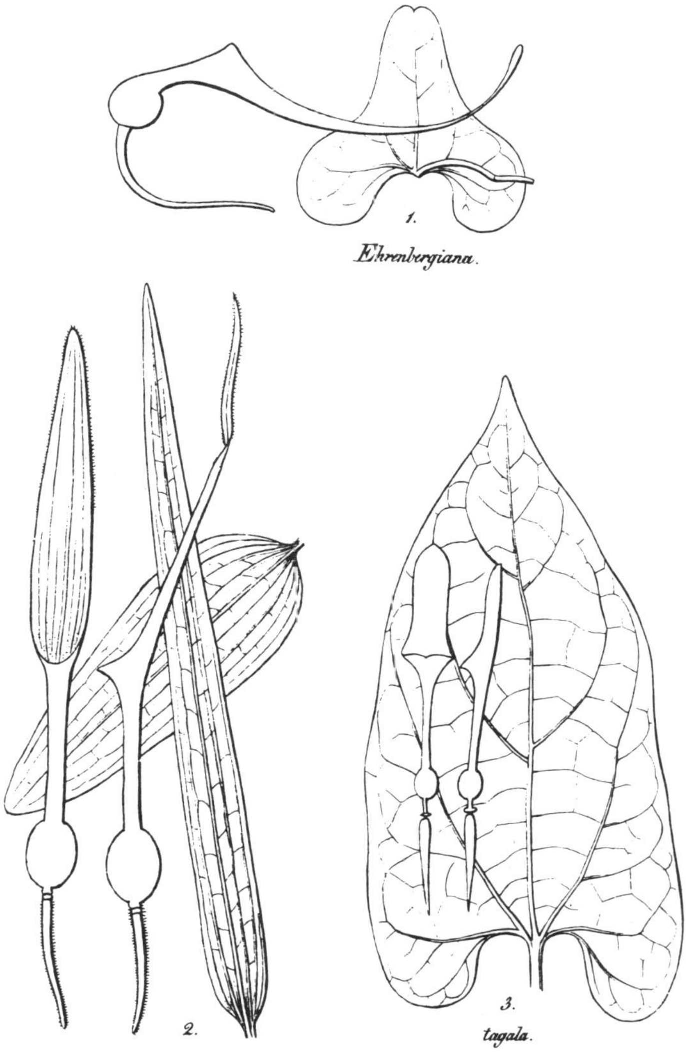

Fig. 1: Aristolochia ehrenbergiana Cham. (Haiti)
Fig. 2: Aristolochia angustifolia Cham. (Brasilien)
Fig. 3: Aristolochia tagala Cham. (Luzon, Philippinen)

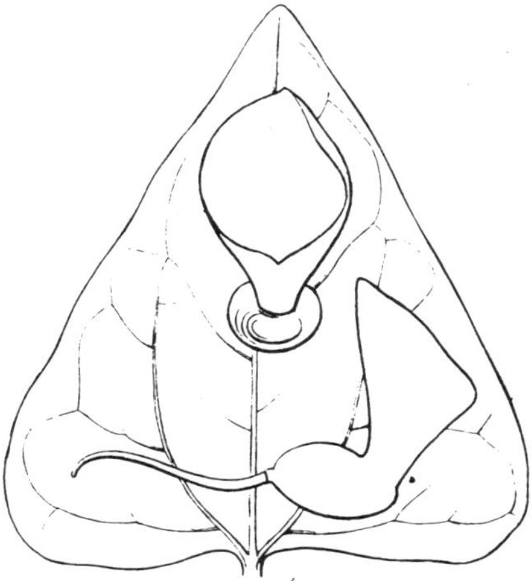

1.

triangularis.

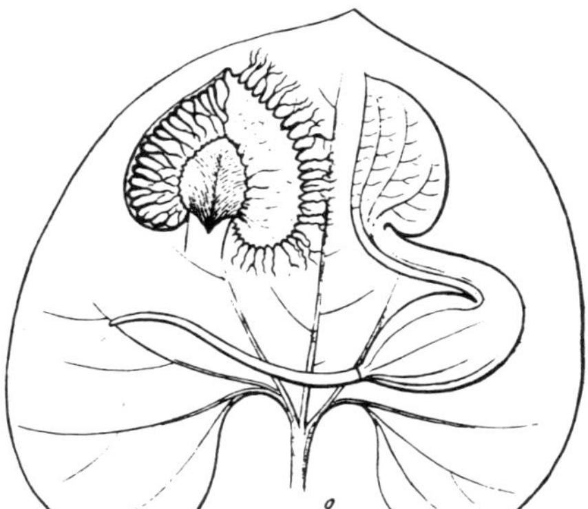

2.

fimbriata.

Fig. 1: Aristolochia triangularis Cham. (Brasilien)
Fig. 2: Aristolochia fimbriata Cham. (Brasilien)

vom 31. Oktober bis 4. November erforscht. Wir machten herrliche Wanderungen infolge der Freundlichkeit der Eingeborenen, deren Sauberkeit, Einfachheit und feine Sitten uns weit übertrafen! Aber ein unfruchtbarer Boden bietet ihnen nur sehr spärliche, nicht ausreichende Nahrung. Die einzelnen Inseln sind um so reicher an Humus, je weiter südlich sie liegen, und enthalten dann mehr Arten. Die fruchtbaren, die zwischen 8° und 6° Breite liegen, haben wir nicht besucht. Im ganzen haben wir 59 Arten beobachtet, von denen uns 7 nur kultiviert, nicht wildwachsend, begegnet sind: 23 davon waren auch in *Oahu* einheimisch, und 20 von ihnen haben wir auch auf der *Insel Guam* hastig gesammelt.

Die *Romanzoff-Insel,* etwa 15° südlicher Breite, kleiner und unbewohnt, besuchten wir am 21. April 1816. Wir zählten dort 19 Pflanzenarten, von denen 11 mit den Ratak-Inseln gemeinsam waren.

„Kalifornien"

Im Jahre 1816 haben wir den ganzen Oktober im Hafen des Heiligen Franciscus (San Francisco) in Neu-Kalifornien zugebracht. Nördl. Breite 37° 49'. Die Berge, die vom Meer aus im Norden sichtbar werden, sind schwarz von Kiefernwäldern, die am Hafen fehlen. Eine ausgedehnte Meeresbucht, die den Schiffen Zuflucht bietet, schafft eine halbinselartige Umgebung des Presidio und trennt es vom Hinterland. Die Küste ist felsig, mesozoisch, mit Sandhügelchen überschüttet. Der Boden ist sandig, ziemlich unfruchtbar und wird von den Seewinden bewegt. Die stachelblättrige Eiche (Quercus agrifolia Née) und alle Sträucher sind gegen Osten niedergedrückt. Keine Pflanze der warmen Zone gelangt bis hier heraus. Den Jugendschmuck der Flora hatte schon der neidische Herbst zerstört. Uns wurde nicht erlaubt, uns weit zu entfernen.

„Chile"

Vom 13. Februar bis 8. März 1816 haben wir im Hafen von Concepción, Talcaguano, Halt gemacht. Südliche Breite 36°

43'. Die chilenische Küste ist viel lieblicher als die kalifornische. Die Hügel tragen schöne Myrtenbestände, gemischt mit Arten, die sonst tropische Standorte vorziehen. Eine Kette von Granitbergen mit schattigen Wäldern trennt den Küstenstreifen von einer wüstenhaften innern Ebene. Die Anden mit ihrem Ewigen Schnee sind weit entfernt. Chile wird zur Zeit im Namen des Königs von Spanien regiert: Wir waren hier also auf die Umgebung von Stadt und Hafen eingeengt.

„Brasilien“

Die Meeresstraße, die die Insel *Santa Catarina* vom Festland trennt, bietet einen sicheren Hafen für die Schiffe. Dort ankerte unser Schiff vom 12. bis 28. Dezember 1815. Südliche Breite 27° 30'.

Dieser außertropische Teil Brasiliens ist seltener und weniger sorgfältig von Reisenden erforscht worden als die tropischen Küsten. Er hat üppigsten Wald und besitzt eigene Arten, die den Botanikern noch nicht bekannt sind. Ein Beispiel dafür ist unsere Palme Cocos romanzoffiana Cham. & Schltd. Dafür fehlen ihm andere, die die Trockenzone für sich in Anspruch nimmt. Unzeitgemäße Regen haben uns dort dauernd beeinträchtigt.

„Kap der Guten Hoffnung“

Vom 31. März bis 8. April 1818 blieben wir hier im Hafen. Den Tafelberg und seine äußersten, von der Stadt abgewandten Ausläufer haben wir in mehreren Exkursionen besucht.

„Teneriffa“

Am 28. Oktober 1815 liefen wir die Stadt Santa Cruz an und lichteten die Anker am 1. November. Wir durchwanderten den östlichen Teil der Insel, der felsig und kahl ist, und schlugen den Weg ein, der zum Hafen Orotawa führt. Regen ermüdete uns und raubte uns den Anblick des Berges.

*

Die Pflanzen, die ich ehedem als Forschungsreisender mit meinem Freund Eschscholtz gesammelt habe, bearbeite ich jetzt mit meinem Freund Schlechtendal. Es fehlt uns nicht an gelehrten Freunden, die einen Teil der Arbeit übernehmen. Die Königlichen Herbarien werden gleichzeitig mit durchgearbeitet. Vieles, was von dort kommt, fügen wir bereitwillig zu unseren Pflanzen hinzu. Durch vereinte Kräfte verstärkt, legen wir schon jetzt den Anfang des begonnenen Werkes vor, um es weiterhin fleißig fortzusetzen. In gleicher Weise werden wir die übrigen Familien behandeln, nicht der Reihe nach, sondern nach Belieben und Bequemlichkeit. Wir wählen zuerst diejenigen aus, die sich auf die arktische Flora beziehen, damit eine Zusammenfassung der Floren von Unalaschka und der Beringsländer sobald wie möglich hinzugefügt werden kann.

Anmerkungen

(Mit FM bezeichnete Angaben verdankt die Herausgeberin Prof. Dr. F. Markgraf)

„*Ruthenen*" – oft, aber fälschlich verwendeter Ausdruck für Russen. Ukrainer sind echte Ruthenen.

„*Schutzgöttin des Schiffes*" – im lateinischen Text heißt es „Salvinavia", die nach gründlicher Nachforschung (Dr. C. Arbenz) keine antike Göttin ist, wie A. C. Mahr vermerkte.

„Arktische Inseln und Küsten diesseits und jenseits der Beringstraße"

„*Kamtschatka*" – (s. ChsW Bd. II S. 82–85, 462–488)

„*sterile Arven*" – Pinus cembra L. var. pumila Pall. (= P. pumila Pall. (Reg.), aber hier keine Zapfen bildend. FM

„*Anemonen*" – Anemone amurensis Korsh. FM

„*Lerchensporn*" – Corydalis ambigua Cham. & Schl. FM

„*Lilium kamtschaticum*" – wohl Lilium kamtschatcense = Fritillaria kamtschatcensis (L.) Ker-Gawl. FM

„*Gouverneur der Ansiedlung*" – Lt. Rudokoff (s. CHsW Bd. II S. 80, 82–84, 184); dieser schenkte Chamisso „kleine Kisten mit getrockneten Pflanzen", die vom Botaniker *I. I. Redowski* in dieser Gegend gesammelt worden waren; einige seltene Arten wurden von Chamisso später in

„Linnaea“ publiziert. (s. Lasègue: Musée Botanique de Benjamin Delessert, Paris 1845/1974)

„Kap Alaska“ – die Spitze der Halbinsel Alaska. Scotch Cap FM

„Tannenwälder“ – s. CHsW Bd. II S. 476, 478, 489. Dort heißt es, daß *„Bäume noch vorkommen“*. Es ist die Sitka-Fichte (Picea sitchensis (Bong.) Carr.), damals wie alle Fichten noch zur Gattung Abies, Tanne, gerechnet. Hultén, „Flora of the Aleutian Islands“, S. 67, kennt von diesem Gebiet nur noch angepflanzte, kümmernde Sitka-Fichten.

„Unalaschka“ – (s. ChsW Bd. II S. 181–186, 194–195, 478–485); folgendes Zitat ist charakteristisch für die Insel und den Naturforscher: „Es fehlt auf Unalaschka an Feuerung; da wächst kein Baum, und das Treibholz wird nicht im Überfluß angespült. Der Torf müßte den Mangel ersetzen, aber die Menschen wissen ihn nicht aufzufinden und zu benutzen. Es fehlt mehr an der Technik als an der Natur. Ich hatte zu der Zeit noch kein Torfmoor untersucht, und noch nicht über den Torf geschrieben (s. S. 109–143). Ich würde jetzt den Torf sicherer unter der Bunkerde zu finden wissen und mit nachdrücklicherem Rat das Vorurteil bekämpfen, welches den Menschen so schwer macht zu tun, was sie noch nicht getan haben . . . Obiger naturhistorischer Zeitung hänge ich ein Feuilleton an. Ein munterer Knabe war von Unalaschka aus nach Unimak gekommen; so weit war für ihn schon die Welt. Er hatte daselbst Bäume gesehen, ja er war auf einen Baum hinauf geklettert und hatte sich auf dessen Zweigen gewiegt. Das erzählte er uns mit großem Stolze, aber auch mit nicht geringer Furcht, ob der seltsamen Kunde für einen Lügner zu gelten, und gab sich alle Mühe, uns glaubhaft zu erläutern, was ein *Baum* sei.“

„Pursh“ – Pursh, Flora Americae Septentrionalis, London 1814

„Klafter“ – 300–400 Klafter ungefähr 600–800 m. ü. M.

„Fahrenheit-Thermometer“ – 3,3–3,9° Celsius

„Flora von Unalaschka“ – auffällige Arten aus der Sammlung: Cypripedium guttatum Sw., Aconitum chamissonis Rchb., Parnassia kotzebui Cham. & Schl., Sieversia rotundifolia Cham. & Schl., Romanzoffia unalaschcensis Cham. FM. – In *Eric Hulténs* „Flora of the Aleutian Islands and westernmost Alaska-Peninsula“ (New York 1960) liest man in der Einleitung über die ersten Naturforscher in diesem Gebiet: „. . . aber die erste wichtige und sehr vollständige Sammlung wurde von *Adelbert von Chamisso* zusammengetragen im Jahre 1816. Die Resultate seiner Forschungsarbeit wurden von ihm und Schlechtendal in „Linnaea“ Bd. I–VI (1826–1831) veröffentlicht. Aufzählung und Beschreibungen sind sehr sorgfältig gemacht und umfassen die meisten Pflanzenarten, die auf Unalaschka gefunden werden. . . So war diese Sammlung bis anfangs des 20. Jahrhunderts die einzige zuverlässige Quelle für die Flora der Aleu-

ten.“ (Alle Uebers. R.S.–G.) Die folgende Artenliste in systematischer Reihenfolge wurde aus der oben erwähnten Publikation zusammengestellt:

Pteridophyta, Farnpflanzen. Cystopteris fragilis (L.) Bernh., Dryopteris Linnaeana C. Chr. Polystichum Lonchitis (L.) Roth, Cryptogramma crispa (L.) R. ssp. acrostichoides Hult., Adiantum pedatum L. var, aleuticum Rupr. Polypodium vulgare L. ssp. occidentale (Hook.) Hult., Botrychium lunaria (L.) Sw., B. multifidum (Gmel.) Rupr. var. robustum (Rupr.) C. Chr.; Equisetum arvense L.; Lycopodium alpinum L., L. annotinum L., L. clavatum L., L. Selago L.; Selaginella sibirica (Milde) Hieron.

Spermatophyta, Samenpflanzen. Sparganium hyperboreum Laest.; Zostera marina L.; Potamogeton alpinus Balbis ssp. tenuifolius (Raf.) Hult.; Triglochin palustre L.; Hierochloe alpina (Sw.) Roem. & Schult., H. odorata (L.) Whalbg., Agrostis exarata Trin., A. scabra Willd. var. geminata (Trin.) Hult., Calamagrostis inexpansa A. Gray, C. nutkaensis (Presl.) Steud., Vahlodea atropurpurea (Wahlenb.) Fries ssp. paramushirensis (Kudo) Hult.; Melica subulata (Griseb.) Scribn.; Poa stenantha Trin., P. st. var. vivipara Trin., P. Turneri Scribn.; Festuca brachyphylla Schultes, F. rubra L.; Eriophorum angustifolium Honckeny, E. medium Anders.; Scirpus caespitosus L. ssp. austriacus (Palla) Aschers. & Graebn.; Carex circinnata C. A. Meyer, C. nigricans C. A. Meyer, C. macloviana d'Urv. var. pachystachya (Cham.) Kük., C. Hindsii Clarke, C. Lyngbyei Horn. ssp. cryptocarpa (C. A. Meyer) Hult., C. macrochaeta C. A. Meyer (im Gebiet die häufigste Segge lt. Hult.), C. physocarpa Presl.; Juncus balticus Willd. ssp. sitchensis (Engelm.) Hult., J. castaneus Sm. var. pallidus Hook., J. Drummondii E. Meyer, J. ensifolius Wikstr., J. falcatus E. Meyer ssp. sitchensis Buchen. Hult., J. mertensianus Bong.; Luzula arcuata Wahlenb. var. Kobayasii (Satake) G. Sam., L. multiflora Lejeune var. frigida (Buchen.), var. Jibayyasuu (Satake) G. Sam., L. parviflora (Ehrh.) Desv., L. spicata (L.) DC; Tofieldia coccinea Richards.; Fritillaria camschatcensis (L.) Ker-Gawl.; Lloydia serotina (L.) Rchb.; Streptopus amplexifolius (L.) DC.; Iris setosa Pall.; Cypripedium guttatum Sw.; Orchis aristata Fisch. ex Lindl.; Coeloglossum viride (L.) Hartmann ssp. bracteatum (Mühl.) Hult.; Platanthera chorisiana (Cham.) Reichenb., P. dilatata (Pursh.) Lindl., P. convallariaefolia (Fisch.) Lindl., P. unalascensis (Spreng.) F. Kurtz (von Cham. als Habenaria Schischmareffiana beschrieben; Hultén: s. selten!) Spiranthes romanzoffiana Cham. & Schlecht. („Linnaea“ Bd. II); Listera convallarioides (Sw.) Torr. (s. selten!), L. cordata (L.) R. Br. var. nephrophylla (Ryd.) Hult.; Corallorrhiza trifida Chatelin (nach Hultén s. selten); Microstylis monophyllos (L.) Lindl. (s. selten!); Salix crassijulis Trautv. (als Salix arctica Cham.

in „Linnaea“ VI), S. ovalifolia Trautv., S. reticulata L. ssp. orbicularis (Ands.) Flod., S. rotundifolia Trautv.; Koenigia islandica L.; Rumex fenestratus Greene; Oxyria digyna (L.) Hill.; Polygonum viviparum L., Claytonia chamissoi Eschsch., (Hultén: An sandigen Ufern der Aleuten. Wahrscheinlich oft übersehen, Verbreitungsgebiet größer als angenommen), C. sibirica L.; Montia lamprosperma Cham. (in „Linnaea“ VI mit Tafel von Cham.); Stellaria calycantha (Ledeb.) Bong., St. crispa Cham. & Schl. („Linnaea“ I), St. media (L.) Cyrill.; Cerastium beeringianum Cham. & Schl. („Linnaea“ I), var. grandiflorum (Fenzl) Hult., C. Fischerianum Ser., Sagina intermedia Fenzl; Silene acaulis L.; Coptis trifolia (L.) Salib.; Aconitum delphinifolium DC. ssp. chamissonianum (Rchb.) Hult., A. maximum Pall.; Anemone narcissiflora L. ssp. villosissima (DC) Hult., A. parviflora Michx. (Hultén: „Seit Chamisso wurde diese Art nicht mehr gefunden; Bestätigung wünschenswert“.), A. Richardsonii Hook. (s. selten auf den Aleuten nach Hultén); Ranunculus Eschscholtzii Schl., R. Nelsonii (DC.) Gray, R. reptans L., R. trichophyllus Chaix; Thalictrum kemense E. Fries; Papaver alaskanum Hult. (in „Linnaea“ I als Papaver nudicaule bestimmt); Corydalis ambigua Cham. & Schl. (Hultén:?), Aphragmus Eschscholtzianus Anders. (Hultén: s. selten; auf Schutthalden der alpinen Stufe); Cochlearia officinalis L. ssp. oblongifolia (d. C.) Hult.; Barbarea orthoceras Ledeb.; Rorippa palustris Besser; Cardamine bellidifolia L. (Hultén: s. selten!) Cardamine umbellata Greene, C. purpurea Cham. & Schl.; Draba borealis DC. (in „Linnaea“ I als Draba rupestris R. Br.), Draba incana L. „spec. prima“, D. cinerea Adams var. kamtschatica (E. Regel), D. kamtschatica (Ledeb.) Busch (Hultén: „Wahrscheinlich gehen alle Angaben auf die Funde Chamissos zurück. Es wäre wünschenswert, wenn nach dieser Spezies in der Gipfelregion der alpinen Stufe neu gesucht würde. Da nur sehr wenige botanische Exkursionen in diesem Gebiet gemacht wurden, ist es vielleicht nicht erstaunlich, daß diese Pflanze seit Chamisso nie mehr gefunden worden ist.“), D. nivalis Liljebl. (Hultén:?), D. stenoloba Ledeb., Arabis lyrata L. ssp. kamtschatica Fisch., A. hirsuta (L.) Scop. ssp. Eschscholtziana (Anders.) Hult.; Drosera rotundifolia L.; Leptarrhena pyrolifolia (D. Don) Ser.; Saxifraga bracteata D. Don, S. bronchialis L. ssp. Funstonii (Small) Hult. (in „Linnaea“ VI), S. caespitosa L. ssp. sileniflora Sternb. ex Cham. („Linnaea“ VI), S. nivalis L. (Hultén: „Da diese Art oft nur sehr zerstreut vorkommt, so ist es gar nicht befremdlich, daß seit Chamisso kein Botaniker sie gefunden hat!“) S. oppositifolia L., S. punctata L. ssp. pacifica Hult. (in „Linnaea“ VI), S. serpyllifolia Pursh. (in „Linnaea“ VI), S. unalaschkensis Sternb. (in „Linnaea“ VI), S. davurica Cham. (in „Linnaea“ VI Hultén: „Da diese alpine Zone konstant in Nebel gehüllt ist, wird sie sehr selten botanisch untersucht; es ist also möglich, daß dieser Steinbrech auf der ganzen Aleutenkette vorkommen könnte.“); Parnassia Kotzebuei Cham. & Schl. (in „Linnaea“); Rubus spectabilis Pursh. (in „Linnaea“ II), R. stellatus J. E. Smith (in „Linnaea“ VI), (betr. Rubus chamaemorus bemerkt Hulten: „Fehlt im westlichen Drittel der Aleuten, also zwischen Amchitka und Unalaschka. Chamisso betonte ausdrücklich, daß er diese Rubus-Spezies in dieser Gegend nicht finden konnte.“); Potentilla palustris (L.) Scop., P. villosa Pallas ex Pursh; Sibbaldia procumbens L.; Geum calthifolium Menzies, G. macrophyllum Willd., G. rossi R. Br.; Sorbus sambucifolia (Cham. & Schl.) Roem.; Sanguisorba stipulata Raf.; Lupinus nootkatensis Don, Lathyrus paluster L. ssp. pilosus (Cham.) Hult.; Geranium erianthum Dc; Empetrum nigrum L. (in „Linnaea“ I); Viola langsdorffii Fisch. (in „Linnaea“ I); Epilobium angustifolium L. E. behringianum Hausskn., E. hornemanni Rchb., E. glandulosum Lehm., E. latifolium L., E. luteum Pursh. (in „Linnaea“ II); (Chamisso hat von 10 vorkommenden Arten deren 6 gesammelt).; Hippuris montana Ledeb.; Conioselinum benthami (Wats.) Fern. (in „Linnaea“ I Ligusticum gmelini); Ligusticum scoticum L. ssp. hultenii (Fern.) Hult.; Angelica lucida L.; Heracleum lanatum Michx. (in „Linnaea“ I); Cornus canadensis L. (in „Linnaea“ III), C. suecica L. („Linnaea“ III), Pyrola asarifolia Michx. var. incarnata (DC) Fern., P. minor L. („Linnaea“ I); Rhododendron kamtschaticum Pallas ssp. typicum („Linnaea“ I); Loiseleuria procumbens (L.) Desv. („Linnaea“ I); Phyllodoce aleutica (Spreng.) A. Hell.; Cassiope lycopodioides (Pall.) D. Don; Arctostaphylos alpina (L.) Spreng. („Linnaea“ I), Arbutus alpina (L.), A. uva-ursi (L.) Spreng. var. pacifica Hult. („Linnaea“ I); Vaccinium ovalifolium Smith, V. uliginosum L. var. alpinum Bigel., var. salicinum (Cham.) Hult., V. vitis-idaea L. ssp. minus Lodd. („Linnaea“ I); Oxycoccus microcarpus Turcz. („Linnaea“ I); Primula cuneifolia ssp. saxifragifolia (Lehm.), P. tschuktschorum Kjellm. (in „Linnaea I“ als Primula nivalis Pall. bestimmt), P. parvifolia Duby (in „Linnaea“ I als P. mistassinica Michx.); Dodecatheon integrifolium Michx. (Hultén: für Aleuten nicht bestätigt. Cham. notierte: „Gesammelt auf Kodiak und Unalaschka!“) Trientalis europaea L. ssp. arctica (Fisch.) Hult. („Linnaea“ I); Armeria maritima (Mill.) Willd. ssp. arctica (Cham.) Hult.; Gentiana acuta Michx. var plebeja (Cham.) Wettst. („Linnaea“ I G. amarella L.), G. aleutica Cham. & Schl. („Linnaea“ I), G. prostrata Haenke („ Linnaea“ I); Menyanthes trifoliata L. („Linnaea“ I), Polemonium acutiflorum Widdl. („Linnaea“ VI); *Romanzoffia* unalaschcensis Cham. („Horae Phys. Berol.“ und „Linnaea“ II neue Gattung); Plagiobotrys orientalis (L.) Johnst. (in „Linnaea“ IV

Lithospermum plebejum Cham. & Schl.;) Mertensia maritima (L.) S. F. Gray („Linnaea“ IV); Prunella vulgaris L. var. aleutica Fern.; Mimulus guttatus DC. („Linnaea“ II); Veronica americana Schweinitz ap. Benth., V. tenella All. („Linnaea“ II V. serpyllifolia L.). V. stelleri Pall. („Linnaea“ II), V. wormskjodii Roem. & Schult. („Linnaea“ II); Lagotis glauca Gartn. („Linnaea“ II); Castilleja unalaschcensis (Cham. & Schl.) Malte („Linnaea“ II); Euphrasia mollis (Ledeb.) Wettst. („Linnaea“ II); Rhinanthus groenlandicus Chabert („Linnaea“ II); Pedicularis capitata Adams („Linnaea“ II), P. chamissonis Steven („Linnaea“ II), P. lanata Cham. & Schl. („Linnaea“ II) P. langsdorffii Fisch., P. sudetica Willd.; Pinguicula vulgaris L. („Linnaea“ VI); Boschniakia rossica (Cham. & Schl.) B. Fedtsch.; Plantago macrocarpa Cham. & Schl. („Linnaea“ I), ssp. juncoides (Cham.) Hult., P. maritima L. („Linnaea“ I); Galium aparine L. („Linnaea“ III), G. trifidum ssp. columbianum (Rydb.) Hult., („Linnaea“ III), G. triflorum Michx. („Linnaea“ III); Linnaea borealis L. („Linnaea“ III); Campanula dasyantha M. A. Bieb., C. lasiocarpa Cham. („Linnaea“ IV), C. uniflora L. („Linnaea“ IV;), Solidago lepida DC, S. multiradiata Ait. var. arctica Ait.; Aster foliaceus Lindl.; Erigeron peregrinus (Pursh) Greene; Antennaria monocephala DC; Anaphalis margaritacea (L.) Benth. & Hook. („Linnaea“ VI); Achillea borealis Bong.; Matricaria suaveolens (Pursh) Buchen.; Artemisia artica Less. („Linnaea“ VI), A. globularia Cah., A. tilesii Ledeb. ssp. unalaschcensis (Bess.) Hult.; Petasites frigidus (L.) Fries, P. hyperboreus Rydb.; Arnica Chamissonis Less. („Linnaea“ VI) A. unalaschcensis Less. („Linnaea“ VI); Senecio pseudoarnica Less. („Linnaea“ VI); Taraxacum kamtchaticum Dahlst., T. collinum DC; Prenanthes alata (Hook.) Dietr. („Linnaea“ VI); Hieracium triste Willd.

„Amerikanische Küste jenseits der Beringstraße“

„Insel Sankt-Georg“ – St-George's Island (s. ChsW Bd. II, S. 187)

„Insel Sankt-Paul“ – St-Paul's Island (s. ChsW Bd. II, S. 188)

„Insel Sankt-Lorenz“ – SW von Kap Deschnew (= Ostkap). St-Paul's Island und St-Lawrence's Island gehören zu den Pribyloff-Inseln; einige auffällige Arten aus der spätern Aufzählung ausgewählt: Aconitum chamissonianum Rchb., Delphinium pauciflorum Rchb. (= S. brachycentrum Ledeb.), Anemone richardsonii Hook. f., Papaver alaskanum Hult. (von Chamisso als P. nudicaule L. bestimmt), Sieversia glacialis R. Br., Rhododendron kamtschaticum Pall., Dodecatheon frigidum Cham. & Schl. FM

„Asiatisches Kap“ – heute Ostkap (Wostotschnij Mys)

„Schischmareff-Bucht“ – Shishmaref Inlet, in der Mitte zwischen Cape Prince of Wales und dem Kotzebue-Sund FM

„*Kap Espenberg*“ – am südlichen Eingang zum Kotzebue-Sund
„*die weite Bucht*“ – Kotzebue-Sund
„*Gute Hoffnungs-Bucht*“ – Good-Hope-Bay
„*Chamisso-Insel*“ – kleine Insel am Eingang der Eschschotz-Bay FM
„*Eschscholtz-Bucht*“ – inneres Südende des Kotzebue-Sundes FM

„Die tropischen Inseln des Großen Ozeans“

„*Luzon*“ – Der Gastgeber *Don San Jago* gab dem Führer, der Chamisso während der Exkursionen geleiten sollte, folgende Verhaltensmaßregeln: „Eure Gnaden werden diesem Edelmann auf einer Reise nach Taal zur Leibwache und zum Führer dienen. Vor allem aber werden Eure Gnaden darauf bedacht sein, nur bei Tage zu reiten, weil dieser Edelmann alles sehen will. Eure Gnaden werden oft im Schritt reiten und oft halten müssen, nach dem Begehren dieses Edelmannes, *der jedes Kraut betrachten wird und jeden Stein am Wege und jedes Würmchen,* kurz jede Schweinerei, von der ich nichts weiß und von der Eure Gnaden eben auch nichts zu wissen haben, u. s. w.“ (s. ChsW Bd. II 227–236, 239, 284, 290, 292, 299, 300, 213, 336, 345, 350)

„*Guajan*“ – Leider sind viele gesammelte Pflanzenarten während der Reise verdorben und zum Bearbeiten unbrauchbar geworden. (s. CHsW Bd. II S. 350: „Flora von Guajan“)

„*Hana-ruru*“ – Honolulu (s. ChsW Bd. II vor allem SS. 130–139, 201–211, 444 uff., 520–522, 524, 527–528)

„*O-Wahu*“ – Oahu, Insel der Hawaiigruppe mit der Hauptstadt Honolulu (s. ChsW Bd. II S. 446–447 Flora). Schlechtendal bemerkte dazu: „Die Schwierigkeit des Trocknens und Transports auf mehrtägigen Exkursionen unter fortwährenden Regengüssen ließ die Sammlungen daselbst nicht zu der Fülle und Vollständigkeit der Exemplare anwachsen wie in den nordischen Gegenden“. („Linnaea“ Bd. XIII).

„*blattlose Akazie*“ – Acacia-Arten mit flächig verbreiterten Blattstielen; (gärtnerisch Mimosen genannt, keine Robinien). FM

„*Arum*“ – Arum esculentum L. = Colocasia esculenta (L.) Schott: Taro oder Yams FM

„*Mauna-roa*“ – Mauna-Loa, Großer Berg 4168 m

„*Mauvi*“ – Maui, zweitgrößte Insel der Hawaii-Gruppe „Radack“ – Ratak-Inseln, Gruppe der Marschall-Inseln (s. ChsW vor allem SS. 141–174, 214–220, 309–310, 365–367, 371–379, 391–417)

„*Guam*“ – Chamissos Verdienste werden ausführlichst gewürdigt von *W. E. Safford* „The useful plants of the island of Guam“ (Smith. Inst. Contributions, vol IX, 1905)

„*Romanzoff-Insel*“ – Tikei (Tuamotu-Inseln)

„19 Pflanzenarten" – „Die Pflanzen, die wir beobachteten, waren: ein Polypodium, der Kokosbaum, der Pandanus, ein Gras, Scaevola frutescens, Tournefortia argentea, Lythrum Pemphis, Guettarda speciosa, eine Cassyta, eine Euphorbia, eine Boerhavia, eine krautartige Nesselart, Pflanzen, welche alle auf Radack vorkommen; und an Pflanzen, die daselbst fehlen: zwei strauchartige Rubiaceen, ein anderer Strauch, Lithospermum incanum Forst., Portulaca (oleracea?), Lepidium piscidium Forst. und eine Buchnera" (s. ChsW Bd. II SS. 75 uff; 438–440). – Korrekturen: Scaevola frutescens (Mill.) Krause = S. taccada (Gaertn.) Roxb.; Tournefotia argentea L. f. = Messerschmidtia argentea (L. f.) Johnst.; Lythrum pemphis L. = Pemphis acidula Forst.; Lithospermum incanum Forst. = Heliotropium anomalum Hook. & Arn.; Lepidium piscidium Forst. = L. bidentatum Moutin; (nach der weltbekannten Monographie von A. Thellung, Mitt. Bot. Mus. Univ. Zürich 28 (1906). FM

„Kalifornien" – s. ChsW. Bd. II, S. 11–121, 275–283. Die auf dem *Presidio* vor *San Francisco* gesammelten Pflanzen wurden in „Linnaea" Bd. I–IV, VI und XI publiziert. – Als Unterlage der folgenden Artenliste diente A. C. Mahr „The Visit of the Rurik to San Francisco 1816" (Standford Univ. 1932), W. L. Jepson's „Manual of the Flowering Plants of California" (1926) und Ph. A. Munz/D. D. Keck „A California Flora" (1959). – Chamisso war bestrebt, das gesammelte Pflanzengut bald einmal bearbeitet zu wissen. So verteilte er den Spezialisten seiner Zeit die Arten, z. B. die Compositae an C. F. Lessing, die Leguminosen an Th. Vogel, die Labiatae erhielt der führende britische Botaniker George Bentham. – Hier notierte Chamisso in seinem „Tagebuch" eine sozusagen pflanzengeographische Begebenheit: „Don Paolo Vicente, wie er einst vom Presidio zu unsern Zelten herabstieg, brachte ein Geschenk ‚a su amigo Don Alberto', eine Blume, die er am Wege gepflückt hatte, und die er mir, dem Botaniker, feierlich übergab. Es war zufällig unser Gänserich oder Silberblatt (Potentilla anserina), wie er nicht schöner bei Berlin blühen kann."

Nur knapp einen Monat lag die „Rurik" dort vor Anker. Chamissos Eifer wurde trotz der vorgerückten Jahreszeit irgendwie „belohnt", schenkte er doch mit seiner Erstbeschreibung von *Eschscholtzia californica Cham.* den spätern Bürgern Kaliforniens ihre Wappenblume. – Spuren des pflanzensammelnden Botanikers findet man (noch heute?) in zwei volkstümlichen botanischen Ausdrücken, die von Chamissos Namen geprägt wurden: unter „chamise", „chamiso" oder „chamisal" versteht man bodenbedeckende Dickichte, die vor allem von der zwergstrauchförmigen Adenostoma fasciculatum, einem Rosengewächs, gebildet werden; „chamissatas" heißen kleine Samen, vor allem jene der Lupine. (Nach G. Schmid „Chamisso als Naturforscher und Encycl. Brit.“, 1974).

Artenliste von San Francisco, die Halbinsel des Presidio:

Ceratophyllum demersum L.; *Eschscholtzia Cham,* (neue Gattung), *Eschscholtzia californica Cham.* (neue Art) (Nach Munz umfaßt diese Gattung heutzutage 25 Arten); *Myrica californica Cham.* Quercus agrifolia Nee; Corylus rostrata Atit. var. californica A. DC.; Silene verecunda Wats.; *Frankenia grandiflora Cham. & Schl.*; Rumex salicifolius Weinm.; Eriogonum latifolium Smith; Polygonum acre H. B. K., *P. paronychia Cham. & Schl.; Hypericum anagalloides Cham. & Schl.* var. Bealianum (Jeps.) G. Rossb.; Erysimum asperum (Nutt.) DC.; Viola adunca Sm.; *Rubus vitifolius Cham. & Schl.* R. leucodermis Dougl., *R. ursinus Cham. & Schl.*; Fragaria chiloensis (L.) Duchn. *F. californica Cham. & Schl.*; Potentilla anserina L.; *Horkelia Cham. & Schl.* (neue Gattung), *H. californica Cham. & Schl.* (neue Art); *Rosa californica Cham.& Schl.*; Heteromeles arbutifolia Roem.; Ribes malvaceum Sm.; Trifolium wormskjoldii Lehm.; Lotus scoparius Ottley; Vicia gigantea Hook.; Myriophyllum hippuroides Nutt.; Cornus californica C. A. Meyer; *Phacelia californica Cham., Ph. malvifolia Cham.*; Allocarya chorisiana (Cham.) Greene; Micromeria *chamissonis* (Benth.) Greene; Stachys ajugoides Benth.; St. *chamissonis* Benth.; Veronica americana Schweinitzi. Mimulus aurantiacus Curt.; Castilleja toluccensis H. B. Knuth (Nach Jepson irrt Chamisso, da dies eine mexikanische Art ist); *Scrophularia californica Cham.*; Hydrocotyle verticillata Thunb. var. triradiata (A. Rich.) Fern.; Plantago maritima L.; *Orobanche californica Cham. & Schl.*; Lonicera involucrata Banks: *Lessingia Cham.* (neue Gattung) *Lessingia germanorum Cham.* (neue Art): Ericameria ericoides (Less.) H. u. A.; Erigeron glaucus Ker.; *Aster chamissonis A. Gray* (jetzt: A. chilensis Ness); Eriophyllum staechadifolium Lag. var. artemisiaefolium Less.; Aposeris apargioides (Less.) Greene; Solidago spathulata DC. S. occidentalis (Nutt.) T. u. G., S. canadensis var. clongata Nutt., S. californica Nutt.; Grindelia robusta Nutt.; Franseria *chamissonis* Less.; Helenium puberulum DC.; Achillea millefolium L.; Jaumea carnosa (Less.) A. Gray; Tanacetum camphoratum Less.; Artemisia californica Less.; A. pycnocephala DC.; Anaphalis margaritacea (L.) Benth. &. Hook.; Gnaphalium californicum DC., G. palustre Nutt., G. chilense Spreng.; Triglochin maritimum L; Potamogeton ephihydrus Raf. var. nuttallii *Cham. & Schl.* P. nodosus Tuckerm. (von Cham. als ‚americanus‘ bezeichnet); Najas flexilis (Wild.) Rostk. & Schmidt.

„Chile“ – (s. ChsW. Bd. 2 S. 260–272)

„Santa Catarina“ – Obschon die „Rurik“ hier nur kurz vor Anker lag, gelang es Chamisso, ein eindrückliches Bild subtropischer Vegetation zu geben. Die „riesenhaft wuchernde organische Natur erschreckt“ ihn, und er „will sich nicht anmaßen, irgend etwas Belehrendes über Brasilien zu sagen“. . . „Hier umfängt eine neue Schöpfung den Europäer, und in ihrer Überfülle ist alles auffallend und riesenhaft. . . Viele Arten aus allen natürlichen Familien und Gruppen des Gewächsreiches nehmen in dieser Natur die bezeichnende Form der Lianen an. Hoch auf den Ästen wiegen sich luftige Gärten von Orchideen, Farren, Bromeliaceen u. s. w. und die Tillandsia usneoides überhängt das Haupt alternder Bäume mit greisen Silberlocken. Breitblättrige Aroideen wuchern am Abfluß der Bäche. Riesenhafte säulenartige Kakteen bilden abgesonderte, seltsame, starre Gruppen. Farrenkräuter und Lichenen bedecken dürre Sandstriche. Über feuchten Gründen erheben luftige Palmen ihre Kronen, und gesellig übergrünt die ganzblättrige Mangle (Rhizophora) die unzugänglichen Moräste, in welche die Buchten des Meeres sich verlieren.“ (s. ChsW Bd. II S. 46–48).

„Kap der Guten Hoffnung“ – „Nirgends kann für den Botaniker das Pflanzenkleid der Erde anziehender und behaglicher sein als am Kap. Die Natur breitet ihre Gaben in unerschöpflicher Fülle und Mannigfaltigkeit unter seinen Augen zugleich und unter seiner Hand aus; alles ist ihm erreichbar. Die Heiden und Gebüsche vom Kap scheinen zu seiner Lust, wie die Wälder von Brasilien mit ihren wipfelgetragenen Gärten zu seiner Verzweiflung geschaffen zu sein. . . Ich habe mit Mundt auf dem Tafelberge manche Pflanze gefunden, die ihm bis dahin entgangen waren, und habe, flüchtiger Reisender aus diesem betretensten der botanischen Gärten, manche Pflanzenart mitgebracht, die noch unbeschrieben war. Jede Jahreszeit entfaltet eine ihr eigentümliche Flora. – Unter den Seepflanzen, die ich vom Cap mitgebracht habe, hat eine, oder nach meiner Ansicht, haben zwei eine große Rolle in der Wissenschaft gespielt, indem sie für die Verwandlung der Gattungen und Arten in andere Gattungen und Arten Zeugnis ablegen gesollt. . . .“ (s. ChsW Bd. II 242–245) Bei diesen „Seepflanzen“ handelt sich um Algen, die Chamisso dem berühmten Algologen C. A. Agardh in Lund unter andern zur Bearbeitung zukommen ließ. Diese beiden kapländischen Arten, beschrieben in der Abhandlung „Dissertatio de Metamorphosi Algarum“ (1820) von Agardh, bewirkten eine kritische Stellungnahme Chamissos. In der Schrift „Ein Zweifel und zwei Algen“ (1821) erläuterte er, daß es sich in diesem Fall *nicht* um eine Metamorphose handelt. Chamisso weist nach in sorgfältigen Untersuchungen, die mit Zeichnungen illustriert sind und deren

„Ergebnisse noch der prüfenden Kritik zweier teuren Freunde unterworfen wurden", daß es sich bei den von Agardh genannten Beispielen um nicht näher miteinander verwandte Algenarten handelt, von denen die eine die andere als Substrat benutzt, wie dies häufig beobachtet werden kann. Zwar wissen wir heute um das Phänomen des heteromorphen Generationswechsels bei vielen Algen, bei denen Gametophyt und Sporophyt habituell völlig verschieden gestaltet, und die auch bisweilen als zwei verschiedene Arten beschrieben worden sind. – Interessant ist Aghards fünfte Beobachtung, nämlich die Umwandlung einer Alge in eine Flechte und Chamissos Kommentar dazu. *Agardh*: eine (Blau)-Alge (Cyanobakterium) der Gattung Nostoc wandelt sich in eine Gallertflechte der Gattung Collema. *Chamisso*: daß die beschriebene Metamorphose einer Alge (Cyanobakterium) „Nostoc muscorum var. lichenoides, nichts anderes sei, als das Collema limosum", d. h., es habe sich dabei nicht um eine (Blau-)Alge, sondern bereits um eine Flechte gehandelt. Beiden Wissenschaftlern blieb die wahre Natur der Flechten, nämlich die Pilz-Algen-Symbiose, verborgen. Erst knapp vierzig Jahre später sollte es dem Basler S. Schwendener gelingen, Flechten als symbiotisches System zu erkennen. (S. Schwendener: Sitzungsbericht vom 10. Sept. 1867 d. Verh. Schweiz. Naturf. Ges. Aarau, p. 83–89; S. Schwendener: Die Algentypen der Flechtengonidien, Rektoratsrede, Basel, 1869). – Die Bescheidenheit und ausgesuchte Höflichkeit, mit der Chamisso seine fundierte Kritik an der zur Diskussion stehenden Arbeit Agardhs anbringt, zeichnen ihn als fairen und sehr sorgfältigen Wissenschaftler aus." (Aus einer schriftlichen Mitteilung von Dr. Rosemarie Honegger, Dozentin am Inst. Pflanzenbiologie, Universität Zürich).

„*Teneriffe*" – s. CHsW Bd. II, S. 39–42

Kapitel II

„Über die Gattung Salpa oder über den Generationswechsel“

„Am 13. Oktober und den folgenden Tagen hatten wir in 39° 27' n. B. fast fünf Tage lang vollkommene Windstille. Merkwürdig, daß auch dann Strömungen des Wassers unmerklich mit dem Schiffe spielten, das seine Richtung gegen die Sonne veränderte, so daß man auf dem Verdecke seinen eigenen Schlagschatten zu seinen Füßen kreisen sah. Soll meine Phantasie ein Bild erschaffen, gräßlicher als der Sturm, der Schiffbruch, der Brand eines Schiffes zu See: so bannt sie auf hoher See ein Schiff in eine Windstille, die keine Hoffnung, daß sie aufhören werde, zuläßt. – Die Windstille übrigens ruft zu einer neuen Tätigkeit den Naturforscher auf, der bei günstigem Winde müßig, den Blick nur vorwärts gerichtet, von der Küste träumt, an welcher er zunächst landen soll. Die Sonne lockt die niedern Tiere des Meeres an die Oberfläche des Wassers, und er kann dieser reizendsten Rätsel der Natur leicht habhaft werden. – Hier beschäftigten mich und Eschscholtz besonders die Salpen, und hier war es, wo wir an diesen durchsichtigen Weichtieren des hohen Meeres die uns wichtig dünkende Entdeckung machten, daß bei denselben eine und dieselbe Art sich in abwechselnden Generationen unter zwei sehr wesentlich verschiedenen Formen darstellt.”

(„Reise um die Welt“)

„Über die Gattung Salpa“ mit kolorierten Zeichnungen des Autors

Aus dem Lateinischen übersetzt von *Friedrich Markgraf*

Geneigter Leser:

Der Romanzoffschen Forschungsexpedition auf dem Schiff Rurik unter Kapitän Kotzebue in den Jahren 1815–1818 war ich als Naturforscher zugeteilt. Dort habe ich als Mitwirkenden bei allen Arbeiten meinen Freund Dr. med. Eschscholtz gehabt, der als Arzt eingesetzt war. Zu unserem gemeinsamen Eifer für die Naturwissenschaft gehörte immer gemeinsame Freude. Daher wissen wir nicht und wollen auch nicht wissen, was von den dargestellten Dingen dem einen oder dem anderen zuzuteilen ist. Bei einer so großen Menge von Gegenständen war es aber notwendig, daß jeder sich sein Sachgebiet zueignete. Mir fiel es unter anderem zu, auszuarbeiten und darzustellen, was wir über die Meereswürmer erfahren würden.

Die veraltete Linnésche Klasse der Würmer, die Tiere ohne Wirbelsäule und ohne Gelenk-Gliedmaßen enthält, wird bequemerweise wiederaufgenommen, da über einige ihrer sehr unähnlichen Gattungen zu sprechen ist, teils neue, teils wiederbehandelte. Viele sind bisher zu wenig bekannt, viele, die als „unsicherer Stellung“ in den verschiedensten Abteilungen umherirren, lassen sich nur mit großer Mühe in einem leicht aufzustellenden System unterbringen. Denn wirklich: von den höchsten Mollusken zu den niedersten Zoophyten „macht die Natur keinen Sprung“ (Linné).

In diesem ersten Heft werden 15 Formen der von uns beobachteten Salpen beschrieben, auf 12 Arten verteilt. Ausführlicher wird die Art und Weise ihrer Fortpflanzung behandelt, die ja unserer Wissenschaft neue Heiligtümer der Natur zu entschleiern verspricht.

Als dies schon zum Druck gegeben war, erfuhren wir, daß der Forscher Lesueur in den Annalen von Philadelphia über die Salpen gehandelt habe. Wir bedauern sehr, daß dies neueste Werk dieses tüchtigen Mannes noch nicht an uns gelangt ist.

,,Über die Gattung Salpa"

Gattungsmerkmale. Körper frei, durchscheinend, hohl, mit zwei Öffnungen. Eingeweideschlauch undurchsichtig, Kiemen schräg durch die Leibeshöhle ausgespannnt, ebenso deutlich wie das schlagende Herz.

Bemerkung. Auf Grund genauerer Betrachtung der Salpen, besonders der einfachen, einzeln lebenden, nennen wir *den* Teil ihres Körpers den unteren, der durch sein höheres Gewicht herunterhängt, weil er knorpligere und festere Eingeweide schützt; den vorderen nennen wir *den*, den das Tier nach vorn hält, wenn es im Meere schwimmt. Daraus geht zugleich hervor , welche Seite wir rechts und welche wir links nennen. Bei dieser Ausdrucksweise wird also die Auffassung von Cuvier umgekehrt, der ja mit den übrigen Autoren *den* Teil als Rücken bezeichnet, den wir den untern nennen, und als Bauch *den*, den wir den oberen nennen. Ebenso hält er *das* für die vordere Öffnung, was die übrigen die hintere (den After) nennen, und *das* für die hintere, was sie die vordere (den Mund) nennen, und von der wir meinen, daß sie mit Recht die vordere heißt. Daraus läßt sich aber leicht entnehmen, daß wir mit Cuvier *das* die rechte Seite nennen, was für die übrigen Autoren die linke ist, und umgekehrt.

Die *Bewegung* erfolgt dadurch, daß die zweilippige vordere Öffnung Wasser einsaugt, und daß durch Querzusammenziehung des Körpers Wasser aus der hinteren Öffnung ausgestoßen wird.

Vorkommen. Sie leben untergetaucht auf Hoher See innerhalb und außerhalb der Wendekreise, fehlen auch in kalten Meeren nicht, sind aber nur bei Windstille zu finden.

Die Salpenarten erscheinen unter doppelter Gestalt, indem ein Abkömmling während seines ganzen Lebenslaufs seinem Elter unähnlich ist, aber einen ihnen ähnlichen Nachkommen hervorbringt. Daher ist jede Salpe ihrer Mutter ebenso wie ihren Töchtern unähnlich, gleicht aber ihrer Großmutter, ihren Enkelinnen und ihren Schwestern. Beide sind nach Art der kopflosen Mollusken zwitterig oder nur weiblich, beide lebendgebärend, aber die eine ist ein Einzeltier und vielgebärend, die andere bildet einen zusammengesetzten Stock aus einzelgebärenden Tieren, die durch die nötige Verbindung vereinigt sind.

Diese abwechselnden Gestalten einer stabilen Art werden Generationen genannt, und zwar Einzelgeneration oder Gruppengeneration.

Viele Tiere aus derselben Klasse legen Ketteneier, und ein dem Elter durchaus ähnliches Tier geht einzeln aus jedem Ei hervor. Aber die Einzelgeneration der Salpen gebiert anstelle von Eiern verkettete Lebewesen, und eine dem ersten Elter ähnliche Einzelsalpe wird erst wie aus einem Ei einzeln aus jeder von ihnen abgegeben. Daher könnte man eigentlich sagen, die Einzelsalpe sei das Tier, und die Kettensalpe stelle nur verkettet lebende Eier dar.

Aber in einer Auffassung, die vielleicht der Sache näher kommt, könnte man annehmen, daß eine Ähnlichkeit mit der Metamorphose der Insekten und der Frösche ableitbar ist. Bewundernswert, wenn sie nicht so gewohnt wäre, bietet uns diese Metamorphose unveränderlicher Arten, unabhängig von dem Lebenslauf jedes einzelnen Individuums, die verschiedensten Gestalten von Larve und Imago, die sich bei demselben Individuum nacheinander entwickeln. Solche Metamorphose einer Art wird bei den Salpen in zwei aufeinander folgenden Generationen verwirklicht, indem die Gestalt sich generationsweise ändert (und nicht innerhalb der Generation oder des Individuums). Aber freilich, nach welchem Gesetz die Generationen der Salpen sich voneinander unterscheiden, wie das Tier von dem Ei, die Imago von der Larve, das ist zu wenig augenfällig.

Sehr wesentliche Unterschiede im äußeren und inneren Bau, in der Lage der Eingeweide, im Gefüge der Muskeln u. s. w. zeigen sich zwischen den abwechselnden Gestalten derselben Art.

Bei der Einzel- (oder vielegebärenden) Salpe gibt es am Körper keine Auswüchse oder Anhängsel. Die Öffnungen stehen an den beiden Enden, die vordere zweilippig mit ungleichen Lippen, deren untere groß, eingebogen, von der kürzeren oberen bedeckt ist. Die hintere Öffnung ist gestutzt.

Bei der Ketten- (oder einzelgebärenden) Salpe gibt es Auswüchse, Anhängsel, Dornen, mit deren Hilfe die Tiere in eine feste Anordnung zusammengefügt werden. Diese ist bei den verschiedenen Arten verschieden. Die Öffnungen liegen verschieden, oft oben, die hintere manchmal schräg, je nach der Art und Weise ihrer Einfügung.

Die Anatomie des Eingeweideschlauchs einiger Arten, darunter besonders Salpa pinnata, hat Home a.a.O. angegeben und mit glänzenden Bildern erläutert. Aber die reichhaltigste Beschreibung aller Teile der Salpa pinnata und der meisten anderen Arten verdanken wir dem Hervorragendsten unter den Zoologen unseres Zeitalters, Cuvier, in dem oben empfohlenen Büchlein. Diese Darstellung hat kürzlich Savigny in seinem prächtigen Buch durch neueste Beobachtungen an Cuvierschen Arten vermehrt. Was wir selbst an lebenden, frisch aus dem Meer gefischten Tieren gesehen haben, soll hier in wenigen Worten dargestellt werden.

Das Innere der Leibeshöhle ist von einer dünnen, festeren Haut überzogen. Gerade sie ist am Lebenden noch besser erkennbar als die schleimige, knorplige, gallertige oder häutige Außenhülle, die im Wasser manchmal ganz unsichtbar ist, außerhalb des Wassers aber zusammenfällt und ihre Gestalt verliert. An Exemplaren, die in Alkohol aufbewahrt werden, löst sich, vielleicht durch eindringende Fäulnis, die Außenhülle los von der inneren Haut samt den Eingeweiden, dem Herzen, den Gefäßen, dem Nucleus, die der Außenseite angeheftet waren. Sie tritt bei den Formen mit beidendigen Öffnungen heraus, bleibt dagegen bei nicht kettenbildenden Formen mit Anhängseln, wo beide Öffnungen oben sitzen, wie in einem Becher eingeschlossen. In diesem Zustand ist die Unterscheidung der Teile schwierig, und das anatomische Messer kann nicht weiter verwendet werden. Jedoch sind unsere Exemplare in diesem Zustand erhalten geblieben, was unser größtes Anliegen war.

Auf der Seite der Eingeweide ist die Außenhülle dicker und aus einem oft kräftigeren Knorpel gebildet.

Einige Arten haben eine knorplige, leblose Scheide. Sie wird vom Körper ausgeschieden, dem sie stofflich ähnelt. Es wurde gesehen, daß das Tier aus ihr hervorkam wie das Schwert aus der Scheide. Zweifelhaft bleibt, ob es die Scheide unverletzt verlassen hatte; jedenfalls schwamm es munter umher.

Die Muskeln sitzen in der Innenhaut, die der Alkohol bei den konservierten Exemplaren undurchsichtig und dadurch erst sichtbar macht. Die Kontraktoren des Körpers sind oft nahezu ringförmig, nur unten unterbrochen, bei einigen kreuzweis miteinander verbunden, bei anderen auf andere Weise. Die Lippen der vorderen Öffnung werden durch seitlich ansetzende Bänder betätigt. Die hintere Öffnung, oft verlängert und gestutzt, ist von mehreren dünnen Schnüren umgeben oder besitzt zwei seitliche, gefiederte Muskeln.

Die Kieme ist durch die Körperhöhle von hinten unten nach vorn oben ausgespannt. Unterwärts (durch zahlreiche Gefäße) quer gestreift, macht sie daher den Eindruck einer Trachee, die oberwärts durch eine gallertige Leiste verlängert und gestützt ist. (Eine andere, winzige Kieme hat Savigny bei Salpa octofora Cuv. um die Ansatzstelle des oberen Kiementeils im Unterkörper beobachtet). Von der Ansatzstelle der

Kieme durchläuft im Körperinnern nahe der Oberlippe der vorderen Öffnung ein milchweißer Faden oder kleines Gefäß an ihrer oberen Seite die Körperfläche, die dort etwas niedergedrückt ist. Wo er sie erreicht, macht er den Eindruck eines kleinen offenen Ganges. Von hier an aber verläuft er, in die Oberfläche verlagert, ein ganz kurzes Stück vor, biegt dann einwärts, tritt in den Körper ein und verschwindet. Im unteren Teil zieht er von der Kieme vorwärts-aufwärts gebogen weiter, erreicht aber nicht das oberste Ende. Diesen Verlauf des Fadens haben wir bei Salpa ferruginea sehr gut beobachten können. Bei Salpa pinnata beobachtet man, von oben gesehen, in diesem oberen, vorderen Bereich um die Ansatzstelle der Kieme herum, den milchweißen Faden gewellt, gedreht, zum Kreis eingebogen, mit zwei getrennten rechtsseitigen Enden. Bei der Einzelgeneration ist der Faden länger und mehr zusammengefaltet und sein Kreis weiter als bei der Kettengeneration. Mein Freund Eschscholtz vermutet, es sei ein Nerv. Das würde, wenn es nachgewiesen wäre, einen sehr wichtigen Unterschied der Generationen liefern.

Das Herz, im hintern untern Teil des Körpers um die Kieme herum gelegen, stellt eine durchsichtige, ziemlich langgestreckte Blase dar und zeigt vorzüglich die gleichmäßigen Erscheinungen der Systole und Diastole. Die Gefäße des Blutkreislaufs sind milchige Arterien. Die Kiemenarterie läuft in die Kieme aus, die Aorta vom Herzen aus in einer Längsfurche des Unterkörpers nach vorn bis in die Unterlippe der vorderen Öffnung, oder, wenn ein vorderer kegelförmiger Fortsatz da ist, bis in dessen Grund vor; von hier aus biegt sie rückwärts ein, läuft zurück und sendet nach beiden Seiten zahlreiche rechtwinklige Verzweigungen aus. Bei Salpa aspera bedeckt das Adernetz die ganze innere Oberfläche, bei mehreren Exemplaren deutlich, manchmal in den Anhängseln heller.

Der Darmtrakt ist undurchsichtig, fahl, braun, bei vielen dicht zusammengerollt, geknäuelt (der Nucleus Forskåls und anderer Autoren). Der After liegt meist links, nach vorn offen.

Gewöhnlich kann man sehen, wie aus ihm in der Körperhöhle der Darminhalt ausgeschieden wird. Wie der Mund die Nahrung aufnimmt, ist weniger deutlich. Im untern Teil des Körpers, neben dem Herzen, dringt der Darm nach außen vor und steckt in der dicken Außenhülle. Bei manchen Arten ist der Darmtrakt erweitert, liegt anders und ist nicht entsprechend in den beiden Generationen derselben Art. In der Einzelgeneration von Salpa pinnata und Salpa affinis ist er über die Trachee gespannt. In der Kettengeneration von Salpa pinnata ist er im Unterkörper längs ausgedehnt; der Mund liegt hinten, der After vorn, beide (im Leben) violett und bei beiden Generationen deutlich. In der Kettengeneration der Salpa affinis ist der Darm lose zusammengefaltet und nimmt den gewohnten Platz des Nucleus ein. In der Kettengeneration von Salpa minuta, die an beiden Enden Öffungen hat und Seite an Seite aneinander hängt (Home T. 75 Fig. 1), findet eine eigenartige Darmlagerung statt: der Darmtrakt ist in Längsrichtung ausgedehnt, dort eingefaltet und zurücklaufend; der Mund liegt hinten, im hinteren Teil des Körpers, der After ihm benachbart im vorderen Teil, beide aufwärts gerichtet.

Eine Leber haben wir nur bei Salpa pinnata beobachtet, wie sie von Cuvier beschrieben wird, im Leben gelblich mit dunkler gelben Querfalten, kürzer als der Darm und ihn überlagernd, vorn zugespitzt. Der Ventriculus, von Cuvier bei derselben Art beschrieben, zeigte im Leben eine Art lanzettförmiger Doppelhaut, mit dem größeren Durchmesser waagerecht, mit dem kleineren senkrecht. – Bei angefaulten Präparaten ist sie nicht zu erkennen.

Die Organe von Salpa pinnata, die Cuvier für Eierstöcke hält, zwei Längslinien seitlich in der oberen Körperfläche, im Leben violett, bei der Einzelsalpe länger, von Muskelbändern viermal unterbrochen, bei der Kettensalpe kürzer und nicht unterbrochen, sind uns nur bei dieser einen Art vorgekommen; aber es ließ sich nicht einmal erraten, welche Teile sie vorstellen könnten.

Die Embryonen sind bei den Einzelsalpen winzig, im unteren Teil des Körpers zu einer Doppelreihe verkettet. Bei den meisten erscheinen sie als ein Band außerhalb der inneren Körperhaut (bei den Scheidigen zwischen Körper und Scheide), ein freiliegendes Band, das nur mit seinem einen Ende um den Nucleus herum befestigt ist. Je weiter vom Uterus entfernt, desto fortgeschrittener sind die Embryonen. Bei *Salpa pinnata* und *affinis* ist der Uterus, in derselben Dicke wie die Außenhülle, längs gerichtet, pyramidal; er entspringt oben an der Seite des Herzens und ist am Grunde unterhalb des Vorderkörpers offen. Er enthält eine doppelte Reihe von Embryonen, die bei den wiederholt von uns beobachteten Geburten zum Kreis vereinigt ausgeschoben wurden. Bei den konservierten, gewöhnlich faulenden Exemplaren hält die Außenhülle, von der Innenhaut getrennt, die Embryonen zurück.

Bei den Kettensalpen ist der einzige Embryo in der Körperhöhle an der Nabelschnur aus der oberen rückwärtigen Region zurückgebogen und an seinem vorwärts gerichteten Vorderteil aufgehängt. Bei Salpa pinnata ist er sehr groß, aus dem oberen Hinterende einer violetten Linie. Einzig bei Salpa zonaria sind mehrere einzelne, ungleiche, genäherte vorhanden, aber getrennt, jeder aufgehängt an seiner eigenen Nabelschnur. Eingefügt ist die Nabelschnur vorn an einem undurchsichtigen Kügelchen, das in die dickere Außenhülle der Unterseite des Embryos eingesenkt ist. An dieser Stelle liegt bei Salpa pinnata und affinis die Mündung der Gebärmutter. Eine sichtbare Verbindung des Kügelchens mit den übrigen Eingeweiden besteht nicht. Neben dem Kügelchen, um das Herz herum, ist eine ziemlich große Blase; sie ist in die Außenhülle tiefer eingesenkt und durch einen eingebogenen Hals mit den Eingeweiden verbunden.

Von Farben, mit denen einige Arten getönt sind, ist anzunehmen, daß sie veränderlich sind und, wie bei den Quallen, von der Nahrung abhängen. Der Darmkanal ist je nach seinem Inhalt verschieden gefärbt.

Fig. 1 Salpa pinnata.

A Einzelsalpe von der linken Seite, B von der Oberseite, C ihr Embryo, D Kettensalpe von der linken Seite mit sichtbarem Embryo, E dieselbe von oben ohne Embryo, F zehn Kettensalpen schwimmend, G und H Muskeln der Kettensalpe, an konserviertem Exemplar ohne Außenhülle, G von der linken Seite, H an der Oberseite längs aufgeschnitten und ausgebreitet, I Embryo der Kettensalpe, zurückgebogen in der Stellung, wie ihn die Mutter trägt, von der rechten Seite gesehen, mit deutlichen Muskeln.

Fig. 2 Salpa affinis.

A Einzelsalpe von rechts, B dasselbe konserviert, von oben, die Muskeln deutlich, C von der Unterseite gesehen, D Kettensalpe, von der rechten Seite gesehen, E von der Oberseite mit Embryo, F sechs Kettensalpen, von der Vorderseite der Tiere betrachtet, die bei der schwimmenden Gruppe die obere ist.

Fig. 3 Salpa zonaria.

A Einzelsalpe von oben, B von unten, C Lage der Embryonen im Tier, D Muskeln beim konservierten Exemplar von oben, E von unten, F von oben gesehen, G Embryo, vergrößert.

Fig. 4 Salpa aspera, Kettensalpe, wie sie lebend im Wasser aussieht.

A von rechts, B von oben, C mit Embryo, schräg von rechts, unter D konserviertes Exemplar, um die äußere Gestalt besser zu zeigen, von oben, E von unten.

Fig. 5 Salpa runcinata.

A Einzelsalpe von links, B von oben, C von unten. D dieselbe außerhalb des Wassers, damit der knorpelige Bau sichtbar wird, von der Unterseite, E von der hinteren Öffnung betrachtet, F die Verkettung der Embryonen, G Kettensalpe von links, H von oben, I von unten gesehen.

Fig. 6 Salpa dubia.

A von rechts, B von unten gesehen.

Fig. 7 Salpa vaginata.

A von der linken Seite gesehen, wie sie im Wasser aussieht, B außerhalb des Wassers, damit man die Gestalt der Scheide sieht: von oben, C von unten, D Scheide ohne Tier, von hinten, E von unten, F Die äußere Lage der Embryonen-Kette im unteren Teil des Körpers nach Entfernung der Scheide, G Die Anreihung der Embryonen in der Kette.

Fig. 8 Salpa bicornis.

A von oben gesehen.

Fig. 9 Salpa coerulescens.

A von rechts, mit Scheide, B ohne Scheide, C umscheidet, von unten gesehen, D Scheide.β, eine Varietät, von oben gesehen.

Fig. 10 Salpa ferruginea.

A von rechts, B von oben, C von der hinteren Öffnung gesehen. D Muskeln von der Oberseite, in einem konservierten Exemplar.

Originalzeichnungen (stark verkleinert) zu „Die Gattung Salpa", Fig. 1 bis Fig. 10 (Bilderklärungen S. 55, 56 und 59).

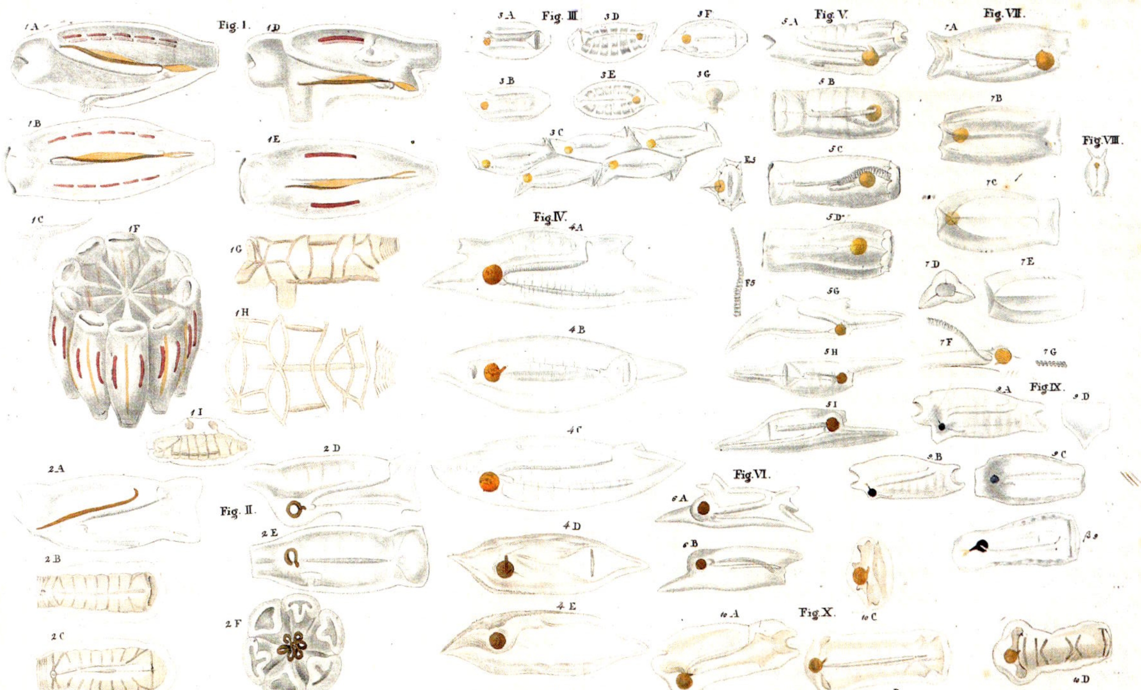
Fig. I.
Fig. II.
Fig. III.
Fig. IV.
Fig. V.
Fig. VI.
Fig. VII.
Fig. VIII.
Fig. IX.
Fig. X.

Salpa.

Das Phosphoreszieren haben die Salpen mit mehreren Meereswürmern gemeinsam.

Über die Geschichte der Gattung und die Phantasien der Autoren, darüber hat sich Cuvier ausführlich und erfahren geäußert, und es bleibt nichts hinzuzufügen.

Salpa pinnata (Fig. 1)

Diese Art begegnete uns als erste; bei ihr war mein Freund Eschscholtz der scharfsichtige erste Erforscher der Fortpflanzung der Salpen. Wir bewunderten die Embryonen in den Kettensalpen nicht wegen der Zusammensetzung ihrer Teile, nicht wegen der Lage der Trachee, nicht wegen ihrer dann bereits erkennbaren Blutgefäße, sondern wir bewunderten in einigen ihre Einzelembryonen, die an dem Hinterende einer violetten Linie herabhingen, groß, manche 1 oder 1 $^{1}/_{2}$ Zoll (=2–3 $^{3}/_{4}$ cm) lang, in allen Teilen deutlich. Selbständig sogen sie Wasser ein und stießen es aus und ahmten die Bewegungen ihrer Eltern nach. Dabei waren sie den Eltern überhaupt nicht ähnlich, sondern mit einer neuen, andersartigen Gestalt ausgerüstet. Wir beobachteten auch erwachsene ähnliche Tiere, die niemals verkettet waren, sondern einzeln lebten. Diese hatten in der Außenhülle des Unterkörpers einen Eierstock oder besser eine Gebärmutter, mit einigen Embryonen gefüllt, die in Doppelreihe, vom innern Grund bis gegen die Mündung fortschreitend, gegen außen an Größe zunahmen. Die äußersten, größeren, drei Linien (= 7 $^{1}/_{2}$ mm) langen, die deutlich mit zwei kurzen, ununterbrochenen Seitenlinien gezeichnet waren, änderten bei der von uns beobachteten Geburt ihre Anordnung und wurden zu einem Kreis verkettet. Man mußte sie unbedingt für Kettensalpen der Salpa pinnata halten, die ihre vorige Gestalt wiedergewonnen hatten.

Wir rühmen uns, daß wir bei dieser einen Art den ganzen Kreislauf der Metamorphose ohne Lücke in allen seinen Phasen vollständig mit den Augen verfolgt haben, während die kleineren Embryonen der übrigen untersuchten Arten sich weigerten, uns das vollständige Bild ihrer Fortpflanzung wiederzugeben. Von den meisten Arten haben wir beide gleichzeitig lebenden Generationen beobachtet, wobei ihre Blutsverwandtschaft durch unzweifelhafte Kennzeichen bewiesen war. Dunkel bleibt uns bis jetzt noch das Entwicklungsgesetz bei der winzigen Kettensalpe von Salpa bicornis, die wir mit Zweifeln an die Einzelsalpe von Salpa vaginata anschließen. Wenn man diese beiseite läßt, ist die abwechselnde Folge der Generationen, wie wir festgestellt haben, ein allen Arten gemeinsames Gesetz der Gattung. Es stützt sich auf Beobachtungen, aus denen hervorgeht, daß Einzelsalpen immer Kettenembryonen tragen, niemals Einzelembryonen, die Kettensalpen dagegen immer Einzelembryonen, niemals verkettete; dann auch darauf, daß sie vom Uterus des Muttertieres her verkettet sind, wobei diejenigen in derselben Generation untereinander ganz ähnlich und gleichgroß sind, aber die in verschiedenen Generationen an Größe und Gestalt variieren.

Salpa pinnata, die den meisten Untersuchern begegnet ist, scheint eine gewöhnlichere Art zu sein. Den Embryo ihrer Kettensalpe im Körper der Mutter haben schon Forskål und Cuvier beobachtet; dieser glänzende Beobachter hat auch die Verbindung mit dem Elter erkannt. Bei dieser Art ist es wahrscheinlich, daß sie einen erwachseneren Embryo trägt, den sie später als die verwandten Arten gebiert. Sicher muß man annehmen, daß sich der Embryo in reiferem Zustand und mit geringerer Masse aus den Anhängselsalpen loslöst, die mit kleineren Öffnungen nach oben versehen sind, als aus denen, die an beiden Enden Öffnungen haben. Die kleinsten und im Verhältnis zahlreicheren Embryonen haben wir bei Salpa zonaria gefunden, deren Körperbau einen schwierigeren Austritt bietet.

Bei den Kettensalpen vereinigen sich die Reihen der Sprößlinge in einer senkrechten Achse. Senkrecht ordnen sich die Tiere im Kreise, ihre Oberseiten nach außen gewendet, ihre Vorderkörper oben schwimmend, die Hinterkörper darunter.

8–14 Indiviuen bilden eine Gruppe, die schwimmend eine Qualle vortäuscht. Die einzelnen in diesem Staat haben beliebige Schwimmbewegungen, nicht übereinstimmende; alle haben die gleiche Größe und die gleiche Reife der von ihnen getragenen Embryonen.

Anmerkungen

„*Über die Gattung Salpa*“ – (Originaltitel: „De animalibus quibusdam e classe vermium Linnaeana: De Salpa“) erschien als Einzelpublikation mit den kolorierten Zeichnungen im Verlag F. Dümmler Berlin, 1819.

Zum ersten Mal liegt dieser bedeutende Text deutsch vollständig vor. Wie in der Originalausgabe, einer bibliophilen Rarität, wird er von Chamissos kolorierten Zeichnungen illustriert. Die Erstausgabe ist in folgenden Bibliotheken vorhanden: Staatsbibliothek Berlin (DDR), Bonn, Göttingen, Greifswald, Halle (?), Kiel und Neuchâtel (Schweiz).

Erläuterungen zu dieser Publikation erschienen in „Isis“ von Oken, Fasc. II, 1819, und gemeinschaftlich mit C. G. Eisenhardt in „Nova acta phys. med. Academ. C. L. Naturae curiosorum“, X, 1821.

„*Am 13. Oktober. . .*“ – s. ChsW Bd. II 34–35

„*macht die Natur keinen Sprung*“ – aus Linné „Systema naturae“ FM

„*Daher ist jede Salpe. . .*“ – ein oft zitierter Kernsatz, meist ohne den Autor zu nennen.

„*Einzelgeneration*“ – proles solitaria, Einzelsalpe FM

„*Gruppengeneration*“ – proles gregata, Kettensalpe FM

„*Home*“ – E. Home, „Lectures on comparative anatomy“, London 1814–1828 FM

„*Cuvier*“ – G. Cuvier, „Mémoire sur les Thalides“, Paris 1804 FM

„*Savigny*“ – M. J. Lelorgne de Savigny, „Mémoires sur les animaux sans vertèbres“, Paris 1816 FM

„*Forskål*“ – P. Forskål, „Descriptiones animalium. . .“ Kopenhagen 1775 FM

„*getragenen Embryonen*“ – weiterhin folgen im lateinischen Text die Einzelbeschreibungen der untersuchten Arten FM

Obschon diese Arbeit Chamisso Ehre eintrug (Dr. h. c. der Universität Berlin, verschiedene Mitgliedschaften der bedeutenden naturforschenden Gesellschaften), war das Phänomen des Generationswechsels so neu und unvertraut, daß schärfste Angriffe gegen den „wissenschaftlichen Märchendichter" („Peter Schlemihl" war 1815 erschienen, sehr bekannt und volkstümlich) nicht ausblieben. Erst eine Generation später wurde die Leistung Chamissos von *J. J. Steenstrup* in ihrer ganzen Bedeutung gewürdigt (1842). Schon damals war Chamisso in angelsächsischen Gebieten ein bekannter und geschätzter Naturforscher. – Die beiden britischen Zoologen E. Forbes und S. Hensly schrieben in ihrer „A History of British Mollusca and their shells" (London 1848–1853): „Vergeblich zeigt uns Chamisso die sorgfältigsten Untersuchungen in den kleinsten Einzelheiten seiner Beobachtungen. Die Schwerköpfigen in der Wissenschaft bezeichnen ihn als einen Dichter und Romanschreiber, der seine Tagträume in die Welt der Wirklichkeit eingeführt und *so* die wunderbare Vision der Salpae heraufbeschworen habe. Mehr als 20 Jahre mußten vergehen, bevor man seinen fundierten Darlegungen Gerechtigkeit widerfahren ließ... Da er vor der Zeit arbeitete, wurde er mißverstanden." (Übers. R. S. –G.)

Nicht nur die Dichtkunst überschattet(e) die wissenschaftliche Leistung; auch politische, kriegerische Wirrnisse prägten Chamissos Lebensweg, und wirkten gewissermaßen auch auf sein Nachleben, insbesondere im deutschen Sprachraum. Kurz vor dem Ersten Weltkrieg (1913) erschien ein geschichtlicher Überblick „Über den Generationswechsel" vom Berliner Zoologen Friedrich Klengel; Auszüge aus „Die Salpe", ausführliche Erörterungen charakterisieren den Naturforscher Chamisso. Aber das Klischee erwies sich, wie so oft, als stärker. In Th. Schmuckers „Geschichte der Biologie, Forschung und Lehre" (1936) wird die Entdeckung fast beiläufig erwähnt, aber Chamisso als „Dichter, Weltumsegler und adliger Emigrantensohn" apostrophiert.

Dagegen sagte der Basler Biologe Adolf Portmann in einem Vortrag „Gestalt als erstes und letztes Problem der Lebensforschung" („Eranos" 1965): „Die Entdeckung Chamissos auf seiner Weltumsegelung hat also in einer unauffälligen Form eine ähnliche Wirkung gehabt wie seinerzeit die Weltreise Darwins auf dem Vermessungsschiff „Beagle". Sie hat das Denken in den Begriffen der Evolutionslehre vorbereitet."

Chamisso selber hat seine Abhandlung mit „es setzt etwas Neues" seinem langjährigen Botanikfreund de la Foye seinerzeit angekündigt. Er war sich durchaus bewußt, *was* er schrieb.

Kapitel III

„Eschscholtzia california Cham., Kalifornischer Gelbmohn"

Zur Gattung Potamogeton"

„Draba (?) parryoides n. sp., vel. nov. gen. Ermania parryoides Cham."

„Erstbeschreibung von „Eschscholtzia californica Cham.“

Aus dem Lateinischen übersetzt und besprochen von
Friedrich Markgraf

Linnésche Klasse: Polyandria monogynia „Vielmännige, Einweibige“, Natürliche Ordnung: Papaveraceae Jussieu.

Wesentliche Merkmale: Blütenboden verbreitert, becherförmig, sein erweiterter Rand ungeteilt. Kelch mützenförmig, abfallend. Blumenkrone vierblättrig. Kronblätter mit ihren Nägeln dem Schlund des Blütenbodens eingefügt, die Staubblätter überragend.

Generative Merkmale: Blütenboden verbreitert, becherförmig, sein Rand erweitert, ungeteilt, seine Mündung von einer trockenhäutigen Membran umgeben und halb geschlossen. Kelch mützenförmig, ungeteilt, abfallend. Blumenkrone mohnartig, vierblättrig, Kronblätter mit ihren Nägeln dem Schlund des Blütenbodens eingefügt, Staubblätter tragend. Staubblätter 30—40, perigyn, Staubfäden kurz, flach, am Grunde verbreitert. Staubbeutel länglich, den Staubfäden innen angewachsen. Fruchtknoten am Grunde des Blütenbodens verborgen. Griffel verdickt, klein. Narben 4, fadenförmig, herausragend, zwei öfters rückgebildet. Frucht eine Schote, aus dem stehenbleibenden und etwas vergrößerten Blütenboden herausgewachsen, von dem bleibenden Griffel und Narben gekrönt, stielrund, tief zehnstreifig, einfächerig, zweiklappig, reif abfallend, vom Grunde her elastisch aufspringend. Samen zahlreich, kugelig, braun, runzlig, den Rändern der Klappen angeheftet. Same papaveraceenhaft, mit Nährgewebe. Samenschale lederig, dick, braun, durch häutige Falten rauh, Samennabel undeutlich. Innere Haut dem Nährgewebe angewachsen. Nährgewebe kugelig, bleich, wachsartig, solid. Embryo exzentrisch, klein, herzförmig, Keimwurzel gegenüber dem Nabel, kegelförmig, stumpf. Vorstufe der Plumula zwischen den gerundeten Keimblättern zitzenförmig, zweifädig.

Vegetative Merkmale: Ausdauernde Staude, ganz kahl, blaugrau, wenig saftig, Saft der Wurzel gelb. Wurzel rotgelb, kräftig, dick, oft vielköpfig, Wurzelhals mit Resten toter Blattstiele dachig bedeckt. Stengel mehrere, fußlang, niederliegend, gestreift, ästig, beblättert; vom Rücken jedes Blattstiels eine Kante zur Basis des nächstunteren auslaufend. Grundblätter genähert, lang, gestielt, fiedernervig, vielteilig, Zipfel linealisch, stumpf; Stengelblätter wechselständig, manchmal fast gegenständig, gestielt; untere den Grundblättern ähnlich, die obersten etwas einfacher, dreischnittig, ihre Abschnitte fiederschnittig. Stiele etwas länger als die Blätter, gekielt, am Grunde verbreitert, halb stengelumfassend, etwas scheidig. Am Grunde der Zweige oder Blütenstiele die Blätter oft verwachsen oder genähert. Zweige blattachselständig. Blütenstiele blattgegenständig, niemals wirklich entständig, indem immer ein schwacher Endzweig hinzukommt, einzeln, verlängert, zylindrisch, gestreift. Blüten ansehnlich, an Größe und Farbe veränderlich, 1–2 Zoll groß oder noch größer, gelb oder rotgelb. Schoten kräftig, etwas gebogen, 2–3 Zoll lang. Bemerkung: Die Gattung steht Glaucium am nächsten. Sie ist auffallend durch den Bau des Blütenbodens und die Einfügung der Staubblätter. Staubblätter wie bei Nymphaea.

Name: Ich habe sie benannt zu Ehren meines Gefährten aller Mühen der Reise, meines tüchtigen und gelehrten Freundes Eschscholtz, Doktors der Medizin, der in der Botanik ebenso erfahren ist wie in der Entomologie.

Eschscholtzia californica lebt in den sterilen, trockenen Sanden am Hafen von San Francisco in Kalifornien. Jetzt wird sie, da wir Samen mitgebracht haben, in unsern Gärten bei günstigem Klima Aufnahme finden.

Anmerkungen

Wie stand der Dichter Chamisso zu der Wissenschaft, der er dienen wollte und beruflich dienen mußte? Dafür gibt es an unauffälliger Stelle ein bemerkenswertes Zeugnis in einer wissenschaftlichen Diskussion, die über seine neue Gattung Eschscholtzia entstand. Versuchen wir kurz, ihr zu folgen:

Drei seiner botanischen Funde auf der Weltreise waren ihm offenbar so wichtig, daß er sie gleich nach seiner Rückkehr 1820 veröffentlichte. Darunter war ein Mohngewächs aus den Dünen am Hafen von San Francisco, das er seinem Fahrtgenossen zu Ehren Eschscholtzia californica benannte. So heißt es heute noch bei allen Botanikern der Erde und ist weithin als Gartenpflanze beliebt geworden. Er traf damit in eine günstige Zeit: 1818 hatte der Genfer Botanikprofessor A. De Candolle, ein Mann von internationalem Ruf, den ersten Entwurf seines „Natürlichen Pflanzensystems" erscheinen lassen. Das war die Vollendung eines Bestrebens, das schon Linné als das eigentliche Ziel dieser Forschung bezeichnet hatte. Es sollte die Gattungen in ihren natürlichen, von keinem willkürlichen Ordnungsprinzip abhängigen Beziehungen zusammenfassen. De Candolle war darauf aufmerksam geworden, daß bei vielen Familien der Dikotylen mit freien Kronblättern die Staubblätter auf einem flachen Blütenboden stehen, bei vielen anderen auf einem becherförmigen, den er als Kelch auffaßte. Danach ordnete er sie.

Eschscholtzia hat nun unter der Blüte eine Art Becher, an dessen oberem Rand die Staubblätter stehen, unten darin, getrennt von ihnen, ein freistehender Fruchtknoten. Der zweite Band des obigen Werkes (1821) enthält die Papaveraceen, jedoch ohne Eschscholtzia. Aber De Candolle muß sich mit ihr unter seinem Gesichtspunkt beschäftigt haben. Denn aus einem Brief von ihm zitiert Chamisso: De Candolle rechne sie zu den Kelchblütigen, in die Verwandtschaft der Salicarieen (heute: Lythraceen), weil er für *den* Teil, den Chamisso Blütenboden nenne, nicht ausschließen könne, daß er Kelchnatur habe. Entsprechend findet sich Eschscholtzia in De Candolles „Prodromus Systematis naturalis" im dritten Band bei den Loasaceen (mit Zweifel) untergebracht.

Es ist nun bezeichnend für die wissenschaftliche Einstellung und den sachlichen Überblick Chamissos, wie er seine Auffassung begründet. Zunächst legt er durch allerlei Baumerkmale die morphologische Natur der Blütenteile fest. Der Kelch sei die aus 2 Kelchblättern verwachsene Haube obenauf (– diese hat der Pflanze später den deutschen Gärtnernamen „Schlafmützchen" eingetragen –); der becherartige Teil könne dann nur eine Verbreiterung des Blütenstiels sein, die kleiner, nämlich als Scheibe, auch sonst bei den Papaveraceen zu finden sei! Daraus folgert er: „Eschscholtzia ist ein abweichendes Schöllkraut (Chelidonium) und wird niemals von den Papaveraceen entfernt werden außer durch das Unrecht eines künstlichen Systems. Hüten wir uns, meine Freunde, daß sich nicht als künstliches System herausstellt, was wir das natürliche nennen. Wenn ein angenommenes Papaveraceen-Merkmal nicht auf Eschscholtzia paßt, muß das Merkmal geändert, aber nicht Eschscholtzia aus den Papaveraceen entfernt werden." Chamisso hat also eine allgemeine Ähnlichkeit seiner Gattung mit Chelidonium richtig erkannt. Sie beruht auf der „Gesamtheit der Merkmale", die man heute überall als Kriterium fordert. Chamisso kennt also genug von dem Formenkreis, in den er hier Einblick nimmt, und er sieht auch die sichere Aussagekraft dieser mehrseitigen Auffassung vor jeder anderen. Durch beides zeigt er sich als methodisch einwandfrei urteilender Wissenschaftler.

Die Erstbeschreibung der „Eschscholtzia californica Cham." erschien in: „Horae Physicae Berolinenses", edi curavit Nees ab Esenbeck, Bonn 1820, unter dem Titel „Ex Plantis in Expeditione Romanzoffiana detectis Genera tria" (Drei Gattungen aus den Pflanzen, die an der Romanzoffschen Expedition entdeckt wurden).

A. De Candolle „Regni Vegetabilis Systema Naturale" tome 1 et 2, Paris 1818, 1821; id. „Prodromus Systematis naturalis Regni Vegetabilis" (Vorläufer des Natürlichen Systems des Pflanzenreichs), Bd. 3, Paris 1828.

„seine Auffassung begründete" – s. „Linnaea", Bd. I 1826, S. 553–555.

„Zur Gattung Potamogeton (Laichkraut)" mit Zeichnungen des Autors

Aus dem Lateinischen übersetzt und besprochen
von *Friedrich Markgraf*

Die untergetauchten Arten streben mit ihren Befruchtungsorganen in die Luft, um Verlobung zu feiern. Es wird notwendig sein, daß sie sich vielgestaltig verhalten nach der verschiedenen Beschaffenheit der Gewässer: fließender, stehender, mehr oder weniger tiefer, steigender, fallender oder austrocknender, windbewegter oder in Sümpfen geschützter, mit Kalk oder anderen Dingen überzogener.

Dadurch, daß sie ihren Habitus verändern, scheinen die Potamogeton-Arten oft in andere Arten überzugehen und verspotten den Forscher, indem sie den Habitus einer fremden Art vortäuschen. Wer leugnet, daß den Arten von der Natur Konstanz verliehen wird und einen Übergang aus irgendeiner Art in alle zu sehen behauptet, könnte aus den Laichkräutern bequem Beweise für seine Meinung heraussuchen. Wir aber sind überzeugt, daß es konstante Arten gibt. Wir leugnen freilich nicht, daß ihre Grenzen in dieser Gattung nur mühsam wahrgenommen werden können. Als einziges Kennzeichen zur Unterscheidung der Arten ist uns die Frucht begegnet. Wenn diese fehlt, befinden wir uns in dunkler Nacht. Nur bei den grasblättrigen Arten und bei einigen wenigen nicht-untergetauchten bietet der Verlauf der Nerven eine Hilfe.

In der folgenden Analyse der Arten geben wir Beschreibungen, die aus der Betrachtung der Pflanzen selbst entnommen und zusammengestellt worden sind. Wir fügen hinzu die Fundorte, die keinen Zweifeln unterliegen, aus eigener Anschauung wildgewachsener Exemplare. Als Synonyme ordnen wir ihnen nur ganz sichere von authentischen Exemplaren, von vorzüglichen Beschreibungen und von beweiskräftigen Abbildungen unter. Daher verwerfen wir alle Synonyme, die von den genannten Autoren angeführt werden, außer denen, die von uns selbst angeführt werden. Wir stellen den gegenwärtigen Stand der Gattung Potamogeton vor, rühmen uns aber nicht einer Monographie, die vorbereitet zu haben uns schon genügt.

Anmerkungen

Erklärung der Abbildungen. Vorbemerkung des Übersetzers: Für die Frucht von Potamogeton verwendet Chamisso die Bezeichnungen „Nuß" (nux) und „Nußschale" (naucum). Es ist aber eine Steinfrucht, mit weicher Außenhülle. Ich setze daher für nux nur Frucht und für naucum Außenhülle.

In den Aufzählungen der Pflanzen von Chamissos Weltreise fällt der besondere Umfang der Gattung Potamogeton (Laichkräuter) auf. (s. „Linnaea" Bd. II, 1827, S. 157–231). Ihr ist sogar eine besondere Einleitung gewidmet:

„Da die Arten dieser Gattung auf unserer Reise überall gesammelt wurden und von uns aufgezählt werden mußten, war es notwendig, alle uns bekannten Arten zu bearbeiten – diese täuschenden Proteusse des Pflanzenreichs, die durch die Phantasien der Autoren zu sehr verwirrt worden sind. – Denn jede Art ist mit mehreren Namen bezeichnet worden, und viele Namen sind von anderen Autoren mehreren ganz verschiedenen Arten beigelegt worden. Ich selbst habe mehrere Jahre hindurch die bei uns wachsenden Arten beobachtet und bin mit größter Freundlichkeit unterstützt worden von fast allen Botanikern Deutschlands, Frankreichs und der Schweiz. Ihre Namen hier in eine Votivtafel eingegraben vorzuführen, würde unsere kleinen Seiten zu sehr vergrößern. Immer wieder haben wir viele reiche Herbarien durchgewälzt. Das Unvollkommene und Unvollständige, was ich bisher vorzubringen vermag, davon wünsche ich, daß es den Botanikern willkommen sei, die nicht eine vollständige Monographie der Gattung erwarten." (Die „mehrjährigen Beobachtungen bei uns" [d. h. in und bei Berlin] sind belegt durch die erste botanische Veröffentlichung Chamissos; dies ist „Adnotationes quaedam ad Floram Berolinensem C. S. Kunthii", Berlin 1815, S. 4–9 [Einige Bemerkungen zu der Flora Berolinensis von C. S. Kunth].) Diese Flora war 1813 erschienen. Chamissos Erweiterungen der Potamogeton-Kenntnis waren: vollständigere Beschreibungen, Beobachtungen über die Variabilität (auch über die, wie man heute weiß, meist nicht erblichen Formen des flachen oder fließenden Wassers), neu im Gebiet gefundene Arten, Deutung unklarer Artnamen auf sicher bestimmte. Dasselbe Verfahren wendet er in obiger Arbeit von 1827 für die Laichkrautfunde seiner Weltreise an. Hinzu fügt er 26 von ihm selbst gezeichnete Abbildungen der Blätter und Früchte (Taf. IV, V, VI) aller behandelten Arten. Um möglichst vollständig zu sein, benutzt er in großem Stil auch fremde Herbarien. Auf diese Weise sieht und beschreibt er manche Art aus fernen Ländern zum ersten Mal. Mehrfach sind die von ihm gegebenen Namen bis heute gültig geblieben, z. B. Potamogeton *trichoides* Cham. & Schl. (eurasiatisch-mediterran), P. *polygonus* Cham. & Schl. (Brasilien), P. *thunbergii* Cham. & Schl. (Kapland), P. *mariannensis* Cham. & Schl. (Guam).

Eine so planmäßige Durcharbeitung kommt doch schon einer Monographie sehr nahe und ist keineswegs so unvollkommen, wie Chamisso bescheiden wiederholt: „Wir stellen den heutigen Stand der Gattung Potamogeton vor, rühmen uns aber nicht einer Monographie; es genügt uns, sie vorbereitet zu haben.“ *FM*

In seiner „Botanik für Nichtbotaniker“ in „Übersicht über die nutzbarsten und schädlichsten Gewächse, welche wild oder angebaut in Norddeutschland vorkommen“ steht: „Die Gattung *Potamogeton*, Laichkraut oder Samenkraut, verdient, wie die mehrsten Wassergewächse nur von den Pflanzenforschern Aufmerksamkeit. Potamogeton, sehr abänderliche Arten kommen in allen Weltteilen vor. Die Wurzel von *Potamogeton natans* L., *Schwimmendes Laichkraut*, soll eßbar sein. Rinder, Ziegen und Schweine fressen das Kraut; es kann den letzteren zur Mast dienen. *Potamogeton perfoliatus* L, das *Durchwachsene Laichkraut*, und andere Arten können in Flüssen und Seen den Schwimmern, die sich darin verstricken, gefährlich werden. Man kann diese Wasserpflanzen als Dünger für das Land benutzen.“ *R. S.-G.*

Taf. IV Fig. 1, P. densus L. a) Frucht, nat. Gr., b) dieselbe, vergr., c) Querschnitt derselben, d) Längsschnitt derselben, e) Blatt, nat. Gr.

Taf. IV, Fig. 2, P. pectinatus L. a) Frucht, nat. Gr., b) dieselbe, vergr., c) Frucht, nach Entfernung der Außenhülle, vergr., d) Querschnitt der ganzen Frucht, vergr., e) Längsschnitt der vergrößerten Frucht nach Entfernung der Außenhülle.

Taf. IV, Fig. 3, P. filiformis Pers., a) Frucht, nat. Gr., b) Frucht, vergr., c) Frucht nach Entfernung der Außenhülle, vergr., d) Querschnitt der ganzen Frucht, vergr., e) Längsschnitt der vergr. Frucht nach Entfernung der Außenhülle.

Taf. IV, Fig. 4, P. striatus R. et P., a) Frucht, nat. Gr., b) dieselbe, vergr., c) dieselbe, vergr., nach Entfernung der Außenhülle, d) Querschnitt der unverletzten, vergrößerten Frucht, e) ihr Längsschnitt, nach Entfernung der Außenhülle, vergr. (Peru).

Taf. IV, Fig. 5, P. pusillus L., a) Frucht, nat. Gr., b) dieselbe, vergr., c) Querschnitt der vergr. Frucht nach Entfernung der Außenhülle, d) Längsschnitt derselben, e) unterer und oberer Teil des Blattes der Form A, vergr., f) zelliger, oberer Blatt-Teil, vergr., g) Spitzenteil des Blattes der Form B, vergr., h) Spitzenteil des Blattes der Form C, vergr., i) Spitzenteil des Blattes der Form D, vergr.

Taf. IV, Fig. 6, P. trichoides Cham., a) Frucht, nat. Gr., b) dieselbe, vergr., c) Querschnitt der vergr. Frucht nach Entfernung der Außenhülle, d) Längsschnitt derselben, e) Spitzenteil des vergr. Blattes.

Taf. IV, Fig. 7, P. pauciflorus Pursh (heute P. foliosus Raf.), a) Frucht, nat. Gr., b) dieselbe, vergr., c) Querschnitt der vergr. Frucht nach Entfernung der Außenhülle, d) Längsschnitt derselben, e) Spitzenteil des vergr. Blattes.

Taf. IV, Fig. 8, P. obtusifolius M. et K., a) Frucht, nat. Gr., b) dieselbe, vergr., c) Querschnitt der vergr. Frucht nach Entfernung der Außenhülle, d) Längsschnitt derselben, e) unterster und oberster Teil des vergr. Blattes.

Taf. IV, Fig. 9, P. acutifolius Link, a) Frucht, nat. Gr., b) dieselbe, vergr., c) Querschnitt der vergr. Frucht, d) Längsschnitt derselben, e) unterer, mittlerer und oberer Teil des Blattes, vergr.

Taf. IV, Fig. 10, P. zosterifolius Schum. (heute P. compressus L.), a) Frucht, nat. Gr., b) dieselbe, vergr., c) Querschnitt der vergr. Frucht nach Entfernung der Außenhülle, d) Längsschnitt derselben, e) unterer, mittlerer und oberer Teil des vergr. Blattes.

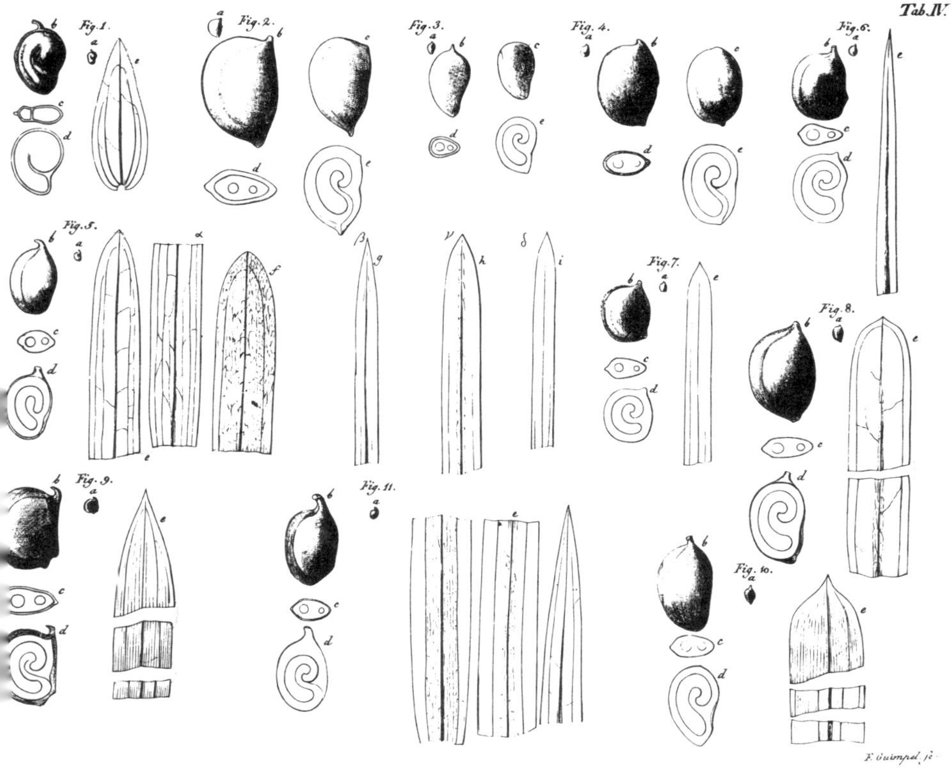

Zur Gattung *Potamogeton*, Laichkräuter, Fig. 1–11
(Fig. 12–18, 19–26 s. S. 75, 77).

Taf. IV, Fig. 11, P. polygonus Cham., a) Frucht, nat. Gr., b) dieselbe, vergr., c) Querschnitt der vergr. Frucht nach Entfernung der Außenhülle, d) Längsschnitt derselben, e) ganzes Blatt, vergr. und in drei Teile geschnitten (Brasilien).

Taf. V, Fig. 12, P. crispus L., a) Frucht, nat. Gr., b) dieselbe, vergr., c) Querschnitt der vergr. Frucht, d) Längsschnitt der vergr. Frucht, e) Blatt in natürlicher Größe.

Taf. V, Fig. 13, P. perfoliatus L., a) Frucht, nat. Gr., b) dieselbe, vergr., c) Querschnitt der vergr. Frucht, d) Längsschnitt der vergr. Frucht nach Entfernung der Außenhülle, e) Blatt in natürlicher Größe.

Taf. V, Fig. 14, P. praelongus Wulf, a) Frucht, nat. Gr., b) dieselbe, vergr., c) Querschnitt der vergr. Frucht nach Entfernung der Außenhülle, d) Längsschnitt der vergr. Frucht nach Entfernung der Außenhülle, e) Blatt in natürlicher Größe.

Taf. V, Fig. 15, P. coloratus Hornem., a) Frucht, nat. Gr., b) dieselbe, vergr., c) Querschnitt der vergr. Frucht nach Entfernung der Außenhülle, d) Längsschnitt der vergr. Frucht nach Entfernung der Außenhülle, e) Blatt in nat. Gr.

Taf. V, Fig. 16, P. proteus Cham. A P. proteus lucens (heute P. lucens L.), a) Frucht, nat. Gr., b) dieselbe, vergr. —— B P. proteus zizii (heute P. zizii Mert. e Koch), b) Frucht, nat. Gr., e) dieselbe, vergr. —— C P. proteus heterophyllus (heute P. gramineus L.), c) Frucht, nat. Gr., f) dieselbe, vergr., g) Querschnitt derselben und h) Längsschnitt, beide nach Entfernung der Außenhülle.

Taf. V, Fig. 17, P. hybridus Michx., a) Frucht, nat. Gr., b) dieselbe, vergr., c) Querschnitt derselben, nach Entfernung der Außenhülle, vergr., d) Längsschnitt derselben, e) Schwimmblatt, f) oberes flutendes Blatt, g) unteres flutendes Blatt, alle in natürlicher Größe (Nordamerika).

Taf. V, Fig. 18, P. rufescens Schrad, (heute P. alpinus Balb.), a) Frucht, nat. Gr., b) dieselbe, vergr., c) dieselbe, vergr., Außenhülle entfernt, d) Querschnitt der vergr. Frucht nach Entfernung der Außenhülle, e) Längsschnitt derselben.

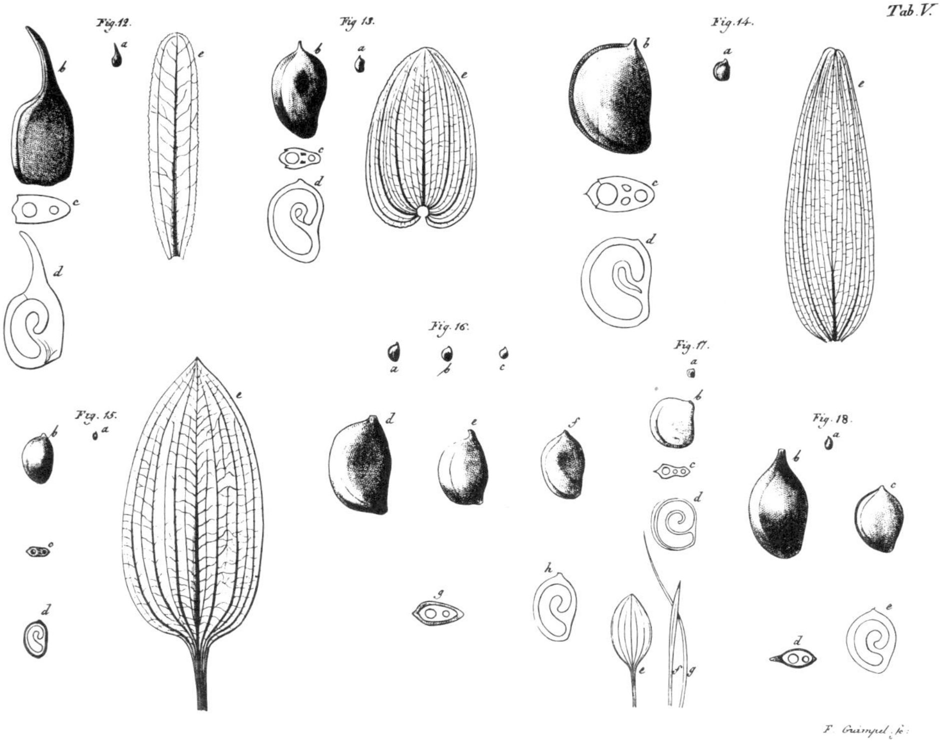

Zur Gattung *Potamogeton*, Laichkräuter, Fig. 12–18.
(Fig. 1–11, 19–26, s. S. 73, 77).

Taf. VI, Fig. 19, P. oblongus Viv. (heute P. polygonifolius Pourr.), a) Frucht, nat. Gr., b) dieselbe, vergr., c) dieselbe, vergr., Außenhülle entfernt, d) Querschnitt der unverletzten Frucht, vergr., e) Querschnitt der vergr. Frucht nach Entfernung der Außenhülle, f) Längsschnitt der unverletzten, vergrößerten Frucht.

Taf. VI, Fig. 20, P. natans L., a) Frucht, nat. Gr., b) dieselbe, vergr., c) dieselbe nach Entfernung der Außenhülle, d) Querschnitt der Frucht nach Entfernung der Außenhülle, vergr., e) Längsschnitt derselben.

Taf. VI, Fig. 21, P. thunbergii Cham., a) Frucht, nat. Gr., b) dieselbe, vergr., c) vergrößerte Frucht nach Entfernung der Außenhülle, von der Seite gesehen, d) dieselbe, vom Rücken gesehen, e) Querschnitt derselben, f) Längsschnitt derselben (Kapland).

Taf. VI, Fig. 22, P. nodosus Poir., a) Frucht, nat. Gr., b) dieselbe, vergr., c) dieselbe, vergr., nach Entfernung der Außenhülle, d) Querschnitt derselben nach Entfernung der Außenhülle, e) Längsschnitt derselben.

Taf. VI, Fig. 23, P. leschenaultii Cham., a) Frucht, nat. Gr., b) dieselbe, vergr., c) dieselbe nach Entfernung der Außenhülle, d) Querschnitt derselben nach Entfernung der Außenhülle, e) Längsschnitt derselben (Tenerife).

Taf. VI, Fig. 24, P. occidentalis Sieb (= nodosus Poir.), a) Frucht, nat. Gr., b) dieselbe, vergr., c) dieselbe nach Entfernung der Außenhülle, vergr., d) Querschnitt derselben, vergr., e) Längsschnitt derselben (Westindien).

Taf. VI, Fig. 25, P. nuttallii Cham. (= P. epihydrus Raf. var. nuttallii Fern.), a) Frucht, nat. Gr., b) dieselbe, vergr., c) dieselbe nach Entfernung der Außenhülle, vergr., d) Querschnitt derselben nach Entfernung der Außenhülle, vergr., e) Längsschnitt derselben (Nordamerika).

Taf. VI, Fig. 26, P. americanus Cham. (= P. nodosus Poir.), a) Frucht, nat. Gr., b) dieselbe, vergr., c) dieselbe nach Entfernung der Außenhülle, vergr., d) Querschnitt derselben, vergr., e) Längsschnitt derselben nach Entfernung der Außenhülle, vergr.

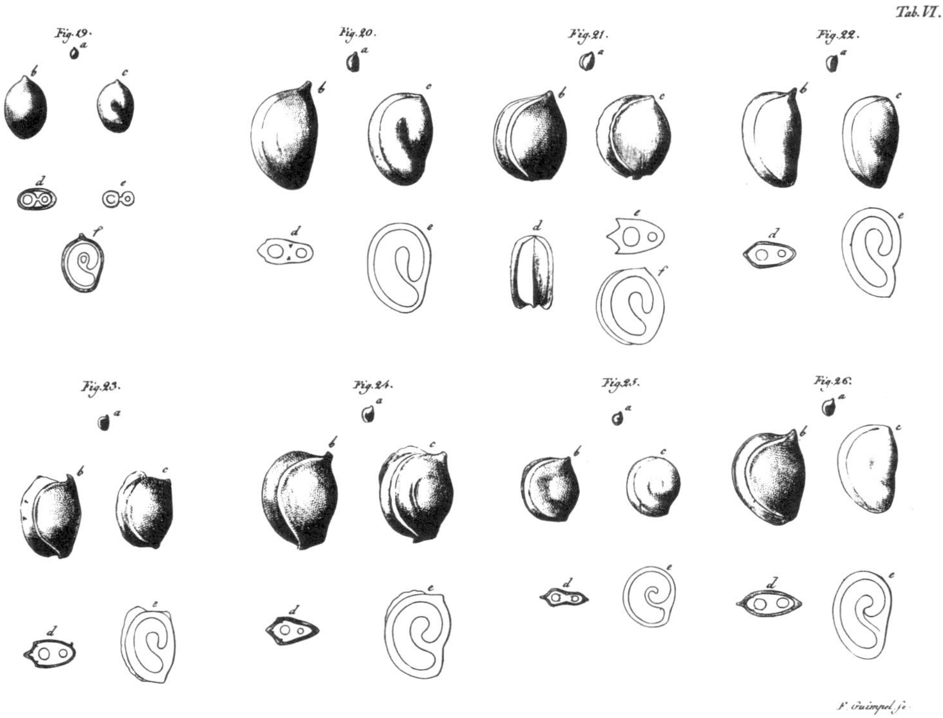

Fig. 19–26
(Fig. 1–11, 12–18 s. S. 73, 75).

Die Gattung *Potamogeton*, Laichkräuter, beschäftigte Chamisso in besonderem Maß. Die hier abgebildeten Zeichnungen von Blättern und Früchten wurden in „Linnaea“ Bd. II publiziert.

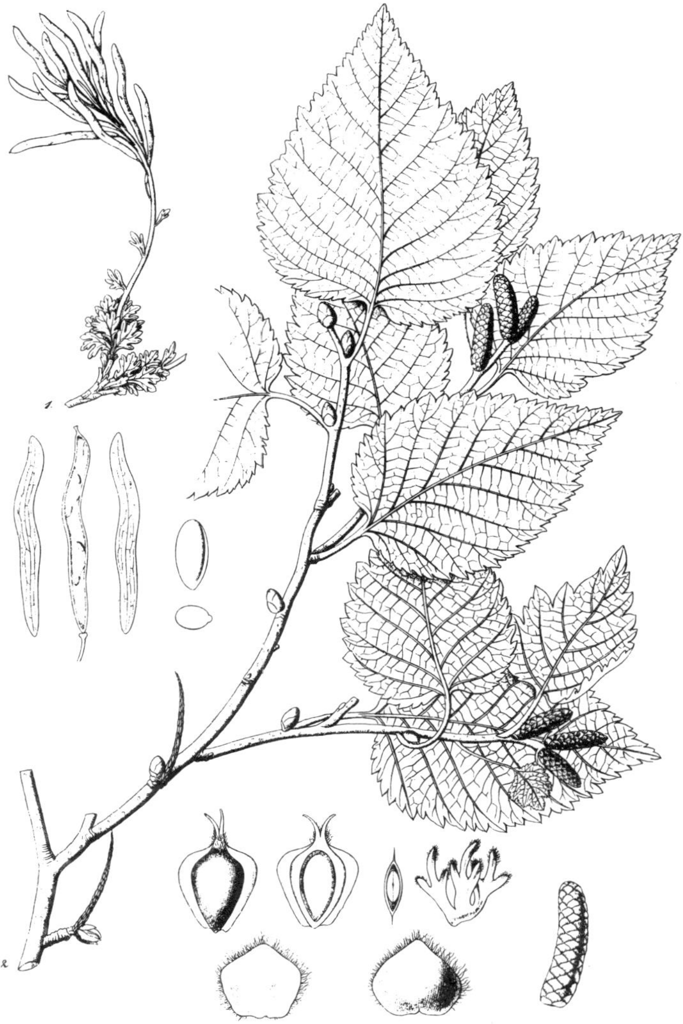

Draba ? (Ermania) parryoides Cham.
(= Christolea parryoides (Cham.) N. Busch)
Vorkommen: Tschuktschen, Anadyr, Kamtschatka

In „Erman's Reise um die Erde" publizierte Chamisso diese beiden letzten botanischen Zeichnungen: die oben abgebildete Crucifere, fruchtend, Schoten und Samen (nat. Gr.) und ein Zweig der wälderbildenden Betula Ermanii Cham. & Schl.

„Draba? parryoides n. sp.,
vel nov. gen. Ermania parryoides Cham.“

Fructus: Siliqua intra floris cicatricem sessilis, late linearis, plana, subfalcata, marginibus subrepandis, apice rotundato, stylo brevissimo apiculata, stigmate simplici capitellato subsessili. Valvae planae, nervo medio tenui et rete venoso laxo longitudinaliter notatae, basi simul et apice solutae deciduae, superstite dissepimento integro tenerrimo diaphano enervio avenioque, plica interdum longitudinali media, falsam nervi, revera deficientis, speciem referenti. Funiculi umbilicales e nervo placentario orientes, liberi, e crassiori basi filiformes, longiusculi. Semina biseriata pauca (2–6), ovulis pluribus abortientibus, compresso-povoidea, acutiuscula, emarginata, laevia, ex rufo brunnescentia, circa hilum fuscescentia, situm embryonis ostendentia. Embryo albus; cotyledones accumbentes. – Stigmate simplici et semine exalato laevo a simili siliqua Parryae differt.

Plantula videtur esse biennis in primo anno fructificans. *Caulis* abbreviatus, ex inflorescentia anni praeteriti bifurcus, radicem bicipitem referens. *Folia subradicalia* in apicibus rosulata, cuneata, tri-aut multiloba, lobis rotundatis, utrinque cano tomentosa; lamina 4‴ circiter longa; *petiolus* dilatatus, lamina *brevior. Scapus* e foliorum rosula unicus, erectus sub maturitate fructus bipollicaris, tripollicarisve, teres vel paululum angulatus, rarescenti tomento vestitus, e pilis simplicibus nec stellatis constante. *Folia* pauca sparsa, radicalibus similia at minora scapum decorant, infimosque suffulciunt pedicellos. *Pedicelli* filiformes erecti 4–5 ‴ longi ut scapus tomentosi. *Siliquae* glabrae, semipollicares pollicaresve, latitudine nunc lineae, nunc duplici.

In den Klüften der Trachytfelsen des Schiwelutsch 4370 Pariser Fuß ü. M. mit Saxifragen und Salix arctica (Nord-Kamtschatka).

Anmerkungen

Die Beschreibung dieser arktischen Pflanze mit der Zeichnung ist eine der letzten, die Chamisso veröffentlicht hat. Sie erschien in „Linnaea“ Bd. VI und später im Teil VII von Adolph Ermans „Reise um die Erde durch Nord-Asien und die beiden Ozeane“ (Berlin 1835–1841, Reimer Verlag) im ganzen 149 Arten, darunter einige Moose, Bärlappe, Farne und Blütenpflanzen, die größtenteils in den Gebirgen von Kamtschatka gesammelt worden waren. Drei davon waren noch nicht beschrieben: Betula Ermani Cham., Stachys Riederi Cham. und diese *Draba*?, auf die Chamisso gern eine neue Gattung *Ermania* gegründet hätte. Sein Vorschlag, diese Art *Ermania parroides* zu benennen, ist heute regelwidrig, da es sich um einen Eventualnamen handelt. Die nun gültige Benennung stammt von N. A. Busch („Flora UdSSR“ Bd. 8, 1939) und lautet mit Beschreibung:

Christolea parryoides (Cham). N. Busch: Ausdauernd. Blütenstiele und Kelchblätter dicht grau-zottig, Stengel zweireihig-zottig. Wurzel mit wenigen (manchmal vielen) ziemlich langen und dünnen Ausläufern, die mit bleichen, schuppenförmigen Grundblättern bedeckt sind, und oben eine Rosette aus breiten, kerbig-gelappten, grünen Blättern und die Blütensprosse tragen. Blütensprosse 5–27 cm hoch, mit wenigen Blättern, die viel kleiner sind als die Grundblätter und aufwärts an Größe abnehmen; die obersten oft keilförmig-länglich, allmählich in den Grund verschmälert, ungeteilt. Kelchblätter länglich, mit weißem Hautsaum, 2–3.5 mm lang, 1.5–2 mm breit. Kronblätter weiß oder etwas gelblich, kreisrund–verkehrt-eiförmig, am Grunde in einen Nagel verschmälert, 4.5–5 mm lang, 2–3 mm breit. Fruchtstiele 5–17 mm lang. Schoten verkehrt-lanzettlich-länglich, abgeflacht, 19–33 mm lang, an der breitesten Stelle (näher gegen die Spitze) 1.5–3,5 mm breit. Griffel fast fehlend (0.2 mm lang). Samen braun, länglich, ohne Saum oder Flügel, 1.75–2 mm lang, 1–1.3 mm breit. (Übers. FM)

Tschuktschen, Anadyr, Kamtschatka, Ochotsk.

Kapitel IV

„Über die Koralleninseln im Stillen Ozean“

„Über die Koralleninseln im Stillen Ozean“

Niedrige Inselgruppen im Indischen und Stillen Ozean, die man recht häufig auf der Höhe des Äquators antrifft, werden von Bergen gebildet, deren meist flache Gipfelregion aus dem Meeresspiegel hervorragt. Es scheint eine mehr oder weniger rezente Ausbildung in unserer Erdgeschichte zu sein.

Wenn eine Sonde über die Steilküste geworfen wird, stößt sie in diesen Untiefen auf keinen Grund. Die Erhebungen der Inseln, meist tafelartig gestuft, werden stets von der Brandung überflutet; sie werden von einer breiten Riffmauer umgeben. Dadurch entstehen größere und kleinere Binnenseen, wovon die breitesten scheinbar auch die tiefsten sind. Dagegen werden die kleineren jeweils ganz aufgefüllt, so daß eine einzelne, isolierte Insel entsteht. Aus den ausgedehntesten, größten Binnenseen werden mehrere Inselgruppen gebildet, die gleich einem lockern Rosenkranz rings um das Riff angeordnet sind.

Die äußere, windexponierte Riffseite ragt bei Ebbe aus dem Meer heraus, so daß die einzelnen Inseln gleichsam mit einer Chaussee verbunden werden. Hier in diesem Bereich sind die Inseln zahlreicher, näher aneinandergerückt; man kann feststellen, daß sie sich immer dort bildeten, wo die steilsten Riffklippen sind. Dagegen ist die windgeschützte Innenseite eher flach; sie wird stets überflutet. Manchmal ist sie unterbrochen, so daß durch diese Durchgänge Schiffe bei Flut einfahren können, wie zwischen den beiden Piers eines Hafens. Auf ähnliche Zugänge trifft man auch beim äußern Riff; diese werden durch hervorspringende Klippen und kleinere Inselchen vor Wind und Wellen geschützt.

Im innern Becken erheben sich da und dort einige, einzelne Sandbänke, die aber nie das Niveau der Ebbe erreichen.

Die Riffe bestehen aus sekundären Gesteinsarten, die parallel geschichtet sind und sich durch Breite und Konsistenz sehr gut unterscheiden lassen.

Der Fels besteht aus kalkhaltigem Gestein, das abertausende von Muschelbruchstücken und Schneckenhaussplittern enthält und von einer bindenden, zementartigen Masse zusammengeklebt wird. Entweder sind die Ablagerungen horizontal geschichtet oder zeigen eine leichte Neigung gegen das Beckeninnere hin. Beachtliche Massen von Madreporenkolonien sind in gewissen Schichten feststellbar; die dazwischenliegenden sind angefüllt mit unzähligen Teilstückchen und Splittern. Durch die ungestüme Brandung werden die Madreporenhaufen ununterbrochen überflutet, überrollt und zertrümmert. Diese Madreporen werden vom Ort, wo sie vegetierten, weggerissen, bevor sie ein Teil der Felsformation werden. Andere Schichten setzen sich aus grobem kalkhaltigen Sand zusammen, der aber dieselben Gesteinselemente aufzeigt, nur in pulverisiertem Zustand. Herkunft und Beschaffenheit dieser Felsen und jener von Guadeloupe, lassen keinen Zweifel offen: es handelt sich um dieselbe Felsformation aus der die sogenannten Korallenriffe der äquatorialen Meere bestehen. Häufig werden die Steilküsten der Inseln von diesen Riffen umgeben, deren Füße in der Untiefe der Wasser verschwinden, ohne zerklüftete Klippen der Meeresbrandung entgegenzustellen, wie das der Fall bei den niedern Inseln ist.

Auf dem Riffkamm (die Seite, die dem Ozean zugewendet ist) befinden sich häufig umgestürzte und zertrümmerte Felsblöcke, wo die Brandung mit gewaltigem Getöse bricht. Der Riffrücken, der gegenüber dem Lagunenbecken liegt, wurde von den flutenden Wellen gewissermaßen blank gefegt. Ein sanfter, etwas abschüssiger Hang neigt sich dem innern Becken zu und verschwindet in den ruhigen Wassern der Lagune, wo er aber oft und ganz plötzlich in einer jähen Steilklippe abbricht. Im Beckeninnern bilden sich hin und wieder terrassenförmige Stufen, die vorzügliche, windgeschützte

Ankerplätze abgeben. Da und dort findet man auch auf dem innern Riffrücken angeschwemmte Felsblöcke, die jenen auf dem Kamm sehr ähnlich sind. Hier kann man die größten Massierungen von Korallen feststellen, die ohne Unterbruch dicht aneinanderhängen. Kalkhaltiger Sand wird von den Wellenbewegungen an das flache Ufer der Lagune angeschwemmt, dieser mehr oder weniger körnige Sand ist jenem sehr ähnlich, der in einer der Ablagerungsschichten der Felsformation vorkommt. Auch holt man mit der Sonde aus dem Lagunengrund denselben Sand herauf.

Lebende Polypen wachsen je nach Gattung oder Art entweder im beweglichen Wellsand oder kleben am Fels. In den Aushöhlungen, die man häufig im Riff antrifft, können diese Tiere besonders gut beobachtet werden, oder auch an den Ufern der Lagune. *Überall dort, wo die Wellen sich mit größter Gewalt und Heftigkeit brechen, überzieht eine bestimmte Art von rötlicher Nullipore den Fels, und diese besonders merkwürdige tierische Vegetation gibt den Riffen in der offenen See zur Ebbezeit die charakteristische Farbe.* Abgelagerter, angehäufter Sand auf dem Abhang des Riffs, dem Lagunenrand zu, formt den äußersten Inselrand; dort hat sich langsam pflanzliches Leben angesiedelt. Die älteren und zahlreicheren Inseln, von unbestimmbarer Länge, besetzen den größten Umkreis des Riffs; diese Inseln sitzen auf Felsschichten, die höher als der Riffrücken sind, der zur Zeit der Flut überschwemmt wird. Diese Schichten zeigen im allgemeinen eine ausgeprägte Neigung gegen das Beckeninnere; das Profil, gegen die offene See hin, wird gewöhnlich versteckt durch eine besondere Schicht, die in entgegengesetzter Richtung verläuft; sie besteht aus groben Madreporenfragmenten, wird oft unterbrochen, und umgestürzte Felsblöcke liegen da und dort herum. Rezentere Schichtformationen, die einerseits aus feinerem Sand, andererseits aus beweglichem Wellsand zusammengesetzt sind, scheinen, jedenfalls an bestimmten Stellen, die Ufer der Inseln zu überdecken, vor allem das innere Gestade der Lagune. In offener See erhebt sich auf Felsgrund ein Ringwall, der aus zertrümmerten Madreporenfragmenten geformt ist; dieser äußerste Gürtel umgibt die Inseln. Einige Sträucher (Scaevola Koenigii, Tournefortia sericea) wachsen auf diesem steinigen beweglichen Boden und bilden mit ineinander verschlungenen Zweigen ein Dickicht, das gegen den Wind exponiert ist und das dahinter liegende Inselgebiet schützt; dieses ist stets niedriger gelegen, ist bewaldet und am fruchtbarsten. Hie und da tritt man auf morastigen Sumpfboden; hier bilden sich natürliche Zisternen. In der Nähe der Lagune, leicht erhöht, hat sich ein Landsaum ausgeformt, wo sich der Mensch angesiedelt hat und unter Kokospalmen wohnt, die durch ihn angepflanzt worden sind.

Zu bemerken ist noch, daß niedrige Inselgruppen aus derselben Gesteinsformation Stöße und Beben verspüren, von den nur 4 bis 5 Grad entfernten höher gelegenen Inseln, die von tätigen Vulkanen erschüttert werden.

Anmerkungen

Der in Französisch geschriebene Originaltext, hier erstmals in deutscher Übersetzung, erschien in „Nouvelles Annales des Voyages", Bd. X, No. 19, Paris 1821 und ein Jahr später im Werk des Zeichners und Reisegefährten *L. L. Choris*, „Voyage pittoresque autour du monde" mit dem Titel „Notice sur les îles de corail du Grand Océan"

Obschon die Beobachtungen Chamissos von namhaften Naturforschern hochgeschätzt wurden, ist sein Beitrag zur Kenntnis der Korallenbauten so gut wie vergessen (s. ChsW Bd. II SS. 156 uff, 285–288, 391–394, 501–503).

„*Madreporen*" – Ordnung der Korallentiere (Madreporaria).

„*Scaevola Koenigii*" – Scaevola frutescens (Goodeniaceae).

„*Tournefortia sericea*" – eine Boraginaceae.

„*Überall dort, wo die Wellen*" – „Ich habe mich redlich beflissen, die Beschaffenheit der niedern Inseln geognostisch zu untersuchen, und habe mich bestrebt, über das Wahrgenommene klar und bestimmt zu berichten. Man hat mir zugeschrieben, was andere gesagt hatten, und den Knoten fester geschürzt, den ich zu lösen beabsichtigte. Gegenwärtiger Aufsatz, soll meine Ansicht erläutern unzweideutig feststellen. –

Ich füge nachträglich über den Gegenstand ein paar Bemerkungen zu dem Gesagten hinzu. – Nach Herrn von Kotzebue findet das Senkblei im Binnenmeere aller Inselgruppen beständig längs des Riffes feinen Kalksand und gegen die Mitte des Beckens zu lebende Korallen. – Wörter wie ‚Kreis' und ‚Ring', ‚kreisförmig', ‚ringförmig', ‚Ringmauer', die sich zuerst darbieten, wo von dem Umriß eines geschlossenen Hages gesprochen werden soll, und die auch häufig bei der Beschreibung der Korallenriffe gebraucht worden sind, möchten zu der falschen Vorstellung verleiten, diese Riffe und Inselgruppen seien in der Regel zirkelrund und stellten sich, wie die vulkanischen Krater der Erde und die Ringgebirge des Mondes, meist als mathematische Kreise dar. Dem ist nicht also; sie bilden unregelmäßige Figuren mit graden, auswärts und einwärts gekrümmten Seiten, aus- und einspringenden Winkeln und sehr ungleichen Durchmessern. Ich verweise auf die Spezialkarten von Herrn von Kotzbue und andern Reisenden“ *(gez. Ad. v. Ch.)*.

Kapitel V

„Über eine Exkursion auf den Gipfel des Werstovoi bei Neu-Archangel im Norfolk-Sund“

Bericht von *K. H. Mertens*

Redaktion, „Vorerinnerung“ und Anmerkungen von *A. v. Ch.*

„Über eine Exkursion auf den Gipfel des Werstovoi bei Neu-Archangel“

Vorerinnerung

Der Norfolk-Sund (Sitka oder Sitcha der Russen), von dessen üppiger Vegetation vor unseren Augen hier ein gelehrter Naturforscher ein treffliches Bild entfaltet, liegt unter dem 57. Grad N. B. an der Nordwest-Küste Amerikas, im Osten des weiten Meerbusens, den diese Küste bildet, indem sie unter dem 60. Grad N. B. in veränderter Richtung nach Westen sich erstreckt, und das vulkanische Gebirg, welches sich bildet, sich weiter nach W. S. W. in die Halbinsel Alaska und die Kette der Aleutischen Inseln verlängert. Im Westen vom Norfolksund liegt zwischen der amerikanischen und der entgegenstehenden asiatischen Küste eine Meeresfläche von beiläufig 4000 Meilen Breite (60 zu einem Äquatorial-Grad), die nur die obenerwähnte schmale Landzunge von Alaska unterbricht.

Wenn wir die hochstämmigen Wälder von Sitcha mit den winterlichen Küsten von Kamtschatka vergleichen, wo 4 Grad südlicher, bei Petro-Paul (Petropawlowsk-Kamtschatski), die Birke nur noch sich baumartig zu erheben vermag, so finden wir auch dort das Gesetz bestätigt, welches aus der Vergleichung der Klimate von Lissabon und Philadelphia, Paris und Québec, England und Labrador, Drontheim und Island sich ergibt, und nach welchem die im Osten der Meere gelegenen Lande sich einer mildern Temperatur erfreuen, als die ihnen im Westen gegenüberstehenden.

Die Theorie erklärt ungezwungen die Tatsachen. Die Meere sind die Ausgleicher der Temperatur. So wie die Ostwinde zwischen den Wendekreisen beständig sind, sind in höheren Breiten die Westwinde vorherrschend. Sie bedingen den westlichen Küsten der Festlande, die sie über das wärmere Meer anwehen, einen milderen Winter, und hinwiederum einen strengeren den Ostküsten, die sie über das schneebedeckte kältere Land erreichen. Der Seewind, der im Winter dem nördlichen Europa Wärme zuweht, hat erst als Landwind von Grönland her, Kälte der Insel Island zugeführt, und vergleichende meteorologische Beobachtungen erwiesen in der Tat, daß ein entgegengesetztes Verhalten der Temperatur auf Island und im Norden von Europa stattfindet, so daß unsere kälteren Winter und Monate gelinderen Wintern und Monaten auf Island entsprechen, und umgekehrt.

Vor allen unter gleichen Breiten gelegenen Landen ist aber Europa begünstigt. Es bildet den westlichen Saum des Festlandes, dem es angehört; der Golfstrom bringt in dem westlichen Meer, dem nördlichen Atlantischen Ozean, eine beträchtliche Masse zwischen den Wendekreisen erwärmten Wassers in Umlauf; und das südliche Festland Afrika, in einer Lage, der für die übrigen Weltteile nur kühlende Meere entsprechen, erwärmt die Luft, die sich darüber hin in den oberen Regionen des Dunstkreises von dem Äquator nach dem Pole ergießen muß. Die Südwinde, Strömungen der niedern Luftschicht, die mit afrikanischer Glut den nördlichen Rand des mittelländischen Meerbeckens erwärmen und noch über den 43° N. B. hinaus mit Palmen zieren, mögen die nächsten anschaulichsten Wirkungen dieser Nähe, vielleicht nicht die durchgreifendsten sein.

Dennoch können die Strömungen des Luftmeers die alleinige wärmezuführende Quelle wohl nicht sein, die unsere Nordlande in Hinsicht des Klimas begünstigen, denn die mittlere Temperatur der Luft ist, nach Wahlenberg, im nördlichen Europa niedriger als die der Erde. Unter dem 46° N. B. findet in Europa Gleichheit beider statt, und nördlicher nimmt die erste schneller ab, als die andere.

Im Norden von Europa kommen bis gegen den 71° N. B. Quellen und winterfließende Bäche vor, die Erde gefriert unter der Schneedecke nicht, und in wohlverwahrte Keller dringt der Frost nicht ein. Im Norden der Beeringstraße hingegen taut schon unter dem Polarkreis im Kotzebues-Sund die Erde nie auf; man findet sie da überall wenige Zoll unter der vegetabilischen Narbe festgefroren, und unter dem Humus und einer sehr dünnen Lehmschicht, kommt stellenweise das Eis als die Gebirgsart in Örtlichkeiten vor, die mit den Gletschern unserer Berge nichts gemein haben. Die Eskimos vermögen dort nicht den Schoß der Erde zu eröffnen, ihr die Gebeine ihrer Toten anzuvertrauen; sie legen sie flach auf den Boden und legen über dieselben Treibholz, das sie, zum Schutz wider die Raubtiere, mit Steinblöcken beschweren. Auf der asiatischen Küste verbrennen die Tschuktschi ihre Toten.

Wenn wir über den nördlichen Küstenstrich Asiens und Amerikas die Berichte sammeln, prüfen und vergleichen, so stimmt das Bild, das sie uns von diesen Nordlanden hinterlassen, mit dem, was wir selber in der Beeringstraße untersucht und wahrgenommen haben, im Wesentlichen überein. Überall der Boden gefroren und stellenweise das Eis unter der begrünten Erddecke als Gebirgsart. Die uns aus Buch und Wahlenberg wohlbekannte Beschaffenheit des nördlichen Skandinaviens scheint uns demnach, so wie die fortwährend allmälige Erhebung der Schwedischen Küste am Bottnischen Meerbusen, eine einzeln stehende Tatsache zu sein, aus der der umsichtige Naturforscher nicht die Norm zu einer allgemeinen Theorie machen darf.

*

Mein lieber Doctor!

Überzeugt, daß die Schilderung eines in botanischer Hinsicht merkwürdigen Punktes unserer Reise für Sie mehr Interesse haben werde, als ein ganzer Bogen voller Versprechungen und Freundschafts-Versicherungen, führe ich Sie gleich in den an Naturwundern aller Art so reichen Norfolksund, und mache mit Ihnen eine Exkursion vom Gestade des Meeres bis zum Gipfel des Werstovoi. Vielleicht glückt es mir so, Ihnen einen ungefähren Begriff von der Vegetation der Umgebungen von Neu-Archangel zu geben. – Weil es vollständige Ebbe ist, da wir landen, so ist es nötig, eine kleine Strecke Weges über eine zur Zeit der Flut vom Meere bedeckte, leider etwas steinige Stelle zu machen. Eine besondere Form von *Fucus vesiculosus* überzieht, wie ein olivengrüner Moosteppich die spitzigen Steine und erschwert, wegen seiner Schlüpfrigkeit, sehr das Gehen. Auf demselben wuchert an vielen Orten der merkwürdige *Fucus saccatus* (= Halosaccion glandiforme), den *F. ulvoides* (= ?) und den *F. punctatus* sahen wir häufig, gleich roten Läppchen, in diese Matte verwebt. Wo zwischen einzelnen Steinen sich noch Wasser erhalten hat, sind Sie gewiß, den schönen *F. floccosus* (= Odonthalia floccosa) anzutreffen; eben da wächst auch *F. larix* (= Rhodomela larix) mit einer neuen, vielleicht zur Tribus des *saccatus* gehörigen Art. Auch *Fucus mamillosus* (= Gigartina mamillosa) und *F. gigartinus* (= Euthora cristata) sind hier nicht selten. Auf einzelnen kleinen Steinchen wohnt eine lange darmförmige *Ulva; Fucus asplenioides* (= Ptilota asplenioides) fesselt aber durch seine liebliche Farbe vorzüglich Ihre Aufmerksamkeit, und *F. herbaceus* (= Desmarestia ligulata) liegt flach ausgebreitet, als wäre er fürs Herbarium präpariert, auf diesem roten Grunde und fällt auf durch sein salatartiges einförmiges Grün. Weiter gegen das Land zu, kommen Sie endlich an den Rand, den bei gewöhnlicher Flut das Meer erreicht: er ist bezeichnet durch eine Bande von Seepflanzen, von denen ich nur *Fucus luetkeanus* (= Nereocystis luetkeana), *F. costatus* (= Costaria costata), *F. sacharinus* (= Laminaria saccharina), *F. esculentus* (= Alaria esculenta) und hie und da *F. edulis* (= Iridaea edulis) heraushebe. Jetzt verlassen wir also das Meergebiet und gehen eine Zeitlang den eigentlichen Strand entlang. *Arenaria pep-*

loides (= Honckenya peploides), *Glaux maritima,* einige *Carices* mit kriechender Wurzel, ein *Juncus* (= ? J. arcticus, ssp. sitchensis), der unsern *maritimus* zu ersetzen scheint, sind vielleicht die ersten phanerogamischen Pflanzen, die Ihnen aufstoßen. Wenige Schritte von Ihnen landeinwärts kriecht *Veronica serpyllifolia* auf dem Boden; *Veronica anagallis* gesellt sich fast stets derselben bei. Eben dieses ist der Wohnort von *Potentilla anserina* und *ruthenica* (= ?); ein kleines, sehr zierliches, mit schönen blauen Blumen prangendes *Sisyrinchium* (= S. litorale) kommt hin und wieder unter diesen Pflanzen vor. An einigen Orten unterscheiden Sie schon von fern durch das ganz verschiedene Grün von den oben erwähnten Vegetabilien zwei *Plantagines* (= *P. macrocarpa* Cham. & Schl., *P. maritima ssp. juncoides*) und ein *Triglochin* (= T. maritimum). Zwischen diesen pflegt sich vorzugsweise das schöne *Dodecatheon* (= D. pulchellum) und an einigen Orten eine *Pedicularis (asplenifolia?)* einzustellen. Die am meisten am Strande imponierenden Pflanzen aber sind unstreitig ein *Elymus*, der eine ungeheure Aehre trägt (= E. arenarius) und eine gelbblühende, oft zwei Fuß hohe *Bartsia* („vermutlich unsere *Castilleja pallida ssp. unalaschcensis.* s. „Linnaea“ Bd. II, p. 581“). Die einzelnen größeren Steine bedeckt eine vorzüglich schöne *Potentilla* (= P. villosa?), aus den Ritzen derselben aber keimt eine allerliebste *Campanula* (= C. chamissonis) mit großen blauen Glocken; eine dreiblättrige Schirmpflanze, wie es scheint ein *Selinum* (hier *Petruschka* genannt) (= Liguisticum scoticum ssp. hultienii) kommt auch gern an solchen Orten vor. Im Schatten solcher Steinmassen aber, vorzüglich gegen den Wald hin, wuchern *Angelica* und *Heracleum*, über deren Species ich mich aber nicht zu äußern wage. Unter ihnen kommt auch die *Sarana* und eine *Fritillaria* (= F. kamschatcensis) nicht selten vor. *Pisum maritimum* (= Lathyrus maritimus), *Cochlearia danica* (C. officinalis ssp. arctica?), *Raununculus acris, Galium boreale, Geum intermedium, Rumex, Turritis hirsuta* und *glabra,* und eine *Cardamine* möchten auch hier am schicklichsten angeführt werden können. Jetzt vermag ich es nicht länger, Sie vom Walde zurückzuhalten, wohin schon lange sehnsüchtig Ihre Blicke hingen, und längs dessen Rande wir hart, oft unter Baumzweigen uns krümmend, und über quer unsern Pfad durchschneidende kolossale Stämme wegkletternd, hingegangen sind. Weiter können wir aber nicht dringen: die jetzt eingetretene Flut bespült unmittelbar die riesenhaften Bewohner desselben, und erlauben Sie mir nur deswegen, den Bretterweg zu suchen, welchen der Held Baranow, behufs seiner täglichen Spaziergänge, anlegen ließ, und der von seinen Nachfolgern zum Teil unterhalten worden ist. Ich darf Sie nicht gleich in das Dickicht führen. Sie würden durch das oft vergebliche Bemühen, sich durchzuarbeiten, gleich alle Kräfte zur weitern Fortsetzung unserer Exkursion verlieren, auch würde der Total-Eindruck Ihnen verloren gehen, da Sie hier sehr mit sich selbst beschäftigt sein müßten. Unterdes schauen Sie den Wald ein wenig von außen an. Sie sehen schon hier, daß derselbe vorzüglich aus zwei Nadelhölzern gebildet wird. Die Mittel, die uns zu Gebote stehen, sind nicht hinlänglich, um die Spezies derselben zu bestimmen. Die in Sitcha wohnenden Russen nennen die eine Art Fichte (*Yely* oder *Jelj*), die andere Lärche *(Listwenj)*, ohne daß weder die eine noch die andere Spezies mit den in Rußland unter diesen Namen bekannten Arten Ähnlichkeit hätten. Beide werden zur Michauxischen Gattung *Abies* gezählt werden müssen. Die sogenannte Fichte scheint mir ein Analogon der nordöstlich-amerikanischen *Pinus balsamea* zu sein. Beide Bäume, die sich vortrefflich zu Masten und Bauholz im Allgemeinen eignen müßten, erreichen eine ungeheure Höhe; indes schätzt man das Holz der Fichte nicht sehr. Es soll von sehr kurzer Dauer sein; länger hält sich dagegen der Stamm der sogenannten Lärche. Außer diesen Bäumen bemerken Sie an dem Rande des Waldes eine vorzüglich schöne, balsamisch riechende Erle, hier weiße Erle (= Alnus crispa ssp. sinuata) genannt; ferner einen jetzt mit großen Blüten prangenden *Crataegus* (= C. douglasii?) und einen *Sorbus* (= S. sitchensis), der aber schon beginnt, Früchte anzusetzen. Im untern Gehölze unterscheiden Sie den *Rubus nutkanus* (= R. parviflorus var. grandiflorus), der auch unsere Gärten in Europa schmückt, hier aber nur mit weißer Blüte erscheint und keine Früchte trägt. *Mimulus guttatus,* wie es scheint, umkränzt in der Tat den Rand des Waldes, und nirgends trifft man denselben in größerer Üppigkeit an. Jetzt haben wir aber endlich den gewünschten Weg erreicht, und Sie sehen sich bald in der Mitte der ungeheuren Waldungen. Ihre Einbildungskraft stellte Ihnen nie ähnliche Stämme vor die Seele. Kaum hallte je die Axt in diesen Wäldern wider. Die Wildnis, die Sie umgibt, ist in der Tat ungeheuer. Sie schaudern vor derselben zurück. Seit Jahrhunderten sanken die Stämme hier nur durch die Last ihrer Jahre. Die vermoderten Überreste derselben gaben, ohne die Gestalt zu verändern, ganzen Generationen von Bäumen Entstehen, Gedeihen und — Tod. Sträucher, Kräuter und Moose kleiden diese natürlichen Gräber dessen ungeachtet in das Gewand der Jugend. Abgründe decken diese Stämme, Hügel werden durch sie gebildet, aber der Fuß sinkt ein, in die nur durch Jahre erzeugte Asche, welche Cryptogamen und annuelle Gewächse trügerisch verhüllen. Hier erblicken Sie zwei verschiedene *Claytonien* (= ? Claytonia sibirica, C. parvifolia, C. chamissoi), von denen die eine mit roter, die andere mit weißer Blüte geschmückt ist. Mehr als einmal glaubte ich in der letztern *Cerastium aquaticum* zu erblicken. Ein *Majanthemum* (= M. dilatatum) mit größeren Blättern als das unsrige, sehen Sie hier aller Orten. Die *Cornus suecica* trägt meistens so große Blumen, daß Sie dieselben für den Blütenstand der *Cornus florida* halten möchten. Die *Pyrola uniflora* finden Sie überall. *Dalibarda fragarioides* (Rubus pedatus?) wächst auf den vermoderten Stämmen. Eine *Calla* (= Lysichiton americanum ?), deren Spatha an Größe der *aethiopica* nicht nachsteht, mit ungeheuren zebrastreifigen Blättern, entsprießt dem feuchten Boden. Eine große strauchartige Azalee (= Rhododendron kamtschaticum ?) ist der gemeinste Strauch. Eben so häufig tritt *Rubus spectabilis*, zugleich mit Blüte und Frucht prangend, hervor. Zwei Ribes-Arten, von denen das eine unser *Ribes rubrum*, das andere das *Ribes nigrum* vorstellt, sind hier nichts weniger als selten. Eine Segge, welche unsere *Carex buxbaumii* zu vertreten scheint, ist hier eine vorzügliche Zierde des Waldes. Ein *Streptopus* ersetzt unsere *Convallaria multiflora* (= Polygonatum multiflorum). *Trientalis* ist hier nicht seltener als in unsern Wäldern, ebenso die *Linnaea borealis*. Eine *Malaxis* kommt hier mit grüner und roter Blüte vor (M. monophylla). Ein Cymbidium sucht die Gestalt unserer *Corallorrhiza* (= Corallorrhiza maculata ssp. Mertensiana?), und *Lathrea Stelleri* erscheint nur an ähnlichen Plätzen. Ein *Vaccinium*, dessen Früchte Ihnen tagtäglich als Heidelbeeren vorgesetzt werden (Vacc. chamissonis ovalfolium). Plötzlich hören Sie das Rauschen eines nicht mehr fernen Flusses, und bald soll sich Ihren Augen ein anderes Schauspiel enthüllen. Die reiche Flußwelt geht Ihnen auf. Einen wilden Bergstrom sehen Sie seine Wellen durch die wüste Waldnatur rollen; an seinen Ufern prangt eine andere Vegetation, als die bisher betrachtete, wenngleich die größern Bäume dieselben sind. Nur hier erblicken Sie die einzige *Salix*-Art (S. sitchensis ?), die mir die Umgebungen von Sitcha darboten, sie gleicht unserer *acuminata* Hoffm., scheint aber doch von derselben verschieden. *Aquilegia canadensis* (= A. formosa) aber, eine neue *Spiraea* (= Sp. douglasii ?), ein *Sonchus* (= ? Lactuca tartarica ssp. pulchella) mit fleischfarbenen Blumen, ein *Doronicum* (= Arnica amplexicaule ?), das schöne *Epilobium latifolium*, eine *Poa*, die, wie *bulbosa*, spelzkeimig ist, aber zwei bis drei Fuß hoch wird, ein *Elymus* (= E. hirsutus ?), der unsere *E. caninus* vertritt, eine liebliche *Luzula*, sind lauter Pflanzenformen, die Sie bisher kaum beobachteten. Drei bis vier *Saxifragen* können Sie hier einsammeln; einen *Rumex*, der mit unserm *digynus* Ähnlichkeit hat, eine schöne *Arabis*, die über die nackten Flußsteine ihre Zweige ausbreitet, *Epilobium montanum, obscurum* oder *tetragonum,* ein *Aconitum,* verschiedene *Stellarien,* gesellen sich diesen Arten zu und vermehren die Mannigfaltigkeit. Verschiedene *Filices,* die aber durchaus Repräsentanten unserer Formen sind, erscheinen mitunter hier sehr üppig. Die andere Seite des Flusses bietet ein ähnliches Bild dar. Der Wald ist derselbe, nur ist er hier noch dichter. Das *Panax horridum* (= Echinopanax horridum) aber, welches man bis jetzt nur hin und wieder als kleinen Strauch sah, erteilt der Gegend bald einen ganz besondern Charakter. Es erscheint jetzt sehr häufig, und nimmt in jeder Hinsicht die Gestalt der tropischen *Cecropia* an. Schwer ist es, sich durch das Unterholz zu winden, welches es bald ganz allein ausmacht; bald nimmt es eine kriechende Stellung an, bald erhebt es sich palmenartig und breitet schirmförmig seine breiten Blätter aus. Ein Glück ist es, daß die Stacheln, obgleich sehr spitz, doch ziemlich weich sind; sie haften nur an der Epidermis der Pflanze, und wenn man mit guten Handschuhen versehn ist, kann man dreist vorzüglich die alten Stämme angreifen. Eine *Saxifraga*, vielleicht *pennsylvanica,* kommt hier an den umgefallenen Baumstämmen vor, und liefert vorzüglich schöne Exemplare. Nach und nach erreichen wir endlich den Fuß des Berges: auf den kleinen Höhen, die wir aber noch übersteigen müssen, wachsen *Epilobium angustifolium,* und die schon am Rande des Waldes bemerkten niedrigern Bäume. Nun gilt es aber, den Berg hinanzuklimmen, und dieses ist wahrlich keine geringe Arbeit und mit Schwierigkeiten verbunden, die ich Ihnen nicht zu schildern vermag. Der stets feuchte Boden (denn es regnet hier fast das ganze Jahr hindurch) vermehrt die Unannehmlichkeiten um vieles, er sinkt unter den Füßen des Wanderers weg. Wollen Sie längs den umgefallenen Bäumen hinauf klettern, so streifen Sie bei einem selbst nur schwachen Versuch sich zu halten, nicht selten die ganze Moosrinde von denselben ab. Dabei ist der Berg an einigen Stellen sehr steil, der Wald fast undurchdringlich dicht. Glücklich sind Sie, können Sie hier eine Schlucht erreichen, in der ein Waldbach sich herunterstürzt, aber an solchen Orten nötigen steile Abhänge uns nicht selten zum Umkehren. Die Vegetation war indes bisher immer dieselbe, jetzt aber wird der Wald stellenweis dichter, und die eigentliche Region des *Panax* beginnt. Schon vom Meere aus sahen Sie zwischen dem dunklen Nadelholz diese lichten Stellen und hielten sie für Laubholz. Freilich kommen auch gerade an solchen Orten hohe Stämme einer Erle vor, die hier rote Erle (= Alnus oregona) genannt wird und nicht balsamisch riecht, allein nur einzeln erscheinen dieselben im *Panax*-Gesträuche. Der Wald, den wir aber gleich dichter wieder vor uns sehen, besteht von jetzt an vorzüglich aus einer herrlichen *Thuja* (= Th. plicata), wegen ihres wohlriechenden Holzes *Duschnik,* auch *Duschnoie derewo* (Riechholz), genannt. Sie ist das hier am meisten geschätzte Holz. Der Baum kommt freilich auch häufig genug ganz unten am Fuße des Berges und sogar bis am Meer hin vor; allein dort muß man immer nach demselben suchen; durch die Menge der beiden anderen Nadelhölzer wird er den Blicken entzogen; hier aber bildet er fast ganz allein den Wald, und nur selten noch begegnen uns Fichte und Lärche. Letztere hält indessen noch am längsten vor. In dieser Gegend sehen wir ein *Blechnum* (= B. spicant) sehr häufig, was uns unten kaum auffiel. *Pyrola secunda* erscheint dann und wann, desgleichen ein kleines *Lycopodium*. Noch höher tritt eine schöne *Convallaria* (= Smilacina ?) auf, die unserer *majalis* verwandt ist, sich aber durch rote Blumen auszeichnet. Eine gelbblühende *Viola* nimmt große Stellen in dem jetzt leichter zu durchreitenden Walde ein; den *Echinopanax* sehen wir jetzt aber gar nicht mehr. *Rubus, Ribes* und die andern Waldsträucher haben lange aufgehört, nur *Vaccinia* und *Azalea* (= Rhododendron kamtschaticum ?) erscheinen noch hin und wieder. . . . Wenn Ihre Augen sie auch nicht sähen, so würde der Geruch Ihnen doch jetzt die Anwesenheit einer *Valeriana* verraten, die nur in dieser Berghöhe vorkommt. Sie ist unserer *officinalis* oder eigentlich dem *Phu* verwandt, möchte aber doch wohl eine eigene Art bilden. Der Geruch der Wurzel ist durchdringend, und bei weitem kräftiger als die in unseren Apotheken gebräuchliche. Die Russen nennen sie Kalochenskaia Korenj (Kaloschenwurzel), weil die Ureinwohner dieser Gegend sie ganz vorzüglich hochschätzen. Sie wenden sie fast gegen alle Krankheiten an und schreiben ihr Wunderkräfte zu. Der großen Schwierigkeiten wegen, mit denen ihr Einsammeln verbunden ist, steht sie in sehr hohem Preise, und nur ungern tauschen die Kaloschen ihren Vorrat aus. Jetzt auch erscheint fast zum erstenmale die sonderbare, bisweilen fast mannshohe Eschscholtzische *Pyrola*, die ich anfangs aufzufinden verzweifelte. Sie fängt aber jetzt eben erst an auszuschlagen, und nur an sonnigen Stellen können Sie Blüten antreffen; die Früchte vom vorigen Jahr sammeln Sie aber jetzt mit den jungen Blättern ein. Der Wald ist indes sehr licht geworden; die Thuja hat an Größe sehr abgenommen; eine *Pinus* (= P. contorta ?), die unserer *mugo* zu vergleichen wäre, hat sich ihr zugesellt. Es bleibt diese Art, die man hier Tanne (Sosna) nennt, gewöhnlich sehr niedrig; in der Tiefe erscheint sie auch, dort aber nur selten im eigentlichen Walde, sondern mehr in Torfbrüchen ... Jetzt aber nur noch eine schwierige Stelle, und wir haben das erste Kreuz erreicht. Verlassen Sie sich aber nicht zu sehr auf den Rasen von *Empetrum nigrum;* suchen Sie sich lieber an einer *Pyrola* (= Cladothamnus pyrolaflorus) zu halten; diese wurzelt zwischen hohem Gesteine. Nun sind wir oben und eine ganz neue Vegetation bietet sich dar. Der Boden ist dicht bedeckt mit *Andromeda tetragona* (= Cassiope tetragona) und einer anderen Art, die ich *empetrifola* (= Cassiope stelleriana ?) nennen möchte. Eine *Menziesia* (= Menziesia glabella ?) mit grünen umbellenförmig gestellten Blumen drängt sich dazwischen; an andern Stellen überzieht eine rasenartig kriechende *Saxifrage,* die unserer *S. sternbergii* an Wuchse gleicht, das Gestein. In der Nachbarschaft des Schnees, der hier noch weite Stellen bedeckt, schießt ein besonderes *Dodecatheon* (= D. jeffreyi ?) hervor. Eine *Menyanthes* (= Fauria crista-galli ?) wohnt auch in der Nachbarschaft des ewigen Schnees, kommt aber auch, nur in einer viel größeren Form, ebenfalls an halbtrockenen Sümpfen in der Tiefe vor. Ein allerliebster *Aster* (= A. subspicatus ?), der unsern *Amellus* vertritt, *Geum montanum (?), Andromeda polifolia, Empetrum nigrum* und zwischen denselben versteckt *Coptis trifolia, Azalea procumbens* (= Loiseleura procumbens) und einige Alpengräser und Frühlings-*Carices* vollenden das Bild dieser Region, ein Bild, welches Sie auf den Gipfeln verschiedener Berge dieser Höhe wiederholt finden. Steigen wir aber noch höher, so begegnen wir bis zum letzten Kreuze noch einer schönen Matte, die aus einer großen *Anemone* (= A. narcissiflora ssp. alaskana), einer rotblühenden *Bartsia* (= Castilleja elegans ?), einem Alpen-*Ranunculus* und mehreren der schon oben erwähnten Kräuter zusammengesetzt ist. Auch die letzten strauchartigen Nadelhölzer haben hier aufgehört, selbst eine Art, die fast nur auf den Gipfeln der Berge vorkommt, und die ich vorher anzuführen vergessen hatte. Den Einwohnern von Sitcha schien diese Art ganz entgangen zu sein; keinem, dem ich sie zeigte, war sie bekannt. Es ist eine äußerst schöne, sehr gedrungene, und in Sprengels System wenigstens nicht angeführte Spezies, mit kleinen, umgekehrt eiförmigen, auf beiden Seiten gleichfarbigen Blättern . . . So hätte ich Sie denn zu der Stelle gebracht, wo bisher alle, die sich hinauf wagten, umzukehren pflegten; hinter uns liegt aber noch der nackte felsige Gipfel, den ich so gern erklimmen möchte. Freilich müssen wir erst wieder zu einer bedeutenden Tiefe hinabsteigen; allein gewiß finden wir dort einige hübsche Alpenpflänzchen. Auf Schneefeldern rutschen wir hinab, erreichen aber glücklich bald den Fuß der noch zu besteigenden pyramidenförmigen Spitze. Nur mit genauer Not hält man sich hier an dem vollkommen nackten Gestein; unter Ihren Füßen rollen die Steine in ungeheure Abgründe hinab. Nur ein einziger Fehltritt, nur ein einziges Mal eine vorragende Steinspitze unbehutsam angefaßt, und Sie fallen unvermeidlich in die Grausen erregende Tiefe. Nur hie und da ragt eine kleine *Carex* aus den Felsenspalten hervor, dort ein zierlicher *Juncus,* da eine *Draba.* Sie dürfen es aber kaum wagen, nach der *Cardamine* zu greifen, die kaum einen Schritt weit von Ihnen entfern ist; eher können Sie es schon mit der *Achillea* versuchen, die einen ziemlichen Rasen bildet. Auch diese schwere Partie wäre denn endlich zurückgelegt, und jetzt können Sie sicher und ohne Gefahr, den Gipfel erreichen. Ein *Cerastium,* eine *Pedicularis* und eine neue *Saxifraga* bringen Sie noch mit hinauf, bedauern aber oben, wo eine grausige Kälte wehet, daß Sie von allen den auf diesem gefahrvollen Wege gesammelten Pflanzen fast nur einzelne Exemplare erhalten konnten. Lange aber werden Sie auf dem Gipfel, wo kaum fünf Personen Platz finden, nicht verweilen, um so mehr, da starker Nebel nicht die geringste Aussicht gestattet. Die Kälte treibt Sie ohnedies weg; Ihre Hände sind verklammt, und das Herunterkommen erscheint Ihnen noch um vieles gefahrvoller als das Hinaufsteigen. Allein das bleibt Ihnen schon überlassen, und ich erwarte Sie unten am Fuß des Berges in einem Torfmoore, um ernstlich an den Rückzug nach Hause zu denken. Hier sehen wir eine allerliebste kleine *Gentiana* mit weißen Blumen; eine *Carex,* die ich von unserer *C. microglochin* nicht zu unterscheiden weiß, ist aber hier die am häufigsten vorkommende Pflanze. Im Ganzen aber möchten Sie auf der heutigen Exkursion gegen 20–25 Riedgräser eingesammelt haben. An größeren Pflanzen war Ihre Ausbeute noch reicher. *Veratrum album, Scirpus multicaulis, Eriophorum scheuchzeri* und *gracile, Drosera rotundifolia, Vaccinium oxycoccus, vitis-idaea,* eine dem *uliginosum* ähnelnde Art, *Ledum palustre, Andromeda latifolia,* eine große *Helonias,* eine *Myrica, Juniperus prostratus* (= J. horizontalis), *Arbutus uva ursi, Polygonum viviparum* nehmen Sie im Vorbeigehen noch mit. An dem See, den wir jetzt umgehen, bemerken Sie noch *Comarum palustre, Potamogeton nataus, Nymphaea lutea, Montia fontana, Menyanthes trifoliata, Hippuris vulgaris, Juncus subverticillatus* und drei verschiedene *Sanguisorben,* desgleichen auch noch einige *Umbellaten.* Jetzt sind wir Gottlob wieder nahe bei dem Etablissement. *Isopyrum fumarioides* sammeln Sie noch auf den abgehauenen Baumstümpfen. Zwischen den Häusern endlich haben Sie noch *Chenopodium album, Urtica dioica, Matricaria chamomilla* ohne Strahlen, *Sisymbrium barbarea, Alsine media* und einiges andere gemeine Kraut aufzulesen, um so beladen zu sein, daß Sie kaum durch die Türe Ihres Hauses kommen können.

Da haben Sie denn, mein teurer Doktor, meinen botanischen Bericht über Sitcha; ich wünsche, daß Ihnen derselbe Vergnügen machen möge. Ich habe ihn nicht ohne große Mühe und Zeitaufwand abgefaßt. Möchten Sie in demselben einen wiewohl nur schwachen Beweis sehen, daß ich mich stets mit wahrer Freude der Stunden erinnere, die ich mit Ihnen zu verleben so glücklich war. –

Anmerkungen

Karl Heinrich *Mertens,* der Berichterstatter, war als Naturforscher Teilnehmer der Weltreise auf der „Senjavin" und bestieg als Erster 1828 den Werstovoi (oder Verstovia and Arrowhead) bei Sitka. Erstmals beschrieb ein Botaniker dieses Gebiet mit allen Vegetationsstufen, vom Meeresufer über die Wald- zur Zwergstrauchstufe bis zur Gipfelregion. Seine Leistung wird auch heute noch gebührend geschätzt, und die *Berg-Hemlocktanne* (Tsuga mertensiana) ist nur eine unter vielen Arten, die nach ihm benannt worden sind. Der Brief ist an den Arzt und Botaniker *Trinius* in Petersburg gerichtet, der eng mit Chamisso befreundet war; dieser publizierte und redigierte den Exkursionsbericht und versah ihn mit „Anmerkungen" und einer „Vorerinnerung".

W. J. Hooker, der Chamissos Arbeiten sehr schätzte, veröffentlichte den Text in englischer Übersetzung in „Botanical Misc.", vol. 3, 1833.

Gleichzeitig mit diesem Bericht erschien von denselben Verfassern „Bemerkungen über die Floren der Koragins-Inseln und eines Teils des Landes an der Behringstraße" (beide in „Linnaea" Bd. V).

„*Werstovoi*“ – Verstovia and Arrowhead, östlich von Sitka; Verstovia ist 1080 m hoch, also 3533.45 Fuß = 1 russische Werst; Arrowhead bezieht sich auf den steilabfallenden Nebengipfel, der von Mertens erstmals bestiegen wurde. (Mitgeteilt von „Sitka Historical Society“).

„*Neu-Archangel*“ – Novo Archangelesk = Sitka auf Baranof-Island; größte Hafenstadt von Alaska.

„*Norfolk-Sund*“ – Alexander-Archipel (früher King-George-Archipel).

„*Vorerinnerung*“ – steht für Vorbemerkung, Einleitung.

„*Baranow*“ – Alexander Baranoff, Leiter der Russisch-Amerikanischen Pelzhändler-Gesellschaft Anfang 1800; Aufstände der Eingeborenen; nach ihm benannt Baranof-Island.

„*Eis als Gebirgsart*“ – Am Ausfluß der Lena, an den Ufern des Mackenzie u. a., wohl zu der dritten Formation zu rechnen, Säugetiere der Vorwelt enthaltend. Uns sind gegenwärtig die Beobachtungen Gmelins, Adams, Wrangels, Mackenzies und Franklins; Georgi „Beschreibung des Russischen Reiches“ 3, 1. Band, p. 20. – Mehrere Autoritäten ließen sich anführen. *AvCh*

„*Fucus*“ – Die heutigen Synonyme in (= . . .) wurden der Herausgeberin freundlicherweise mitgeteilt von Dr. Rosmarie Honegger.

„*Plantago macrocarpa*“ – Von AvCh. auf Unalaschka gefunden; Erstbeschreibung in „Linnaea“ Bd. IV.

„*Bartsia*“ – Vermutlich unsere Castilleja pallida ssp. unalaschcensis *AvCh.* – (Nach Hulténs „Flora of Alaska“ bestätigt sich Chamissos Vermutung; es handelt sich um *Castilleja unalaschcensis* (Cham. & Schl.) Malte, die der Bartschie sehr ähnlich sieht.)

„*Sarana*“ – Lilium kamtschatcense L. Die auf Unalaschka vorkommende Form, die wir die gemeine amerikanische zu sein vermuten, unterscheidet sich übrigens sehr von der kamtschatkischen und scheint eine eigene Art zu sein. *AvCh*

„*Pedicularis (asplenifolia ?)*“ – nach der Verbreitungskarte von Hultén könnte es sich um *P. ornithorhyncha* handeln.

„*Yely*“ oder „*Jelj*“ – *Picea sitchensis,* die Sitka-Fichte, die dort bestandbildend ist.

„*Listwenj*“ – *Tsuga heterophylla,* Westamerikanische Hemlocktanne, die zusammen mit *Picea sitchensis* die Wälder längs den Küsten Süd-Alaskas bildet.

„*Cerastium aquaticum*“ – ev. *C. Beeringianum* Cham. & Schl.

„*Calla*“ – *AvCh* bemerkte: „es sei wahrscheinlich Draconticum kamtschaticum“. Weder die eine noch die andere Gattung wird in Hultén angeführt. Nach Mertens Beschreibung könnte es sich um *Lysichiton ame-*

ricanum Hult. & St. John handeln, den sogenannten Yellow Stink Cabbage.

„*Carex buxbaumii*" – kommt in diesem Gebiet vor.

„*Cymbidium*" – die Gattung wird nur noch für tropische Arten verwendet. Könnte sich um *Corallorrhiza maculata ssp. Mertensiana* handeln.

„*Lathrea stelleri*" – konnte nicht identifiziert werden; Gattung in Hultén nicht aufgeführt.

„*Saxifragen*" – In Alaska kommen 37 verschiedene Steinbrech-Arten vor; nach der Verbreitungskarte könnte es sich um *S. ferruginea, S. rivularis, S. punctata* oder *S. Tolmiei* handeln.

„*Filices*" – Farne.

„*Panax horridum*" – heute *Echinopanax horridum,* beinahe undurchdringliche Dickichte in feuchten Wäldern bildend.

„*Cecropia*" – baumförmig; Gattung der Urticaceae.

„*Thuja*" – *Thuja plicata,* von der Ebene bis auf 1000 m ü. M. vorkommend; meist einzeln im Sitka-Fichtenbestand; manchmal reine Bestände bildend.

„*Vaccinia*" – Zwei „Heidelbeer"-Arten kommen häufig vor: *V. glabella, V. sempervirens.*

„*Valeriana*" – ev. *Osmorhiza purpurea.*

„*Eschscholtzische Pyrola*" – vermutlich *Cladothamnus pyrolaflorus,* ein wie ein Wintergrün blühender Strauch (Ericaceae).

„*Kaloschenwurzel*" – Kalosche = Wilder, auch Gauner.

„*diese Art ganz entgangen zu sein*" – *Tsuga mertensiana,* Berg-Hemlocktanne; in L. A. Viereck / E. L. Little „Alaska Trees and Shrubs" (1972) steht: „Tsuga mertensiana wird zwergstrauchförmig in der Höhe der Baumgrenze. Diese Art ehrt den deutschen Naturforscher Karl Heinrich Mertens (1796–1830), der sie in der Nähe von Sitka 1828 entdeckte." (Uebers. R. S.-G.).

„*Helonias*" – heute *Scilla*; Gattung in Hultén nicht aufgeführt.

„*Scirpus multicaulis*" – in Hultén fehlend.

„*Vaccinium uliginosum*" – vermutlich V. ul. ssp. alpinum.

„*Juncus subverticillatus*" – fehlt in Hultén; ev. *Juncus falcatus ssp. sitschensis ?*

„*Isopyrum fumaroides*" – jetzt = *Hepatica;* in Hultén fehlend.

„*Sisymbrium barbarea*" – ev. *Barbarea orthocèras?*

Liste in systematischer Reihenfolge von Pflanzenarten, die in Alaska vorkommen und von Chamisso beschrieben, oder nach ihm benannt wurden:

Eriophorum callitrix; Carex macloviana ssp. pachystachya, C. melanocarpa; Platanthera Chorisiana; Spiranthes Romanzoffiana; Salix Chamissonis Anderss.; S. pulchra; Claytonia Eschscholtzii, Limnia alsinoides (jetzt: Claytonia sibirica), Claytonia Chamissoi Esch.; Montia lamprosperma (in „Linnaea“ Bd. IV beschrieben mit Zeichnungen; jetzt: Montia fontana ssp. fontana); Stellaria crispa; Cerastium Beeringianum; Arenaria Chamissonis Maguire; Aconitum delphinifloium ssp. Chamissonianum (Reichenbach) Hult.; Ranunculus glacialis ssp. Chamissonis (Schlechtendahl) Hult.; Aphragmus Eschscholtzianus (von Cham. als „Oreas involucrata“ beschrieben); Cardamine purpurea; Draba Chamissonis G. Don; Parnassia Kotzebuei; Sorbus sambucifolia; Potentilla elegans; Vaccinium Chamissonis Bong.; Dodecatheon frigidum; Armeria maritima ssp. arctica; Gentiana amarella ssp. acuta var. plebeja, Gentiana aleutica, G. Rurikiana; Polemonium boreale ssp. macranthum; *Romanzoffia*, Romanzoffia unalaschcensis (Cham. stellte auf eine neue Gattung und eine neue Art der Hydrophyllaceae) s. Abb. S. 25. Eritrichium aretioides; E. Chamissonis DC; Castilleja unalaschcensis Malte; Pedicularis purpurascens (jetzt: P. Langsdorffi); Boschniakia rossica; Plantago macrocarpa; Campanula lasiocarpa ssp. lasiocarpa, ssp. latisepala, C. Chamissonia Fedorov.; Arnica Chamissonis Less. ssp. Chamissonis, ssp. foliosa.

(Zusammengestellt aus Eric Hultén „Flora of Alaska and Neighboring Territories“ 1968)

Kapitel VI

„Untersuchung eines Torfmoors bei Greifswald und ein Blick auf die Insel Rügen“

„Über die Torfmoore bei Colberg, Gnageland und Swinemünde“

„Untersuchung eines Torfmoors bei Greifswald und ein Blick auf die Insel Rügen"

Die Stadt Greifswald liegt auf wenig erhöhtem Boden inmitten dem Marschland, ungefähr eine Stunde von der Bucht der Ostsee, welche die Reede bildet. Ein Einlaß des Meeres, der zum Hafen verdeicht ist, und welcher nach einem Bache, den er aufnimmt, der *Ryck* genannt wird, bringt die kleineren Schiffe bis unter ihre nördliche Mauer. Die größeren Fahrzeuge bleiben vor dem Dorfe *Wieck* liegen, dem eigentlichen Hafenplatze, welcher an der Mündung des Ryckes den Winkel zwischen dessen Nordufer und dem Meere einnimmt. Der höchste Punkt von Greifswald, das Pflaster der Nicolaikirche, erhebt sich nur um 21 Pariser Fuß über den mittleren Wasserstand der Ostsee; die Brunnen der Stadt geben nur Moorwasser, und das Trinkwasser muß von außenher bezogen werden.

Am linken Ufer des Ryckes, der Stadt gegenüber, liegt die Saline auf Torfgrund, und die Fläche, die sich von da nach Osten und Norden, bis zu den Sandufern, die sich das Meer aufgeworfen hat, ausspannt, ist abwechselnd Torfmoor und Sand. Diese Ufer sind zu niedrig, um dem Namen Dünen zu entsprechen. Man findet nördlich von Wieck, zwischen dem Strande und dem Sandrücken, der in einigem Abstande von demselben fortläuft, Ackerland und kleine, unbedeutende, mit Torf ausgewachsene Pfühle. Man kann an den Abstichen mit Bestimmtheit beobachten, daß diese beschränkte Torfbildung nicht unter den Sand setzt, sondern nur dessen Vertiefungen ausfüllt. Man könnte dennoch die Frage aufwerfen: ob das große Torflager der Niederung nirgends, von der Meerseite gleichsam mit Flugsand überdeckt, unter das Ufer setze, um vielleicht unter dem Meere, welches längs dem Lande seicht ist, wieder zu erscheinen. Es ist mir nicht bekannt geworden, daß Torfgrund im Meerbusen angetroffen werde, und es scheint, selbst in Ermangelung entscheidender Beobachtung, unbedenklich anzunehmen, daß der erhöhte Sandstrich des Ufers überall die Fortsetzung der Sohle des Torflagers sei, für welche Annahme die Beschaffenheit des Torfes auch spricht.

Das Torflager hat bei der Saline 101 Fuß Mächtigkeit; man findet darunter Lehm und Sand, die noch sechs Zoll tiefer mit Torf gemengt sind. Der Sand wird bald vom Lehme rein, und man hat, bis zu einer Tiefe von 24 Fuß, zu welcher man bis jetzt gekommen ist, nur blauen Sand mit großen Geröllen, die sich von denen der Mark nicht unterscheiden. Aus diesem Sande quillt die Sole, die, je tiefer sie gefaßt wird, desto gesättigter erscheint, weshalb man einen zweiten, neuangelegten Brunnen, zu einer größeren Tiefe hinaufzusenken beabsichtigt. Man nimmt an, daß die Sole überall unter dem Torfmoore vorhanden sei, und es wird geschichtlich nachgewiesen, daß die Saline vormals einen größeren Umfang gehabt, so wie auch daß mehrere Brunnen und Gradierwerte an anderen Punkten der Ebene und in größerer Entfernung von dem Ryck vorhanden gewesen sind.

Der Teil des Torfmoores bei welchem die hier mitgeteilten Beobachtungen angestellt wurden, der Teil nämlich, welcher für den Verbrauch der Saline im Bestich ist, liegt ungefähr dreiviertel Stunde N. N. O. von derselben. Er wird, in großen Gruben, bis zur Unterlage des Lagers, das ist bis zu einer Tiefe von 9' 10" unter dem mittleren Wasserstand der Ostsee abgetorft. Die Entwässerung der Gruben geschieht durch Pumpen, welche durch Windmühlenflügel in Gang erhalten werden. Ein Fahrgraben, der aus dem Rycke bei der Saline, bis zu diesem Torfstiche führt, folgt durch die Ebene den Windungen des Torflagers, und hat in der Mächtigkeit desselben sein Bett. Der Wasserstand hält sich in dem Fahrgraben, dem Ryck und der Ostsee gleich. Die Oberfläche des Moores erhebt sich kaum über den mittleren Wasserstand der See, und wird nicht selten, bei hohen Fluten, die anhaltende Ost- und Nord-Ost-Winde bewirken, überflossen. Das Moor bringt mehrere Solpflanzen hervor. *Glaux maritima, Scirpus rufus* (Schrader und andere), *Aster tripolium* und *Scirpus maritimus* machen an den Ufern des Ryckes den Hauptbestand der Vegetation aus.

Man möchte, bei der soeben beschriebenen Örtlichkeit, erwarten, dieses Torflager werde sich als ein Meermoor erweisen, in welchem man *Zostera marina, Tange* und andere Seeprodukte, als Zeugen seiner Entstehung, entdecken müßte. – Diesem Vorurteil widerspricht das Ergebnis der Untersuchung.

Der Torf dieses Moores enthält, gleich dem Linumer Torf, nur Land- und Sumpferzeugnisse und nichts, was im entferntesten an das Meer, unter dessen Niveau er vorkommt, erinnern könnte. Seine Masse ist ungleichartiger als die des Linumer Torfes und im allgemeinen weniger reif. Seine Bestandteile haben einen geringeren Grad der Zersetzung oder der Umwandlung erlitten. Er zeigt dunklere und blassere, braunere und gelbere Schichten, und, besonders gegen die Unterlage, sandig lehmige Adern. Er liegt, von keiner Bunkerde überdeckt, am Tage; der Rasen selbst, der auf dem Moore wächst, wird mit der oberen Sode gestochen. Die Soden werfen oder krümmen sich beim Austrocknen, und zerfallen oft schieferartig, wenn Schilf, Binsen- oder überhaupt unzersetzte Pflanzenteile sie nicht zusammen halten. Er brennt mit einem unangenehmen Geruch.

Man bemerkt, daß an eben der Stelle, die jetzt im Bestich ist, schon früher einmal, jedoch nicht bis zur halben Tiefe des Torflagers, gegraben worden ist. Der Nachwuchs, der die früheren Gruben ausgefüllt, und fast mit der Oberfläche des Moores ausgeglichen hat, unterscheidet sich beim ersten Blick von dem alten Torfe in derselben Tiefe, durch mindere Dichtigkeit und gelbere Farbe. Das sehr kenntliche *Rhizoma* von *Arundo*

Phragmites erscheint als ein Hauptbestandteil dieses jungen Torfes.

Wir sehen von dem Nachwuchse ab, und betrachten das Moor in seinem ursprünglichen Zustande. Man findet darin, in der Tiefe von ungefähr 5 Fuß unter dem mittleren Wasserstand der Ostee, häufige, aufrecht auf ihren Wurzeln stehende Baumstubben, deren Stämme abgestorben oder abgebrochen sind. Dazwischen liegende Stämme werden selten, jedoch auch bisweilen angetroffen. Ob in der Richtung, worin sie gestreckt sind, einige Beständigkeit wahrzunehmen sei, ist nicht ermittelt worden. Die Stubben rühren augenscheinlich nicht von gleichzeitig vorhanden gewesenen Bäumen her, die einer gleichzeitigen Zerstörung unterlagen, sondern sie wurzelten in verschiedenen Schichten des Torfes, und die einen über den verjährten Überresten der andern. Das Holz ist meist frisch und unverändert, die Baumart, dem es angehört, unverkennlich. Man soll in dem Torfstiche der Akademie, auf einem andern Punkte eben dieses Moores, nur *Eichen* finden; in den Gruben hingegen, die uns beschäftigen, kommen im allgemeinen nur *Kiefern* (Pinus sylvestris) vor. Ich habe aber auch eine *Eiche* darunter angetroffen. Unter der Borke eines Kiefernstammes wurden die Flügeldecken eines Käfers, anscheinend aus der Gattung *Carabus* bemerkt.

In der Tiefe von 7 bis 9 Fuß unter dem mittleren Wasserstand kommt ein leichter, gelblicher Moortorf vor, in dem man Adern findet, deren Hauptbestandteile, die Moose, fast keine Veränderung erlitten haben, und worin *Hypnum trifarium* und *Hypnum aduncum* mit Gewißheit erkannt worden sind. Der Samen von *Menyanthes trifoliata,* der auch in geringerer Tiefe, und tiefer bis zu der Sole angetroffen wird, ist in diesem Mooslager äußerst häufig. Überreste von Käfern sind darin nicht selten, und eine Elythra, die sich erhalten hatte, schien der *Donacia menyanthidis* angehört zu haben.

Der Torf vermengt sich in der unteren Schicht mit dem feinen, bläulichen Sande der Unterlage. Aus dem Torfe senken sich Pflanzenwurzeln in diesen Sand, und in ihm wird noch der Same von *Scheuchzeria palustris* wohl erhalten angetroffen.

Die in diesem Torfmoore aufgefundenen fremden Körper sind bis zu diesem Tage unbeachtet geblieben und nicht gesammelt worden. Knochen, Schädel und Gerippe von Tieren sollen nicht selten darin vorkommen. Die Arbeiter waren eben, in einer Tiefe von 4 bis 5 Fuß unter dem mittleren Wasserstande, und zwar im alten Torfe (nicht in dem Nachwuchs) auf den Schädel und das Gerippe eines gemeinen Rindes gestoßen; ich kann nur von diesem aus eigener Anschauung reden. Hirschgeweihe, die, dem Vernehmen nach, früher aus dem Torfe ausgegraben und aufbewahrt worden sind, waren nicht mehr in Greifswald aufzufinden.

Also scheint die Untersuchung unerwartet die Tatsache festzustellen, daß die Vegetation, die den feuchten Niederungen des Binnenlandes eigentümlich ist, einst in einer Tiefe von 9' 10" unter dem jetzigen Meeresspiegel in diesem Moore stattgefunden hat, und daß noch später, auf demselben, durch eben diese Vegatation erhöhten Boden, *Kiefern-* und *Eichenwälder*, in einer Tiefe von 5 Fuß unter jenem Niveau, gestanden haben. Nur durch einen engen Sandstrich wird diese Stätte von der Ostsee geschieden, die erweislich an vielen Punkten dieser Küste ihre Ufer versandet, und von denselben zurücktritt. – Und man darf die allmähliche Veränderung der Verhältnisse dieses Bodens zur Meeresfläche nicht außerhalb der geschichtlichen Zeit, in die Zeiten der gewaltsamen Naturumwälzungen versetzen, die auch die organische Welt umgestaltend betrafen, und die der Untergang vieler Tier- und Pflanzenformen bezeichnete.

Es würde voreilig sein, diese einzeln stehende Tatsache erklären oder Folgerungen daraus ziehen zu wollen. Die Sagen der versunkenen *Vineta* dabei zu erwähnen, würde zu nichts führen. Die mitgeteilte Untersuchung möge den Antrieb geben, die übrigen, an derselben Küste befindlichen

Torfmoore in naturwissenschaftlicher Hinsicht zu erforschen. Das Verständnis der Tatsachen kann nur aus der möglichst vollständigen Kenntnis derselben erwachsen, und die Beobachtung muß dem Urteil vorangehen.

Die Mitteilung einiger Wahrnehmungen, die sich auf einer flüchtigen Wanderung durch Rügen unaufgesucht darboten, kann nur den Zweck haben, die Aufmerksamkeit der Geognosten auf diese Insel zu ziehen, die sie in hohem Maße zu verdienen scheint.

Bei dem Walle von Arcona, auf der größten Höhe des gegen Nordost aufsteigenden Planes der Halbinsel Wittow, findet sich unter der Dammerde ein feiner Lehm, der mit wohlerhaltenen Schalen von Süßwassermuscheln angefüllt ist. Die Arten sind eben die in unsern Gegenden noch lebenden: Planorbis marginatus (Draparnaud, oder Helix complanata L.), Planorbis spirorbis (Müller) Limneus stagnalis (Drap.) Limneus elongatus (Drap.). Der Wall ist anscheinend auf diese Schicht aufgeworfen. Wenn man auch annimmt, daß hier das Bett eines Landsees war, dessen Umgrenzung, wie noch seit 1168 der größte Teil der Slawischen Festung, von der See, die fortwährend an den abstürzigen Ufern nagt, verschlungen wurden; so bleibt noch der Rand seines Beckens auf der nach Süd-Westen abschüssigen Ebene nachzuweisen.

Die Ostsee reißt die nach Osten vorgestreckten hohen Vorgebirge ein, den Stevensklint auf Seeland, den Speilklint auf Möen, Arcona auf Wittow, Stubbenkammer auf Jasmund, den Granitzer Ort auf Rügen und schwemmt in den westlicheren Buchten und Kanälen sandige Nährungen und Niederungen auf. Es scheint ein kreidiges Hochland in ihr untergegangen zu sein, von welchem fast nur noch westliche Abdachungen bestehen. Am Fuße der Kreidewände von Arcona und Stubbenkammer, bilden der aus der Kreide ausgewaschene Feuerstein und die großen Gerölle, die sonst auf dem Rücken des verschlungenen Landes gelegen, den Strand. Die Kreide, die an diesen Hochufern im allgemeinen eine ruhige, fast waagerechte

Lagerung zeigt, kommt auf Wittow nur an der äußersten Spitze von Arcona vor, und die übrigen Ufer des von diesem Punkte aus abfallenden Landes, zeigen nur Lehm. Es gleicht dieses Vorgebirge einem angeschwemmten Boden am Fuße eines nicht mehr vorhandenen Gebirges. Wo zu beiden Seiten die Kreide aufhört, wechselt sie, bevor sie gänzlich verschwindet, noch verschiedentlich mit dem Lehm ab, und wenn man von der Kreide aus die Uferwand verfolgt, so wird diese Wand in kurzen Zwischenräumen abwechselnd Lehm und Kreide, bevor sich der Lehm bleibend einstellt. Erdstürze verdecken die Übergänge, nach denen ich umsonst geforscht habe. Die Kreide, die auf Jasmund die größte Ausdehnung hat, kommt meines Wissens, am Granitzer Ort nicht mehr vor.

Die abweichende Lagerung des Königsstuhles auf Jasmund verdient bemerkt zu werden. Die Uferwand von Stubbenkammer weicht zu beiden Seiten dieses Felsens zurück und läßt ihn vereinzelt hervorspringen. Er hängt oben noch nur durch eine schmale Zunge mit der Küste zusammen, von der ihn die Folgezeit als einen Mönch absondern wird. Er besteht aus einem durchschnittenen Knäuel aufrecht stehender Schichten, die dem Lande eine konvexe Seite zukehren, indem sie sich in der Höhe meerwärts beugen. Von der Südostseite betrachtet, zeigt sein Profil die Krümmung dieser Schichten besonders deutlich, die gegen seinen Fuß senkrecht, ja überbogen, sich gegen seine Stirne wiederum der waagerechten Lage nähern. Die dem Meere zugewandte Kante bildet den Halbmesser der Kurven. Erdstürze zu beiden Seiten des Königsstuhles verdekken seinen Zusammenhang mit dem waagrecht gelagerten Gebirge.

Die verschiedenen ungefähren Schätzungen und Messungen, die man von der Höhe des Königsstuhles besaß, weichen voneinander zwischen den Grenzen von 360 und 600 Fuß ab, und eine zuverlässige Messung wäre noch zu wünschen. Beobachtungen, die ich mit dem *Pistorschen* Heberbarometer im Hause auf Stubbenkammer und, nach der Zwischenzeit von

	Zeit		Barometer		Thermometer		
	Juli 1823						
	Tag	Stunde	Zoll	Lin.			
Im Hause auf Stubbenkammer, 3' 9" P. über dem Boden	15.M.	7	27	8,11	13,3	13,6	11,7
Am Strande unter dem Königsstuhle 11' P. über d. Wasserspiegel N.B. Das Barometer war vor und nach dieser Beobachtung im Steigen, und zwar um 0,05''' die halbe Stunde.	–	7 1/2	28	2,08	15,9	15,9	14,2
Am Strande, wie oben	–	10	28	2,17	18,9	18,8	16,0
Im Hause, wie oben	–	10 1/2	27	8,56	19,0	17,7	14,2
Insel Iddensee am Strande bei Kloster, 1'6" über dem Wasserspiegel	16.M.	10 1/2	28	0,01	17,0	16,4	15,2
Auf dem Gipfel der Insel, 1' von der Erde	–	11 1/2	27	8,26	20,0	20,5	18,2
Am Strande, wie oben	–	12 1/4	28	0,23	20,0	17,6	18,2

einer halben Stunde, am Strande, angestellt habe, und umgekehrt, haben mir für die Erhöhung des Fußbodens dieser Häuser über dem Meere folgende Resultate gegeben:

Erste Messung 465. Zweite Messung 445. Mittel 455 Pariser Fuß. Der regelmäßige Gang des Barometers und die Übereinstimmung der Thermometer zur Zeit der ersten Messung, scheinen derselben einigen Vorzug vor der zweiten zu geben, und das Wahre möchte zwischen dem Mittel 455 und der ersten Messung 465 fallen. Ich bemerke, daß der Königsstuhl der höchste Punkt von dieser Felsenwand nicht ist; man sieht von Klein-Stubbenkammer aus den Horizont darüber hinweg; auch liegt das Haus um einige Fuß höher als die Platte des Königsstuhls.

Ich habe den höchsten Gipfel der Dünen, die den nördlichen Teil der Insel Iddensee (oder Hiddensee) bilden, den sogenannten *Dornenbusch*, der den Schiffern zum Wahrzeichen dient, auf gleiche Weise barometrisch gemessen, indem ich eine auf diesem Gipfel gemachte Beobachtung, mit zweien berechnet, die ich am Strande, die eine, eine Stunde früher, die andere, Dreiviertelstunde später, angestellt habe. Die Resultate waren: erste Messung 318, zweite Messung 324, Mittel 316 Pariser Fuß.

Ich lege zur Prüfung einen Auszug meines barometrischen Journals bei.

Anmerkungen

„*Untersuchung eines Torfmoores bei Greifswald und ein Blick auf die Insel Rügen*" erschien in der bei G. Reimer verlegten Zeitschrift „Archiv für Bergbau und Hüttenwesen" Band VIII, Heft 1, Berlin 1824.

„*Greifswald*" – Kreisstadt bei Rostock (Pommern) in einer Moorniederung.

„*Ryck*" – Fluß bei der Stadt Greifswald.

„*Wieck*" – Dorf bei Greifswald (Wieck ist an der pommerschen Küste eine gemeinsame Benennung für Bucht. AvCh).

„*Wasserstand der Ostsee*" – Die Schwelle der Norderpforte der Nicolai-Kirche ist, nach genauer Nivellierung, 12'3" Pariser Maß über dem mittleren Wasserstand des Ryckes gleich dem der Ostsee erhöht.

Die Annahme des mittleren Wasserstandes beruht auf langer Erfahrung der Beamten des Salzwerkes (AvCh).

„1 Pariser Fuß“ = 32,48 cm.

„Mächtigkeit“ — Hier und in den folgenden Angaben sind pommersche Fuß zu verstehen (AvCh). 1 pommerscher Fuß = 34,47 cm.

„Windmühlenflügel“ — Die Vorrichtung ist äußerst einfach und zweckmäßig. Die Kosten, welche durch Verlegung einer solchen Pumpe veranlaßt werden, betragen nur 2/3 Taler (AvCh).

„Wasserstand“ — Behufs der Schiffahrt sind zwei Pegel in diesem Graben errichtet, der eine bei der Saline und der andere, mit ihm korrespondierende, bei den Torfgruben (AvCh).

„Glaux maritima“ — Strand-Milchkraut.

„Scirpus rufus“ — Rote Quellbinse (Blysmus rufus).

„Aster tripolium“ — Strand-Aster.

„Scirpus maritimus“ — Strand-Simse (Bulboschoenus maritimus).

„Zostera marina“ — Gewöhnliches Seegras.

„Meermoor“ — s. Dau, Neues Handbuch über den Torf, Leipzig 1823, S. 72—74 (AvCh).

„Bunkerde“ — Natürliche Pflanzendecke, einige Dezimeter starke oberste von Wurzeln durchzogene Verwitterungsschicht; minderwertige Stallstreu oder Humusdünger für Sandboden, auch zum Auffüllen ausgestochener Moorteile.

„Sode“ — Rasenstück; ziegelförmiges, getrocknetes Stechtorfstück.

„Rhizoma Arundo Phragmites“ — Wurzelstock des Schilfs.

„Hypnum trifarium“, *„Hypnum aduncum“* — Im Moor häufig vorkommende Schlafmoosarten.

„Menyanthes trifoliata“ — Bitter- oder Fieberklee (Diese Pflanze scheint in den vielen Mooren einen gleichbedeutenden Anteil an der Torferzeugung gehabt zu haben, insbesondere in benachbarten beträchtlichen Torflagern; AvCh).

„Scheuchzeria palustris“ — Sumpf-Blumenbinse.

„Vineta“ — nach der Sage vom Meer verschlungene Stadt auf der Insel Wollin (auch Ulin, Jumne, Jumneta, Jamsburg).

„Planorbis marginatos“, *„P. spirorbis“*, *„Limneus stagnalis“*, *„L. elongatus“* — Süßwasserschnecken-Arten.

„Königsstuhl“ — Nach Rellstab 600 Fuß, Pastor Frank 500 Fuß, Hernst 420 Fuß, Zöllner (barometrische Messung im Jahr 1795) 360 Fuß und endlich nach der Messung eines schwedischen Offiziers etwa 430 Fuß. Siehe: J. J. Grümbke, neue und genaue geograph.-statist.-historische Darstellung von Rügen, Berlin 1819, S. 42 (AvCh).

(Die barometrischen Messungen erfolgten am 15. und 16. Juli 1823.)

„Über die Torfmoore bei Colberg, Gnageland und Swinemünde“

Der Ausspruch der ausgezeichnetsten Geognosten hatte der Meinung Gültigkeit verschafft, daß die Torfmoore der Norddeutschen Ebene Ablagerungen von Meerespflanzen enthielten, und ihre Entstehung entweder der allgemeinen Wasserbedeckung, unter welcher die angeschwemmten baltischen Lande sich gestalteten oder späteren Meeresfluten, die unseren Boden überspülten, zuzuschreiben sei. Diese Meinung stützte sich auf die Angabe, daß Fucus saccharinus in dem Torfe des Linumer Moores beobachtet worden sei.

Die Untersuchung dieses Moores, die ich im Jahre 1821 gemeinschaftlich mit F. *Hoffmann* und Chr. *Poggendorf* anstellte, bewies hingegen, daß der Linumer Torf auf seiner jetzigen Lagerstätte durch den Fortgang der Vegetation erzeugt worden ist, und nichts enthält, noch enthalten kann, was der See angehört habe. Es ergab sich mit großer Wahrscheinlichkeit, man müsse flachgedrückte Wurzelstöcke von Arundo Phragmites für Fucus saccharinus angesehen haben. Die Berichtigung dieses Irrtums beseitigte die obwaltenden Zweifel, und nichts widersprach mehr der Gesamtheit der Erfahrungen und Beobachtungen, nach welchen die Torflager, so die Vertiefungen unserer angeschwemmten Lande ausfüllen, ruhig, allmählich und fortwährend aus den Rückständen der Pflanzen hervorgehen, die an ihrer Oberfläche wachsen und absterben.

An der Küste der Ostsee kommen Torflager vor, deren Sole sich oft tief unter den Meeresspiegel senkt und in deren Bildungsgeschichte das Meer, ohne gewaltsame Naturumwälzungen eingegriffen haben kann. Ein solches ist das Moor bei Greifswald, das ich im Sommer 1823 Gelegenheit hatte zu untersuchen. Seine Oberfläche erhebt sich kaum über den Spiegel der Ostsee, von der es nur durch einen schmalen Sandstrich abgesondert ist, und die Mächtigkeit der Torfschicht unter demselben Niveau beträgt 10 Fuß 9 Zoll.

Dieses Torflager erweist sich gleichwohl als das Erzeugnis der gewöhnlichen Moorvegetation. Man erkennt bis zu der Unterlage desselben Rückstände von den Sumpfpflanzen und Moosen, die überall die gemeinsten Torfpflanzen sind und aufrecht auf ihren Wurzeln stehende Stubben von Kiefern und Eichen bezeichnen, in einer Tiefe von 5 Fuß unter dem Meeresspiegel, den Boden eines ehemaligen Waldes, den eine später erzeugte Torfschicht überdeckt. Von Einwirkung des Meeres zeigt sich keine Spur.

Der Anblick eines sonst bewaldeten Bodens, 5 Fuß tief unter dem Niveau der benachbarten See, ist gewissermaßen befremdend. Ich teilte diese Wahrnehmung mit, und sprach zugleich den Wunsch aus, daß andere, an derselben Küste unter ähnlichen Verhältnissen vorkommende Torfmoore, naturhistorisch untersucht und beschrieben würden, damit uns nicht die mangelhafte Kenntnis einer vereinzelten Tatsache zu voreiligen Schlüssen und Folgerungen mißleiten könne.

Das hochlöbliche Ober-Bergamt für die Brandenburg-Preußischen Provinzen forderte hierauf im Jahre 1824 über die Beschaffenheit der Königl. Torfgräbereien bei Colberg, Gnageland und Swinemünde Berichte von den örtlichen Behörden ein und befahl, von jeglichem dieser Moore Torfproben von der Erddecke an bis auf die Unterlage des Lagers einzusenden. Ich wurde mit dem Auftrage beehrt, diese Torfproben zu untersuchen. Die sie betreffenden Akten wurden mir mitgeteilt, und hier soll von den ermittelten Tatsachen Rechenschaft abgelegt werden.

I. Das Torfmoor der Saline bei Colberg

Im Osten von Colberg, zwischen der Stadt und dem Dorfe Bodenhagen, liegt ein Torfmoor, welches in verschiedenen Windungen eine Länge von mehr als einer Meile und eine mittlere Breite von ungefähr 600 Schritt hat. Der niedrigste Teil dieses Moores erstreckt sich beiläufig 3200 Schritt von West in Ost längs der Ostsee, von welcher es nur durch den

Strand und die Dünen getrennt wird. Die mittlere Breite des Uferstriches beträgt ungefähr 150 Schritt. Auf der entgegengesetzten südlichen Seite des Moores liegt der Colberger Stadtwald. Das Moor entfernt sich im Osten von dem Meere und windet sich, indem sich sein Niveau erhebt, südwärts und westwärts durch den Wald. Er soll an seinem Ursprunge, unfern der Persante, 12 Fuß über dem Spiegel der Ostsee bei niedrigem Wasserstand erhaben sein. Der Teil, der dem Strande angrenzt, liegt nur 6 Fuß 6 Zoll über demselben Niveau. Die Oberfläche des Moores ist mit Elsen-, Birken- und Kiefer-Sträuchern kümmerlich bewachsen, und das Vieh findet darauf nur eine schlechte Weide.

Die Stadt Colberg, welcher der Grund dieses wenig benutzten Torfmoores gehört, hat einen geringen, dem Strand angrenzenden Teil desselben, der Königlichen Saline abgetreten, und diese erhält von einer dort angelegten Gräberei ihren Torfbedarf. Der Wasserabzug ist durch einen Durchstich der Lehmdünen bewirkt worden. Derselbe Graben sollte zugleich zur Abschiffung des Torfes zur See dienen. Zu dem Ende ward eine höhere Schleuse mit großen Kosten, und vergeblich, aufgebaut. Das geringste Anschwellen des Meeres versandet den Abschiffungsgraben, und so dient das Werk nur zur Entwässerung. Der Torfstich wird nur in der oberen Schicht, die über dem Meeresspiegel liegt, betrieben. Die Mächtigkeit des Lagers wächst, sowohl von der Meerseite, als von der Landseite, von den Rändern des Moores gegen die Mitte desselben zu, woselbst sie 18 Fuß beträgt, von denen 11 $^1/_2$ unter dem Niveau der Ostsee liegen. Ein Teil des Uferstriches zwischen Meer und Moor besteht aus Dünen von gelbem Lehm, die mit Elsen bewachsen sind. Man hat am Fuße dieser Dünen, bis zu einer Tiefe von 96 Fuß im Lehm gebohrt, ohne aus demselben zu kommen. Ein anderer Teil des Ufers ist flach, und nur mit Sand und Geröllen überschüttet. Hier setzt das Torflager mit einer Mächtigkeit von beiläufig 2 Fuß durch die Breite des Ufers durch, und geht auf der Strandseite höher als der mittlere Wasserstand zu Tage aus. Das Ausgehende wird bei hoher See und Stürmen durch den Wellenschlag angerissen, und Torfmassen werden umher gestreut. Bohrversuche sind dem Strand entlang gegen die Stadt zu gemacht worden. Man findet den Torf überall, wo Sanddünen sind. Er liegt ungefähr 2 Fuß mächtig auf einer Sohle von Sand, die sich über den Meeresspiegel erhebt. Gewöhnlich liegt Sand zu einem oder mehreren Fuß hoch über dem Torflager. Die Wellen haben stellenweise diese Sandbecken weggespült.

Beim Anstiche des Torfes stößt man häufig, bis zur Tiefe von 6 Fuß, auf liegende Stämme von Elsen und Birken, und nicht selten auf gerollte Steine, welche denen, die am Strande liegen, völlig gleich sind. Auch Bernstein ist im Torfe gefunden worden, aber höchst selten; ein kleines Stück wurde noch in diesem Jahre in einer Tiefe von 4 Fuß angetroffen; er mag indes häufiger vorkommen, als bemerkt werden.

Zur Gewinnung von Torfproben aus der Tiefe des Lagers sind auf dem jetzt bestochenen Terrain zwei Bohreinschläge ausgeführt worden; beide auf der mittleren Breite des Moores, A gegen die östliche, B gegen die westliche Grenze der Torfgräberei. Von beiden Punkten ist aus jedem Fuß der Tiefe eine Torfprobe eingesandt worden. Die zwei Reihen bieten nur eine sehr geringe Verschiedenheit dar.

An beiden Punkten liegt die Oberfläche des Moores 6 Fuß 6 Zoll über dem Wasserspiegel der Ostsee bei niedrigem Wasserstand. Die Mächtigkeit des Lagers ist 18 Fuß, und die Unterlage von schlammigem Ton wird im 19ten Fuß der Tiefe, 11 Fuß 6 Zoll unter dem Meeresspiegel angetroffen.

Die Bunkerde, die wenige Zoll dick den nutzbaren Torf überdeckt, scheint zum Teil aus zersetztem Holze zu bestehen. Sie enthält Bruchstücke von Holz und Reisern. Der obere Torf zeigt in einer gelblichrötlichen, blaßbraunen, erdigen Masse, Pflanzenfasern, die der Verwesung widerstanden haben, und Wurzeln, unter welchen *Gräser* oder *Halbgräser* zu erkennen sind. Diese Wurzeln, senkrecht oder waagerecht, haben ihre natürliche Lage. Etliche sind, nachdem die Masse Festigkeit erlangt hatte, zusammengeschrumpft, und haben den Raum, den sie ausfüllten, leer gelassen. Das Gefüge der Masse ist an diesem Torfe durchaus nicht wahrzunehmen. Mit dem zweiten und dem dritten Fuß der Tiefe stellt sich das *Schilf* (Arundo Phragmites) ein; man trifft etliche Baumwurzeln an, häufiger aber zersetztes Holz, Bruchstücke von Holz und Reisern; es zeigen sich einzelne Samenkörner von dem *Bitterklee* (Menyanthes trifoliata); sie werden je tiefer je häufiger. Zwischen dem vierten und achten Fuß der Tiefe, nehmen die Wurzelstücke von Arundo Phragmites überhand, und werden zu dem Hauptbestandteil des Torfes. Sie sind meist, bis auf die Gelenke, flach zusammengedrückt. Die Wurzelchen derselben Pflanze oder andere senkrechte Wurzeln heften sie aneinander, verbinden sie unter sich und verhindern den Torf, sich schiefrig zu spalten. Die erdige Masse, welche die Zwischenräume ausfüllt, färbt sich je tiefer je dunkler; im 8ten Fuß der Tiefe ist sie schwarz. Im 9ten Fuß der Tiefe verliert sich Arundo Phragmites; die Masse ist schwarzbraun und dicht. Der Samen von Menyanthes trifoliata wird sehr gemein. Zersetztes Holz, Holztrümmer, Bruchstücke von Holz und Reisern bilden, bis zu der Sohle des Lagers, den Hauptbestandteil des Torfes. Man trifft sehr wenige Pflanzenwurzeln dazwischen an, desto häufiger aber den Samen von Menyanthes trifoliata, von dem man an jeder Bruchfläche die Körner glänzen sieht. Die Frucht vom *Tannenwedel* (Hippuris vulgaris), die in dem Torfe anderer Moore häufig vorkommt, ist nicht bemerkt worden. Bei A ist die Masse von dem 10ten bis zu dem 12ten Fuß der Tiefe zersetzter und dichter, und das Holz wird von dem 13ten Fuße an, bis zu der Unterlage des Lagers, weniger verändert und kenntlicher gefunden. Bei B findet das Entgegengesetzte statt. Die aneinandergepreßten Holztrümmer sind zwischen dem 10ten und 12ten Fuß deutlicher zu unterscheiden, und die schwarze Torfmasse ist tiefer hinab bis zur Sohle erdiger und gleichförmiger. Der Ton oder Schlamm der

Unterlage enthält bei A sehr bröcklige Trümmer von Süßwasser-Schnecken, unter denen das Operculum von *Paludina impura* (Lamark) erkannt worden ist. Er enthält auch verschiedenartige Samenkörner; ein sehr verkohltes Bruchstück schien der *Nymphaea lutea* anzugehören, andere waren unbestimmbar. In dem Torfe, der unmittelbar über dem Schlamme lag, zeigte sich ein Pflanzenabdruck, worin man, jedoch unzuverlässig, zwei Fiederchen von einem Farrenkraut (Aspidium) zu erkennen glaubte. Bei B enthält die Unterlage keine Schneckentrümmer, dagegen aber viele Sämereien. Es fanden sich darunter zwei Früchte von *Ceratophyllum demersum* und mehrere von zwei verschiedenen Arten der Gattung *Potamogeton.* Die eine ward für *Potamogeton* pusillus, die andere, mit weniger Gewißheit, für *Potamogeton perfoliatus* bestimmt. *Potamogeton pectinatus* (marinus) war es nicht. Ein anderes Korn schien die Nuß von *Najas marina* zu sein. Verschiedene sehr kleine Samenarten und Bruchstücke von größeren waren nicht zu erkennen. Es ist zu bemerken, daß der sehr harte und sehr kenntliche Samen von *Zostera marina* nicht darunter war, und daß sich auch keine Spur von den fast unverwüstlichen Blättern dieser Pflanze in dem Torfe gezeigt hat. Das Grundwasser ist nicht merklich salzig.

Eine eingesandte Probe von dem Strandlager zeigte einen sehr dichten und schweren schwarzbraunen Torf, von welchem die Schilfwurzeln einen wesentlichen Bestandteil ausmachen; diese Wurzeln sind sehr kenntlich, obgleich flach zusammengedrückt. Die Masse enthält auch deutliche Holztrümmer. Etliche darin gefundene Samenkörner waren Nüsse von *Scirpus palustris.*

***

Ein anderes Torfausgehendes befindet sich zwischen der Stadt Colberg und dem Ausflusse der Persante. Es nimmt eine ziemlich weite Strecke des Ufers ein, liegt um 1 bis 2 Fuß tiefer als das Ausgehende des Strandlagers in der Nähe der Torfgräberei und wird, selbst bei ruhiger See, von den

Wellen bespült. Es scheint sich in die See zu erstrecken, aber der Torf endigt nah unter dem Wasserspiegel und wird bei zunehmender Tiefe des Meeres am Grunde desselben nicht mehr gefunden. Bei hoher See und Stürmen werden häufig Massen von dieser Torfschicht abgerissen und auf den Strand geworfen.

Das sogenannte Münderfeld breitet sich zwischen der Stadt und dem Ausflusse der Persante hinter den Dünen des Ufers aus. Dieses Feld ist eine zum Teil mit Schlickzäunen versetzte Sandebene, die anscheinend durch Stürme von den Dünen her verwüstet worden ist. Man hätte hier unter dem Flugsand das Torflager zu suchen, welches am Strande in der obersten Wasserschicht zu Tag ausgeht. Man darf vermuten, daß es gleich dem des bestochenen Moores an Mächtigkeit gewinnt, indem es sich von dem Meer entfernt. Es ist jedoch zu bemerken, daß der Bohrversuch Nr. 4 auf Sole, hinter der Kirchenschanze und bei den Pfannenschmieden, in 150 Ruten oder 1800 Fuß Entfernung vom Strande, unweit des alten Salzbrunnen gelegen, folgende Schichten durchsunken hat, unter welchen sich kein Torflager befindet:

Gelben Sand	8 Fuß
Grauen Ton	20 Fuß
Weißlich-grauen Sand	48 Fuß
Brauen Ton	6 Fuß
Bläulich-grauen Ton	29 Fuß
Festen stehenden Sand	13 Fuß
Tiefe	124 Fuß

Von diesem Strandlager sind ebenfalls Proben eingesandt worden. Der Torf, aus dem es besteht, kommt mit dem des Strandlagers bei der Torfgräberei im wesentlichen überein. Die Wurzelstöcke von Arundo Phragmites erweisen sich als der Hauptbestandteil seiner Masse, die gegen die Oberfläche dunkelbraun ist, und je tiefer, je dunkler, dichter und schwerer wird. Von diesem Torfe, der im Wasser zu Boden sinkt, ist zweifelsohne der Schwimmtorf verschieden, von welchem die Schiffer große Massen in mehreren Meilen Entfernung von der Küste schwimmend antreffen, und von welchem keine Probe beschafft werden konnte. Das Torflager ruht auf einem sandigen Schlamme, der ganz mit Süßwasser-Schnecken angefüllt ist. Unter den unkenntlichen Trümmern, haben sich Planorhis imbricatus (Müll.), Cyclostoma acutum (Drapar.) und Limnaeus vulgaris (Pfeiff.) wohlerhalten gefunden.

Das Geraume Moor bei Gnageland

Das Haff, in welches die Oder sich ergießt, entladet sich durch drei Kanäle in die Ostsee. Der östliche heißt die Divenow, der mittlere die Swine, der westliche die Peene. Sie teilen den Landstrich, der zwischen dem Haffe und dem Meere liegt, in zwei Inseln, die Insel Wollin im Osten, und die Insel Usedom im Westen. Die Verbindungskanäle haben kein merkliches Gefälle, das Wasser der Ostsee dringt bei nördlichen Winden in dieselben ein, die Richtung des Windes bedingt hauptsächlich die Veränderungen des Wasserstandes, und das mittlere Niveau des Haffes wird nicht für verschieden von dem der Ostsee angenommen.

Das Haff bildet im Südosten, da wo es die Oder aufnimmt, eine Bucht, die das Papenwasser genannt wird. Dessen östliches Ufer ist Marschland gegen die Mündung des Flusses zu. Dort liegt, mitten unter Brüchen, das beträchtliche Torfmoor von Gnageland, welches für Königliche Rechnung bestochen wird. Dieses Moor, benannt das Geraume Moor, hat einen Flächeninhalt von mehr als 3000 Preußischen Morgen. Sein Umkreis ist ziemlich abgerundet, sein größter Durchmesser ist von Ost in West. Das Ufer des Papenwassers ist, im Westen des Moores mit Schilf bewachsen, ein schmaler Streif des Uferlandes wird als Wiese benutzt; und zwischen den Wiesen und dem eigentlichen Moor zieht sich noch ein Saum von Brüchen oder Heiden hin, wo Kiefern, Birken und Elsen auf niederem Torfgrund kümmerlich stehen. Der geringste Abstand zwischen dem Moore und dem Papenwasser beträgt 80 Ruten. Im Norden des Moores liegen Brüche, und fernerab Wiesen, die von der Stepnitzer Bucht (einem Busen des Papenwassers) begrenzt werden. Gegen Nordosten und Osten liegt das feste Land der hohen Heide von Stepnitz. Man trifft hier grobkörnigen Sandgrund und das eigentliche Ufer des Marschlandes an; die Kiefern wachsen nie auf demselben zu ihrer vollen Höhe, sie bleiben zwerghaft auf dem Torfgrunde. Das Moor wird in seinem übrigen Umkreis von Brüchen begrenzt und von Wiesen und Hütungen, die den Überschwemmungen noch ausgesetzt sind. Die Krampe fließt auf der Südseite westwärts durch die Niederungen, und ergießt sich in das Papenwasser bei Gnageland. Dieses Erbzinsgut liegt auf einer Sandscholle, die gleichsam inselartig aus dem Marschland hervorragt. Die mit Kiefern, Birken und Elsen bewachsenen Brüche sind fast unzugänglich, und Gnageland steht hauptsächlich nur durch das Papenwasser in Verbindung mit Stepnitz und dem nächsten festen Lande.

Die größte Erhöhung des Moores befindet sich ungefähr in dessen Mitte. Sie beträgt 9 Fuß 9 Zoll über den mittleren Wasserstand, und der Boden fällt von diesem Rücken nach allen Richtungen ab, sowohl nach dem hohen Land des Stepnitzer Forstes im Osten, als nach dem Papenwasser im Westen.

Das Moor ist zum Teil mit krüppelichen *Kiefern* bewachsen. Den Kiefern sind *Espen, Birken, Elsen, Weiden* (Salix acuminata Hoff.) und *Ebereschen* (Sorbus aucuparia) untermischt. Der *Sumpfporst* (Ledum palustre) bildet vorzüglich das Unterholz, auch der gemeine *Gagel* (Myrica Gale) kommt vor, *Himbeersträucher* (Rubus idaeus) finden sich nur hie und da. Die Umgegend der Torfgräberei ist hauptsächlich mit *Heidekräutern* (Calluna vulgaris und Erica tetralix), *Wollgras* (Eriophorum vaginatum L., angustifolium Roth), *Moosen* (Sphagnum) und *Flechten* (Lichen rangiferinus) überzogen. Die

Moosbeere (Vaccinium oxycoccoos und die *poleiblättrige Andromede* (Andromeda polifolia) stehen überall; man findet auch die *Rauschbeere* (Empetrum nigrum); die *Heidelbeere und Sumpfheidelbeere* (Vaccinium myrtillus und uliginosum) sind nicht häufig, und die *Preißelbeere* (Vaccinium vitis-idaea) wächst nur auf einzelnen höheren Punkten. Der *Sonnentau* (Drosera) findet sich an nassen Stellen ein, die sträußige *Lysimachie* (Lysimachia thyrsiflora) ist in den Vertiefungen und an den Gräben sehr häufig, der *Tannenwedel* (Hippuris vulgaris) kommt vor, und das *Weidenröslein* (Epilobium angustifolium) wächst vorzüglich in den ausgetorften Gründen. Durch Düngung und Kultur lassen sich verschiedene Gartenfrüchte, Kartoffeln, Kohlrüben, Rüben u. a. auf dem Torfmoor erziehen.

Der Torfstich wird mit einfachem Abbau zu 9 bis 11 Klemmen nur zu der Tiefe von 3' 9" bis 4' 7" betrieben. Die Mächtigkeit der Torfschicht war noch unerforscht. Um Torfproben aus der größten Tiefe des Lagers zu gewinnen, wurden drei Schächte auf verschiedenen Punkten des Moores abgeteuft. Beikommende Tabelle gewährt den Überblick derselben und ihrer Ergebnisse (s. S. 131).

Man kann hieraus abnehmen, daß die Sohle, auf welcher der Torf ruht, von dem hohen Lande aus gegen das Papenwasser abfällt. Die Beschaffenheit des Ufers, die Tiefe des Wassers längs demselben, und die Natur des überflossenen Grundes sind nicht näher untersucht worden.

Der Torf, zu dessen Betrachtung wir uns wenden, wird von keiner Bunkerde überdeckt. Der Rasen wird nur vor der ersten Klemme abgestochen. Oben kommt bis zu der Tiefe von 3' 1" bei A, 3' 10" bei B, 4' 10" bei C, dies ist an allen drei Punkten bis zu 5' 2" über dem Niveau des Papenwassers, ein gelber, leichter, schwammiger Moostorf vor, in welchem die Überreste von *Eriophorum, Scirpus* und von anderen Halbgräsern und Gräsern, als flachsähnliche Faserbündel zu erkennen sind. Man findet das noch zusammenhängende Wurzel-

	A 1ster Schacht in 400 Ruten Entfernung von dem Papenwasser am Ausfluß der Krampe.		B 2ter Schacht in 520 Ruten Entfernung von demselben Punkt.		C 3ter Schacht in 620 Ruten Entfernung von demselben Punkt. N.B. Auf dem höchsten Rük- ken d. Moores.	
	Fuß	Zoll	Fuß	Zoll	Fuß	Zoll
Höhe der Oberfläche des Moores über d. mittleren Niveau des Papenwassers	8	3	9	0	9	9
Mächtigkeit des Torflagers	20	0	16	0	14	0
Tiefe der Sohle unter dem mittleren Niveau des Papenwassers . . .	11	9	7	0	4	3

ende dieser Bündel in der ursprünglichen Lage. Das obere hingegen waagrecht zwischen den Lagen des Mooses hingestreckt oder faltig zusammengepreßt. Die Wurzelchen dieser Halbgräser und Gräser dringen in senkrechter Richtung durch die Lagen des Mooses und verbinden sie untereinander. Sie verhindern den Torf, sich schiefrig zu spalten, wozu er stellenweise die Neigung zeigt. Wurzeln von Heiden und Untersträuchern, dergleichen noch auf dem Moore wachsen, finden sich diesem Moostorf beigemengt, ohne jedoch einen beträchtlichen Teil seiner Masse auszumachen. Den Berichten nach werden Stubben und Wurzeln von Kiefern in der Tiefe von 1 bis 4 Fuß angetroffen, aber keine starken Stämme und keine Holzlager; Bruchstücke, etliche Zoll dick, wenige Fuß lang, gehören schon zu den Seltenheiten. Die Stubben sind nicht gleich häufig in allen Gegenden des Moores, sie sind meist nur klein, und man hat noch keine von zwei Fuß Dicke gefunden. Lagen von kleinen eingesprengten Holzkohlen, kommen in einer Tiefe von 1' 6 bis 9" vor, und sind in der dritten Parallele der Torfgräberei, dies ist die Gegend, wo der 2te Schacht B abgeteuft worden, besonders häufig. Die Sage hat sich erhalten, daß in alten Zeiten, als das Moor noch dem St. Marienstift zu Stettin gehörte, ein großer Teil desselben gebrannt habe, und so von Wald entblößt worden sei. Die Torfgräberei wurde erst 1787 angelegt. Das sogenannte Ortmoor, ein kahles Moor im Nordwesten der Torfgräberei, heißt im gemeinen Leben schlechtweg nur der Brand, welche Benennung auch von einem späteren Brande herrühren kann, welcher dort gewütet hat. Im Jahre 1820 wurden, auf Antrag des Herrn Ober-Torfmeisters Hoffmann, Nachweise über die Epoche jenes älteren Brandes in den Archiven des Marienstiftes gesucht. Die Akten erwähnen nur einen beträchtlichen Brand, welcher im Jahre 1759 in der Krampe, einem Holzrevier, das jetzt den Namen Ehrenthal führt, statt gehabt hat. Das Feuer verbreitete sich strichweise aus dem Königl. Stepnitzer Moor über das Holz, und stiftete den mehrsten Schaden oberwärts der Heide an der Königl. Grenze an, da wo man kaum zu Fuß durch den Bruch dringen kann. Der Umfang und die Grenzen der Brandstätte werden nicht genauer angegeben. Den Behörden schien der Zeitraum von 61 Jahren zu der Erzeugung einer Torfschicht von 1 Fuß 6 oder 9 Zoll zu kurz zu sein. Es ward angenommen, daß die Feuerspuren, die man in der 3ten und 4ten Klemme des Torfstiches bemerkt, aus viel früherer Zeit herrührten, und der Brand von 1759 der spätere sei, dem das Ortmoor seine volkstümliche Benennung verdanken könne.

Die ältesten Beamten der Gräberei erinnern sich nicht, daß man je, außer dem Holze und den Kohlen, fremde Körper, als Tierknochen, Steine u. a. im Torfe gefunden habe.

Die eingesandten Torfproben aus dem ersten Schachte A haben zwei deutliche Brandstellen übereinander in den Tiefen von 1 Fuß und von 2' 4" gezeigt. Die Proben aus dem 2ten und 3ten Schachte B und C enthielten nichts Ähnliches. Bei B kam in der Tiefe von 4 Fuß eine Torfader vor, deren Bestandteile fast keine Veränderung erlitten hatten, und worin *Sphagnum obtusifolium* und *acutifolium* (Ehrh.), *Mnium palustre* (L.) und *Vaccinium oxycoccus* deutlich zu erkennen waren. Eine Kienwurzel und ein Kienzapfen lagen fast unmittelbar darüber.

Der Torf, der unter dem gelben liegt, ist dunkler gefärbt, dichter und schwerer; seine Bestandteile haben einen höheren Grad der Zersetzung erlitten. Das Gefüge der Moose, der Gräser, und der Wurzeln von Heiden und Untersträuchern ist stellenweise in ihm nicht zu verkennen. Die Masse nimmt, wo diese Wurzeln ihren Hauptbestandteil ausmachen, eine rötliche, purpurschimmernde Farbe an. Solcher rotbrauner Heidetorf kommt in verschiedenen Tiefen vor, namentlich bei A 3 Fuß unter dem Niveau des Papenwassers und bei C zwischen 8" und 2' 3" unter demselben Niveau. Das Schilf (Arundo Phragmites), von dem im oberen gelben Moortorf keine Spur zu finden ist, stellt sich bei B und C gleich mit dem braunen Torfe ein. Bei A kommt es erst mit der 22sten Klemme, 9' 22" unter der Oberfläche des Moores, oder 11 Zoll unter dem Niveau des Papenwassers, vor. Es macht einen wesentlichen Bestandteil des Torfes bis zu der Sohle des Lagers aus, und wird besonders häufig und wohlerhalten in dem unteren Teile desselben angetroffen. Es bildet Splittlager darin, und die Masse verliert den Zusammenhang, den der Bestich erfordert.

Bei A fand sich die Torfmasse nur bis zu der Tiefe von 11' 9" unter der Oberfläche, oder 3' 4" unter dem Niveau des Papenwassers fest und haltbar; die letzte Klemme war rotbrauner Heidetorf. Man senkte sich noch 2' tiefer in einen steifen, braunen, von Schilfwurzeln durchwachsenen Torfmoder; das Wasser drang in die Grube ein. Als man in diesem Moder eine dünne Stange bis auf den Grund gebohrt, und wieder herausgezogen hatte, sprudelte das Grundwasser durch das Bohrloch mit Macht herauf. Die Proben des tiefer liegenden unhaltbaren Torfes, und der Unterlage des Lagers, wurden mit dem Bohrer heraufgebracht. Bei B und C ward der Torf bis auf die letzten 2 Fuß der Tiefe, fest und haltbar gefunden. In diesen letzten 2 Fuß war die Torfmasse von Schilf- und Splittlagern durchschossen, brüchig und zum Stiche nicht geeignet. Das Wasser sprudelte ebenfalls herauf, als man den Bohrer, womit man den Grund untersucht hatte, heraufzog.

Verschiedene Sämereien sind in dem tieferen braunen Torfe, besonders in dem der Schächte A und B, gefunden worden. Sieben Arten ließen sich unterscheiden; die erhaltenen Proben, Bruchstücke oder einzelne halb verkohlte und unkenntliche Körner, waren aber meist unbestimmbar. Am häufigsten waren die zwei Arten, die auch in dem Torfmoor zu Linum die gemeinen sind: der Samen von *Menyanthes trifoliata,* und der von *Hippuris vulgaris.* Dieser letzte ist, halbzerstört, wie er im Torfe vorkommt, schwer zu erkennen. In dem Aufsatz über das Linumer Moor ist seiner als unbestimmbar erwähnt worden; die aus dem Gnagelander Torf erhaltenen Proben haben obige Bestimmung mit Zuverlässigkeit zu begründen erlaubt. Beide Arten kamen in verschiedenen Tiefen vor, die mehrsten Körner wurden aus dem Torfmoder bei A ausgelesen.

Unter dem Torfe liegt bei B ein grobkörniger, loser Sand, bei A und C ein sandhaltiger Ton, der kleine Steinchen und Bruchstücke von Kreide enthält. Diese Masse, die an der Luft erhärtet, braust mit Essigsäure nicht auf. Die Unterlage ist zunächst dem Torf und etliche Zoll tief durch Kohlenstoff geschwärzt und mit Pflanzenteilen untermischt. Das Grundwasser ist süß und wird klar, wenn es gestanden hat, und die torfigen Teile, die es trüben, sich zu Boden gesenkt haben.

Das Torfmoor bei Swinemünde

Das Königliche Torfmoor bei Swinemünde auf der Insel Usedom nimmt einen Flächenraum von ungefähr 1500 Morgen ein. Es liegt zwischen dem Kalkberg im Norden und dem Golmberg im Süden, wird von Dünen der Ostsee umschlossen, und hat seinen Abfluß in das Haff durch eine Schlucht, die südöstlich nach dem Dorfe Taminken führt. Der Kalkberg besteht aus mildem hellbraunem Ton, in welchem 1 1/2 bis 2 Lachter tief unter dem Rasen, Kreide- und Feuerstein-Nieren eingemengt sind. Der Golm, einer der höchsten Berge der Insel, besteht aus eisenschüssigem Ton. An seinem östlichen Fuße kommt ein magerer, stückiger, trockener Mergel vor, welcher der Kreide gleicht und abfärbt.

Das Bett, worin der Torf eingelagert ist, liegt stellenweise tiefer als der Wasserspiegel der Ostsee. Der Grund besteht gegen Nordwesten aus blauem Ton und gegen Südosten aus Sand. Etliche Sandhügel ragen auf dieser Seite aus dem Moor hervor. Man findet in der untersten Torfschicht, unmittelbar auf der Sohle des Lagers, eine Menge liegender Baumstämme, die gleichsam die Tiefe des Bettes in einer Höhe von 2 Fuß ausfüllen. *Buchen, Birken, Elsen, Kiefern* und *Eichen* kommen vor. Letztere sind öfters von ausgezeichneter Größe; man findet darunter Stämme von 24 Fuß Länge und 2 Fuß Durchmesser.

Die Oberfläche des Moores ist mit Moos, Heidekraut, Wollgras (Eriophorum), Sumpfporst (Ledum palustre) und krüppelhaften Kiefern bewachsen. Der Torf kommt unmittelbar unter dem Rasen vor, und wird von keiner Bunkerde überdeckt.

Die Torfgräberei nimmt die nordöstliche Seite des Moores ein. Sie liegt ungefähr 1/8 Meile von Swinemünde, 1/2 von Taminken, 1/2 von Garz, 2000 Schritt von dem Golm und 300 von dem Kalkberg.

Von zwei verschiedenen Punkten des jetzt bestochenen Terrains wurden Torfproben zur Untersuchung eingesandt.

A. Auf der Nordwest-Seite der Torfgräberei, woselbst:
Die Höhe der Oberfläche des Moores über dem Wasserspiegel der Ostsee = ... 8' 5 5/8
Die Mächtigkeit des Torflagers = ... 8. 4.
Die Höhe der Unterlage über dem Wasserspiegel der Ostsee = ... 0. 1 5/8 "
und der Grund blauer Sand ist.

B. Auf der Südost-Seite der Torfgräberei, woselbst:
Die Höhe der Oberfläche des Moores über dem Wasserspiegel der Ostsee . . . . 9' 7 5/8
Die Mächtigkeit des Torflagers = ... 12. 0.
Die Tiefe der Unterlage unter dem Wasserspiegel der Ostsee = ... 2. 4 3/8 "
und der Grund Sand ist.

Ein leichter, gelber Moostorf, welcher dem des Moores bei Gnageland vollkommen gleicht, bildet die obere Schicht. Er besteht, wie jener, aus Moosen und aus Faserbündeln, welche die Rückstände von Eriophorum und anderen Halbgräsern und Gräsern sind. Unzersetzte Wurzeln von Bäumen und von Untersträuchern kommen darin vor; Überreste von Käfern haben sich darin gezeigt. Dieser Moostorf hat bei A 6' 3", bei B 5 Fuß Mächtigkeit.

Darunter liegt ein rötlichgelber, leichter Torf, der hauptsächlich aus Baumwurzeln und Holz besteht. Tiefer wird die Masse dichter, schwerer, brauner; ihre Bestandteile sind dieselben, bis auf die Wurzelstöcke von Arundo Phragmites, die sich darin einfinden. Die Nässe hat mehr eingewirkt, das Holz und das Schilf sind stellenweise sehr verändert und wie verkohlt. Der obere leichtere, und der tiefer liegende dichtere Holztorf, haben bei A zusammen genommen 1' 3" Mächtigkeit. Sie bilden bei B zwei Schichten von gleicher Stärke, die zusammen 2' 6" der Tiefe einnehmen.

Unter dem Holztorf findet sich bis zu der Sohle des Lagers eine schlammige braune Torferde, die sich beim Austrocknen stark zusammenzieht, und zugleich sehr hart wird. Man erkennt in dieser Masse nur Schilfwurzeln, die stellenweise einen starken Grad der Verkohlung erlitten haben. Ein Stückchen Holz, welches sich bei B unmittelbar auf der Unterlage fand, war ganz verkohlt.

Die eingesandten Proben von der unteren Torfschicht enthielten keine Sämereien. Ein einzelnes Korn, anscheinend die Nuß einer Segge (Carex), fand sich bei B in einer Tiefe von 8 Fuß unter der Oberfläche des Moores. In dem Sande und dem Tone der Unterlage haben sich weder Muscheln noch Sämereien gezeigt.

***

Ein Blick auf die Karte macht nun anschaulich, daß die Ostsee ihr Dünenufer, dessen Umriß sich in sanften Biegungen zieht, auf dem überflossenen Fuß des abfallenden Landes unterworfen, und auf der Landseite dieses natürlichen Dammes Niederungen zurückgelassen hat, die unter der Flutlinie liegen, und das Bett von Süßwasserseen, Brüchen und Mooren geworden sind. Die Haffe sind die größeren dieser Becken; die Nährungen, das vorliegende Ufer. Alle niedrigen sandigen Küsten bieten eine ähnliche Erscheinung dar. So sind in der Nordsee bei Inseln, die sich von dem Texel bis zu der Mündung der Elbe erstrecken, Rudimente eines solchen Ufers oder Bruchstücke einer Nährung, hinter welcher das Meer noch spült, und der Zuyder-See entspricht den Haffen der Ostsee.

Das Becken, welches nun von dem Torflager des Colberger Moores ausgefüllt wird, war ursprünglich ein Süßwasser-See, auf dessen Grund *Ceratophyllum demersum, Potamogeton pusillus, Najas major* (Roth)?, *Nympaea lutea*? und ähnliche Pflanzen in einer Tiefe von 11 Fuß 6 Zoll wuchsen, und in welchem Süßwasser-Schnecken, *Paludina impura* (Lamark), lebten. Die Umgegend war, wie sie noch jetzt ist, bewaldet; die Landwasser, die den See speisten, flößten viele Holztrümmer in denselben hinab. Sumpfpflanzen, *Menyanthes trifoliata*, siedelten sich auf dem schwimmenden Holze an. Die

Vegetation begann auf der Oberfläche des Wassers und ward in der Tiefe unterbrückt. Holztrümmer und Sumpfpflanzen bildeten über dem Wasser die erste Torfrinde, die aus dergleichen Bestandteilen fernerhin anwuchs, und in demselben Maße, durch ihr zunehmendes Gewicht, hinabgezogen ward. Das Schilf, *Arundo Phragmites,* nahm erst überhand, als die Torfschicht eine beträchtliche Dicke erlangt hatte, und verlor sich wieder, als die erhöhte Oberfläche trockner geworden war. Das Bett der Seen ward allmählich und von oben hinab ausgefüllt, und in ein Torflager umgewandelt.

Bei hoher See und Stürmen rollte das Meer Geschiebe und Bernstein über das schmale Ufer auf das Moor, ohne der Torfbildung wesentliche Bestandteile zuzuführen, und ohne ihren Fortgang zu unterbrechen. Diese Fluten scheinen erst in späteren Zeiten eingetroffen zu sein. Man hat ihre Spuren nur in den oberen Torfschichten beobachtet: die tieferen sind freilich nur mangelhaft aus den Abwässerungsgräben und aus Bohrversuchen bekannt.

Der Uferstrich war einst breiter als jetzt. Sein Rücken, den das Meer wieder verschlungen hat, erhob sich seewärts von dem Torfausgehenden des Strandes, und begrenzte den sumpfigen Boden, auf welchem *Arundo Phragmites, Scirpus palustris,* und andere Pflanzen wuchsen, aus deren Rückständen diese Torfschicht entstanden ist.

Zwischen der Stadt Colberg und dem Ausflusse der Persante hat ein gleiches Eingreifen des Meeres auf das Land stattgefunden, und das Torflager, welches dort unter Wasser ausgeht, hatte das Bett eines von dem Meer abgesonderten Sees oder Sumpfes ausgefüllt, worin *Planorbis imbricatus* (Müll.), *Cyclostoma acutum* (Drap.), *Limnacus vulgaris* (Pfeif.) und andere Schnecken früher gelebt hatten.

Im Greifswalder Moor hat die Torfbildung ebenfalls an der Oberfläche des stehenden Wassers begonnen, dessen Bett sie von oben hinab ausgefüllt hat. Conferven und Moose bildeten, von den Ufern aus vorschreitend, die erste pflanzliche

Decke über dem Wasser. *Scheuchzeria palustris,* deren Samen man noch in dem Schlamme des Grundes antrifft, fand sogleich in dem lockeren Moosgewebe sich ein, und ihr folgten bald *Menyanthes trifoliata* und andere Pflanzen. Der Fortgang der Vegetation verdichtete die schwimmende Rinde, die sich in eben dem Maße senkte, als sie an Mächtigkeit gewann. Der Boden, in welchem man jetzt Baumwurzeln und Stubben, 4 bis 5 Fuß tief unter dem Meeresspiegel antrifft, war über dasselbe Niveau erhoben, als ihn noch der Wald beschattete. Damals war die 4 bis 5 Fuß starke untere Torfschicht lockerer als jetzt und füllte die ganze Tiefe aus, oder sie schwamm noch über dem Grundwasser. Die Last des nachgewachsenen Torfes hat diesen Boden zu der Tiefe, die er jetzt einnimmt, niedergedrückt.

Bei Gnageland scheint die Torfbildung den weiten Umfang einer seichteren Bucht des Papenwassers ausgefüllt zu haben. Die Sandscholle, auf welcher Gnageland am Rande des offen gebliebenen Wasserbeckens mitten unter den Brüchen ragt, möchte vielleicht der höchste Rücken einer weiter sich erstreckenden Sandbank sein, die, durch die Strömung der Oder bedingt, zwischen dieser und dem stehenden Wasser eine Scheide bildete. Diese Untiefe würde sodann die Grenze des Sumpfes und der Torfbildung geworden sein, und das jetzige Ufer des Papenwassers mußte derselben entsprechen. Im Röhricht, welches das Ufer umsäumt, geht vermutlich die Torfbildung unter dem Wasser aus.

Wir beschränken uns auf die Betrachtung der ermittelten Tatsachen. Der Grund, an drei verschiedenen Punkten untersucht, scheint von dem hohen Lande nach dem Papenwasser abzufallen. Die größte erforschte Tiefe, in 400 Ruten Entfernung vom Ufer, beträgt 11' 9" unter dem Wasserspiegel. Das *Schilf* (Arundo Phragmites) kommt in einer großen Wassertiefe vor, besonders da, wo das Geflechte seiner weitkriechenden Wurzelstöcke von seichteren Ufern ausgeht und vorschreitet. *Hippuris vulgaris* wächst ebenfalls in tiefen Seen.

Menyanthes trifoliata erhält sich an der Oberfläche auf den abgestorbenen und schwimmenden Halmen zwischen dem Röhricht. Diese und sonder Zweifel viele andere Wasser und Sumpfpflanzen, sowohl solche, die sich aus großer Tiefe erheben (*Potamogeton, Ranunculus* u. a.), als solche, die über dem Wasser schwimmen (*Stratiotes aloides* u. a.), erzeugten aus ihren Rückständen den unteren Torfmoder, der allmählich das Bett des Wassers ausfüllte, und worauf sich sodann andere Gewächse ansiedelten, die den schlammigen Boden mit dichterer und festerer Rinde benarbten. Das Geraume Moor in seiner jetzigen Gestalt ist ein wohlbezeichnetes Hochmoor (s. J. Dau), welches sich auf dem Sumpfmoor erhoben hat. Es ist zu bemerken, daß Torfschichten, die sich höher als der Wasserstand gebildet haben, von dem späteren Anwuchs belastet, die schlammige, halbflüssige Masse der Tiefe zusammengepreßt und sich beträchtlich gesenkt haben. Die Heiden und Moose, die man noch 3' 4" unter dem Wasserspiegel antrifft, sind in solcher Tiefe nicht gewachsen. *Arundo Phragmites* erhielt sich noch eine Zeitlang unter der Hochmoor-Vegetation, und verlor sich erst, nachdem der Anwuchs des Torfes die Oberfläche beträchtlich erhöht hatte.

Das Bett, worin der Torf des Swinemünder Moores gelagert ist, senkt sich nur stellenweise zu einer geringen Tiefe unter dem Meeresspiegel. Diese Tiefe, an einem der untersuchten Punkte, beträgt 2' $4^{3}/_{8}$". Das Becken ist an der Meerseite von Anhöhen umringt und offen gegen das Haff. Die tiefere Schicht des Lagers besteht hauptsächlich aus liegenden starken Baumstämmen, die vielleicht durch eine hohe Flut aus dem Haff hierher geflößt wurden, vielleicht auch in diesem Grund, oder auf den ihn umkränzenden Höhen gewachsen sind. Eine gewöhnliche Sumpf- und Moorvegetation setzte die Torferzeugung auf dem Hochmoore fort, und allmählich wuchs das Lager zu seiner jetzigen Mächtigkeit an.

Das Meer hat an der Torfbildung der Moore und Strandlager, die wir betrachtet haben, keinen Anteil gehabt. Diese

Bildung stimmt mit der vieler Moore des Binnenlandes vollkommen überein und setzt keine Veränderung der Höhenverhältnisse des Bodens zur Meeresfläche voraus.

Anmerkungen

„*Über die Torfmoore bei Colberg, Gnageland und Swinemünde*“ erschien im „Archiv für Bergbau und Hüttenwesen“, Bd. 11, 1826. Den Auftrag erhielt Chamisso durch die beiden Berliner Professoren F. Hoffmann (Mineraloge) und Ch. Poggendorf (Physiker). Diese Mooruntersuchungen setzten einem damaligen Gelehrtenstreit ein Ende. Der Satz Chamissos „wir beschränken uns auf die Betrachtung ermittelter Tatsachen“ ist charakteristisch für den Naturwissenschaftler. – Seit der Veröffentlichung wurden diese Abhandlungen weder in einer Werkausgabe aufgenommen, noch in einem Moorkunde-Handbuch darauf verwiesen. Wilhelm Bersch schrieb (Mitt. Verein z. Förderung der Moorkultur im Dt. Reich“, 32. Jg., 1914) in seinem Porträt „Chamisso als Moorforscher“: „Er war der erste, der so plastisch die verschiedenen Moorschichten dargestellt hat.“ Auch heute noch kennt man Sand-, Schilf-, Bruchwald-, Kieferwaldtorf mit Stubben, Scheuchzeria- und älterer Sphagnum- und jüngerer Sphagnumtorf, Hochmooroberfläche mit Heide- oder Wollgrasbulten.

(Anmerkungen in (. . .) sind von Chamisso.)

Zu Torfmoor „*Colberg*“

„*Fucus saccharum*“ – Meeralge (= Laminaria saccharina).

„*Arundo phragmites*“ – Schilfrohr (= Phragmites australis).

„*Persante*“ – Fluß bei Colberg.

„*Elsen*“ – Erlen (Schwarzerlen).

„*Operculum von Paludina impura*“ – Deckel von der Süßwasserschnecke P. i.

„*Ceratophyllum demersum*“ – Rauhes Hornblatt.

„*Nymphea lutea*“ – Gelbe Teichrose (= Nuphar lutea).

„*Potamogeton*“ – Gattung der Laichkräuter.

„*Potamogeton pusillus*“ – Zwerg-Laichkraut; „*Potamogeton perfoliatus*“ – Durchwachsenes Laichkraut; „*Potamogeton pectinatus*“ – Kamm-Laichkraut.

„*Najas marina*“ – Meer-Nixenhaut, Großes Laichkraut.

„*Zostera marina*“ – Gewöhnliches Seegras.

„*Scirpus palustris*“ – Gewöhnliche Sumpfbinse (= Eleocharis palustris).

„*Rute*“ – Längenmaß, schwankte von 2,8–5,3 m; 1 Rute meist 12 Fuß.

„*Planorbis imbricatus*“, „*Cyclostoma actum*“, „*Limnaeus vulgaris*“ – Süßwasserschnecken-Arten.

„*Schwimmtorf*“ – (Es scheint nicht, daß man mit einem achtbaren Gelehrten, dem Herrn Ober-Bergrat Schultz annehmen dürfe, daß dieser Schwimmtorf am Meeresgrunde entstanden sei. Eine Masse, die leichter als das Wasser ist, möchte sich nicht wohl unter dem Wasser erzeugen können. Das meerüberflossene Torflager bei Trelleborg, das Moor bei Tornyholm, über welchem sonst mit der Reuse gefischt wurde, und wo jetzt Torf gestochen wird, [s. Fischerström in den Abh. der Schwedischen Akademie für 1781, S. 255 u. f. der Übersetzung von Kästner] und die Fischernachrichten von Torfgründen, wo sie die Anker zu werfen vermeiden, verdienen in hohem Maße die Aufmerksamkeit der Naturforscher. Es bleibt noch vieles zu untersuchen, und das Urteil darf der Beobachtung nicht vorgreifen.)

„*Gnageland*“ – Nähe Swinemündung.

„*preußischer Morgen*“ – Flächenmaß 25,532 a.

„*Elsen*“ – Erlen, meist Schwarzerlen.

„*Heidekraut*“ – auch Besenheide (Calluna vulgaris).

„*Hütung*“ – Weide zum Hüten.

„*Salix acuminata*“ – Asch-Weide (= S. cinerea).

„*Vaccinium oxycoccos*“ – Gewöhnliche Moosbeere (= Oxycoccus palustris).

„*Andromeda polifolia*“ – Rosmarinheide.

„*Lysimachia thyrsiflora*“ – Strauß-Gilbweiderich.

„*Klemme*“ – Schicht (Bergmannssprache).

„*Eriophorum*“ – Wollgras.

„*Scirpus*“ – Sumpfbinse, (= Eleocharis).

„*Halbgräser*“ – Riedgräser, Sauergräser (Cyperales).

„*Sphagnum*“ – die beiden häufigen Torfmoos-Arten.

„*Mnium palustre*“ – Sumpf-Sternmoos.

„*Kienwurzel, -zapfen*“ – von einer Kiefer (Pinus sylvetris) stammend (Literaturhinweise: W. Schulz: Geognostische Beiträge; Berichte der Kgl. Torffaktorei zu Gnageland; Vermessungen von F. Hoffmann; J. H. Ch. Dau, Neues Handbuch über Torf, 1823).

„*Swinemünde*“ – an der Mündung der Swine; einst befestigter Seehafen vor Stettin (Pommern).

„*Lachter*“ – altes bergmännisches Längenmaß, etwa 2 m.

„*Nährung*" – Aufschüttung.

„*Ceratophyllum demersum*" – Rauhes Hornblatt.

„*Potamogeton pusillus*" – Zwerg-Laichkraut.

„*Najas major*" – Großes Nixenkraut (= N. marina).

„*Nymphea lutea*" – Gelbe Teichrose, Mummel (= Nuphar lutea).

„*Menyanthes trifoliata*" – Bitter- oder Fieberklee.

„*Arundo phragmites*" – Schilfrohr (= Phragmites australis).

„*Scirpus palustris*" – Gewöhnliche Sumpfbinse (= Eleocharis palustris).

„*Planorbis imbricatus*", „*Cyclostoma acutum*", „*Limnaeus vulgaris*" – Süßwasserschnecken-Arten.

„*Conferven*" – Confervales, alte Bezeichnung für die 2. Klasse der Grünalgen *Ulotrichales.*

„*Scheuchzeria palustris*" – Sumpf-Blumenbinse.

„*Hippuris vulgaris*" – Tannenwedel.

„*Potamogeton*" – Laichkraut.

„*Ranunculus*" – Hahnenfuß.

„*Stratiotes aloides*" – Krebsschere, Wasseraloe.

Kapitel VII

„Ansichten von der Pflanzenkunde und dem Pflanzenreiche“

„Wir werden wie der unparteiische Jurist verfahren, die Frage feststellen und die betreffenden Tatsachen aufzählen. – Wir müssen die Natur fragen, ob es sei oder nicht sei. – Wer mit vorgefaßter Meinung beobachtet, der gibt sich der Täuschung hin.“

„Ein vielfältiges Band wechselseitigen Bedürfnisses verbindet untereinander alle Geschöpfe und läßt die Einheit der Natur aus der Vielheit der Erzeugnisse hervorgehen. Das Bestehen jeder Art beruht auf dem Bestehen vieler anderer Arten; jede wird durch andere erhalten, durch andere beschränkt und erhält und beschränkt hinwiederum andere.“

Erica chamissonis Klotzsch; Samenanlagen (1); einzelne Blüte (2); Kelch, Staubgefäße; Griffel u. Narbe (3); Staubblatt mit Pore, seitlich (4); Staubblatt mit beiden Theken (5); Fruchtknoten mit Griffel und Narbe (6); Blattstellung (7).
Vorkommen: Südafrika. Erstbeschreibung in „Linnaea" Bd. IX

„Ansichten von der Pflanzenkunde und dem Pflanzenreiche"

Zur Erd- und Naturgeschichte – fossile Pflanzenarten – Torf – Einteilung des Tierreichs – Über Tierpflanzen und Pflanzentiere – Einteilung des Pflanzenreichs – Die Organe der Blütenpflanzen – Über die Geschlechtlichkeit; Bestäubung und Befruchtung – spitzkeimende und zweiblättrig-keimende Pflanzen – Zahlenverhältnisse – freiwillige Erzeugung (generatio aequivoca)? – Verwandlung der Arten? – Artenkonstanz – Pflanzen im Haushalt der Natur – pflanzliches Leben, Bedingung des tierischen – Wechselbeziehung Insekt und Pflanze – Veränderung der Natur durch den Menschen – Einwanderung der Unkräuter – Geschichte der Haustiere und der Nutzpflanzen – Geographie der Pflanzen – Was ist eine Art? ein Gattung? eine Familie? – das natürliche Pflanzensystem – die Bedeutung des Linnéischen Systems – Der Botaniker und sein Herbarium.

Die allgemeine Naturgeschichte teilet sich dreifach in die Naturgeschichte der Steine, der Pflanzen und der Tiere. Die Steine, wir mögen sie als Kristalle betrachten, in ihren eigentümlichen Formen ausgebildet, mit bestimmtem innern Gefüge und von bestimmten Winkeln und Flächen begrenzt, oder als Gebirgsarten, wie der Naturkundige die Massen nennt, aus denen die feste Rinde unseres Planeten, so weit wir selbige eingeritzt und beschauet haben, besteht; die Steine, sagen wir, unterscheiden sich hinreichend dadurch, daß sie leblos sind, von den Pflanzen und Tieren, welche die Oberfläche der Erde innehaben, und in denen sich das Leben auf verschiedenen Stufen darstellt.

Man findet aber Spuren und Überreste von Pflanzen und Tieren in vielen der oberen Erdschichten, die unzweideutig als ein Niederschlag aus dem Wasser zu einer Zeit entstanden sind, wo das Meer Landstriche überfloß, die jetzt über seine Spiegelfläche hervorragen. – Ja, manche dieser Schichten bestehen fast gänzlich aus solchen Überresten des Lebens. Hier müssen sich die getrennten Zweige *Einer Wissenschaft* wiederum vereinigen, und die Gelehrten, welche die Steine, die Pflanzen und die Tiere zu ihrem besonderen Studium gemacht haben, sich gemeinsam über diese wichtigen Urkunden einer Vergangenheit beraten, die anscheinlich dem Dasein des Menschen auf der Erde vorangegangen ist. Etliche der Fürsten der Wissenschaft haben sich in neuerer Zeit diesen Untersuchungen, aus welchen die Geschichte der Vorwelt hervorgehen soll, gewidmet. Das Ergebnis ihrer Forschung möchte im Allgemeinen folgendes sein.

Die Überreste sonst belebter Wesen, die in den untersten Erdschichten vorkommen, welche überhaupt dergleichen enthalten, gehören sämtlich den niedriger organisierten Seetieren an, den Schalentieren und Korallen, und dieselben Arten werden nicht mehr lebend in unsern Meeren angetroffen. Ein einziges Tier scheint ausnahmsweise in allen Versteinerungen führenden Lagern, von den tiefsten und ältesten an, bis auf die obersten und neuesten, sich wieder zu finden, und es kann auch dessen Dasein in den Meeren der jetzigen Welt nicht mit Bestimmtheit geleugnet werden. Tiere und Pflanzen des festen Landes erscheinen erst in den später abgesetzten Lagern; die obersten derselben enthalten die höher organisierten. Diese Lager und die Versteinerungen, die sie führen, beweisen, daß dasselbe Land bald aus dem Wasser hervorgeragt, und bald überflossen gewesen ist, und daß an manchen Orten Süßwasser- und Salzwasser-Bedeckungen wiederholt über denselben Landstrichen abgewechselt haben. Noch zeugen im allgemeinen die Gattungen und Arten der vergrabenen Tiere und Pflanzen von einer völlig untergegangenen Welt; sie sind aus der Zahl der jetzt lebenden Geschöpfe verschwunden. Es kommen nur in den allerjüngsten Erdschichten, unter andern untergegangenen Arten, etliche vor, die man von jetzt noch lebenden zu unterscheiden nicht vermag. Man hat aber noch keine menschlichen Gebeine darunter angetroffen, denn wir müssen hier von einer neulichen, einzeln stehenden scheinbar widerstreitenden Erfahrung absehen, die, näher beleuchtet, sich nicht als entscheidend bewähret hat.

Die außerordentliche Größe vieler organischer Wesen der Vorwelt ist uns auffallend. Es ist uns ferner auffallend, daß zwischen dem Klima, unter welchem, nach den Ähnlichkeiten zu urteilen, sie gelebt haben müssen, und dem der Erdstriche, wo ihre Überreste abgelagert sind, keine Übereinstimmung stattfindet. So kommt ein Elefant der Vorwelt, der Mammut, im kältesten Norden vor und wird sogar mit wohl erhaltenem Fleisch in dem Eise angetroffen, welches die Gebirgsart eines Teiles der Nordküste Sibiriens ausmacht.

So wie viele und sehr mächtige Kalksteinlager nur aus angehäuften Seemuschelschalen zu bestehen scheinen, so werden die Steinkohlen- und Braunkohlenschichten als Ablagerungen von vorweltlichen Pflanzen in verändertem Zustand betrachtet. Man erkennt meist in der Steinkohle das Gefüge des Palmenholzes, und die Palmen gehören zu den einfacheren, niedriger organisierten Gewächsen. Die höherliegende Braunkohle zeigt im allgemeinen das Holzgefüge der vollkommensten Pflanzen. Der Schieferton, dessen Lager die der Steinkohle begleiten, enthält außerdem Pflanzenabdrucke, die, ihrer größeren Deutlichkeit wegen, von besonderem Werte für die Untersuchung sind. Viele dieser Pflanzen sind von so eigentümlicher Bildung, daß die jetzige Pflanzenwelt keine ähnliche aufzuweisen vermag. Darunter gehören vorzüglich Baumstämme, die man oft stehend antrifft, und die man am ersten mit den Palmen oder mit den Farnkräutern verwandt glauben kann. Andere gehören zu der einfacheren, den Palmen untergeordneten Familie der Farnkräuter, und man hat unter denselben unsern gemeinen *Adlerfarn-Pteridium aquilinum* zu erkennen geglaubt. Es ist zu bemerken, daß man jetzt dieses Farnkraut in allen Weltteilen und unter allen Himmelsstrichen antrifft.

Der Torf unserer Moore ist ein Erzeugnis der Mitwelt. Er besteht aus den Rückständen der Pflanzen, die ununterbrochen an demselben Orte wachsen, jegliches Geschlecht das nächst untergegangene überdeckend. Man findet bis zu der größten Tiefe der Torfschichten den Samen und kenntliche Teile von unsern Sumpfpflanzen (*Bitter-* oder *Fieberklee – Menyanthes trifoliata* L., *Schilf – Phragmites communis* u. a.), eingestreute Knochen von Menschen und einheimischen Tieren, endlich auch Werke der menschlichen Kunst.

Es mag dem Unkundigen leicht scheinen, die Pflanzen von den Tieren zu unterscheiden: dem Naturkundigen nicht also, und der Beweis, daß es ein Schwieriges sei, die pflanzlich und tierisch lebenden Geschöpfe voneinander zu sondern, lieget darin, daß die Scheidelinie zwischen beiden von allen selbstforschenden Gelehrten wirklich anders gezogen wird, indem der eine Gattungen und Arten zu den Tieren rechnet, die der andere den Pflanzen beizählt und umgekehrt.

Der Mensch, den der Geist von den Tieren unterscheidet, gehöret in physischer Hinsicht zu den Tieren und ist, ohne Widerrede, das vollkommenste Geschöpf auf Erden. Es ist leicht, die schwindende Ähnlichkeit der menschlichen Bildung durch die Säugetiere, die Vögel, die Amphibien bis auf die Fische hinab zu verfolgen.

Die Krebse, Spinnen und Insekten haben noch, bei einem gegliederten Bau, die Sinne der höheren Tiere; ihre innere Bildung ist aber sehr verschieden; sie ist einfacher und dadurch schon uns verständlicher.

Die übrigen Tiere, die wir gemeinsam unter dem Namen *Würmer* im weitesten Sinne des Wortes begreifen, gliederlose, meist weiche Tiere, von denen die mehrsten das Meer, andere das süße Wasser, alle doch feuchte und dunkele Orte bewohnen, sind schwer in natürliche Gruppen einzuteilen, und die einmal angenommenen Abteilungen lassen sich kaum naturgemäß einander unterordnen.

Die eigentlichen *Weichtiere* (Mollusca), von denen die mehrsten ein kalkiges Gehäus erzeugen, dem sie angewachsen sind, (man heißt sie *Schalentiere*), werden obenan, und selbst von vielen, der größeren Ausbildung ihres Blutumlaufes und ihrer Nerven wegen, den Insekten vorangestellt. Die vollkommneren Weichtiere, die *Tintenfische*, die *Schnecken* u. a., haben noch einen deutlichen, mit Augen versehenen Kopf; dieser fehlt ihren nächsten Verwandten (*zweischalige Muscheln* u. a.), und die am untersten Endpunkte der Reihe sich ihnen anschließenden Geschöpfe (einige Gattungen der *Seescheiden-Ascidiae*), sind zusammengewachsene Gruppen von Tieren, die, zu einem gemeinsamen Körper aneinandergefügt, äußerlich den niedrigsten, den Pflanzen angrenzenden Polypen völlig ähnlich, lange denselben beigezählt worden sind, und die man noch nicht davon mit gehöriger Sicherheit unterscheiden kann.

Die eigentlichen *geringelten Würmer,* von denen viele dem Meere angehören und meist kalkige Röhren bewohnen, die sie selbst erzeugen, werden auch oft mit den Weichtieren, und aus demselben Grunde, den Insekten vorangestellt. Die vollkommneren Würmer atmen durch äußerliche Kiemen, und man glaubt, an einigen Augen wahrzunehmen, die den mehrsten, wie zum Beispiel dem Regenwurme, fehlen. Es gibt Würmer, die sich durch natürliche Teilung vermehren und von denen, wenn man sie zerschneidet, jegliches Stück sich zu einem vollständigen Tiere wieder ergänzt, so wie es der Fall ist mit den freischwimmenden Polypen der untersten Tierreihe und mit den Pflanzen, die man durch Stecklinge vermehren kann. Die *Eingeweidewürmer* werden gewöhnlich den Tieren der folgenden, niedrigeren Reihe beigezählt; einige derselben scheinen jedoch höher organisiert, sich den einfacheren der eigentlichen Würmer anzureihen; andre stehen wirklich auf der untersten Einwicklungsstufe und scheinen sogar geschlechtslos, aller Mittel der Fortpflanzung entblößt zu sein. Tiergattungen und Arten, die außerhalb des tierischen Körpers ihren Aufenthalt haben, sind verschiedentlich mit den geringelten und mit den Eingeweidewürmern vereinigt worden.

Man begreift unter dem Namen *Tierpflanzen* oder *Pflanzen*tiere *(Zoophyta)* Wesen, die auf sehr verschiedenen Stufen stehen. Alle, mit wenigen Ausnahmen, zeigen einen blumenähnlich strahligen Bau. Die Zahl *fünf* ist bei den höherstehenden wie bei den vollkommneren Pflanzen und die Zahl *vier* bei den niedrigeren wie bei den einfacheren Pflanzen, den Moosen, vorherrschend. Die fünfteiligen *See-Igel (Echinus)* und *Seesterne (Asterias)* mit kalkiger Schale oder lederartiger Haut und weichen, mit Saugenäpfen versehenen Fühlern, mittelst derer sie sich auf dem Grunde des Meeres willkürlich fortzubewegen vermögen, sind die vollkommneren Tiere dieser Reihe. Man unterscheidet an ihnen viele innere Teile: Eierstöcke und sogar Nerven. Etliche andere Gattungen schließen sich dieser Gruppe an. Die vierteiligen *Quallen (Medusa)* und etliche verwandte Gattungen sind freischwimmende, gallertartige Wesen, an denen noch Eierstöcke bemerkbar sind; jedes von ihrem Körper getrennte Stück behält Leben und willkürliche Bewegung. Die *See-Anemonen (Actinia)* werden richtiger den Polypen als den Quallen zugesellt: sie sind die vollkommensten Tiere unter denselben. Andere nackte, freie Polypen gehören zu den einfachsten der deutlichen Tiere überhaupt. Man sieht an ihnen nur einen gallertartigen, mit Fangarmen an seiner Mündung versehenen Trichter, der, unbeschadet des Lebens, umgestülpt werden kann. Sie haben willkürliche Bewegung und suchen das Licht. Jedes Stück, das man von ihrem Körper trennt, ergänzt sich zu einem vollständigen Polypen. Ihre natürliche Vermehrung geschieht durch Verzweigung, indem Knospen auf ihnen treiben, die sich zu ähnlichen Tieren entwickeln. Die mehrsten Polypen kommen gesellig auf pflanzenähnlichen Polypenstöcken vor, von denen sie gleichsam die Blüten und zugleich die Ernährungswerkzeuge sind. Diese Tierpflanzen sind von der größten Mannigfaltigkeit. Wenige, die federförmig gebildet sind *(Seefeder-*

Pennatula), schwimmen frei im Meere, die mehrsten hingegen haften durch wurzelartige Ausbreitungen an fremden Körpern und ahmen, nach ihren Gattungen und Arten verschieden gestaltet, die abweichendsten Formen der unvollkommenen und selbst der vollkommneren Pflanzen nach. Die Poylpenstöcke sind im allgemeinen von kalkiger, horniger oder korkiger Substanz. Die festere Masse bildet bei einigen eine äußere Scheide, aus deren Innerem die Polypen durch Öffnungen hervortreten; bei anderen bildet sie den Kern, der entweder dicht und von einer dickeren, weichen Rinde überzogen ist, die die Polypen hegt, oder sternförmige Höhlungen hat, die den Polypen entsprechen. In diesem Falle bekleidet eine nur dünne tierische Oberhaut das ganze Gebild.

Die mehrsten *Steinkorallen (Lithophyta)* sind von der letzteren Art. Die Polypen sind bei einigen derselben von beträchtlicher Größe, zum Beispiel bei der Gattung *Caryophyllia,* wo sie See-Anemonen gleichen und die Enden der Zweige einnehmen; sie sind bei der Gattung *Millepora* äußerst klein und besetzen dichtgedrängt die ganze Oberfläche des Polypenstocks; sie fehlen endlich ganz bei der Gattung *Nullipora,* wo man unerweislich ihr Dasein angenommen hat, behauptend, daß ihre Kleinheit sie der Wahrnehmung entziehe. Die farbige, schlüpfrige, tierische Oberhaut bezeichnet in der Tat allein das tierische Wesen, ja, das ausgebleichte Skelett sieht dem Tropfstein, dem Kalksinter, den manche Quellen absetzen, völlig gleich, und nur die Scheidekunst vermag es, davon zu unterscheiden, indem sie die tierische Gallerte bloßstellt, die einen wesentlichen Bestandteil seiner Mischung ausmacht. Hier reiht sich den Tieren ein steinartiges Wesen an, das, aller tierischen Organe entblößt, nur pflanzlich leben kann. Es verhält sich mit den *Horn-Korallen* ebenso. In der Rinde vieler sind die Polypen groß und deutlich. Man nimmt an dem *Badeschwamme* im lebendigen Zustande nur eine tierische, grünlich-bräunliche Gallerte wahr, die inwendig von einem Filze horniger Fäden durchzogen und getragen wird. Von Polypen zeigt sich nicht die geringste Spur. Was man von der Reizbarkeit dieses Geschöpfes gesagt hat, scheint eine grundlose Erdichtung zu sein. Sein Stoff ist animalisch, sein Leben kann nur ein pflanzlich vegetierendes sein. Die *Kork-Korallen (Alcyonium)*, die aus einer halbweichen Masse ohne harten Kern bestehen, enthalten noch, nachdem man die obenerwähnten, zu der Reihe der Weichtiere gehörigen Arten daraus entfernt hat, wirkliche Polypenstöcke mit deutlichen Polypen und Wesen zweifelhafter Natur, bei welchen keine tierischen Organe vorhanden sind; vielleicht hätte man noch zu unterscheiden: pflanzlich vegetierende Geschöpfe, wie Nulliporen und Schwämme, und wirkliche Pflanzen. Die *Moos-Korallen (Corallina),* die noch von vielen zu den Polypenstöcken gerechnet werden, ohne daß man je an ihnen Polypen, oder nur das geringste Kennzeichen animalischer Natur entdeckt habe, scheinen wirkliche Pflanzen, Wasseralgen, zu sein, die selbst in ihrer ersten Jugend grün wie andere Pflanzen sind, und erst späterhin die Kalkerde erzeugen oder aufnehmen, die sie den Korallen beizuzählen veranlaßt hat. Eine ähnliche Verkalkung findet, obgleich in viel geringerem Maße, bei einer Pflanzengattung statt, die in unsern Sümpfen und Wassergräben häufig wächst *(Armleuchter-Chara)*. Auch die Scheidekunst weist in den Moos-Korallen keine tierischen Stoffe nach.

Man pflegt die *mikroskopischen* oder *Infusions-Tierchen* zur Reihe der Pflanzentiere zu rechnen. Das Vergrößerungsglas offenbart uns in jedem Aufguß pflanzlicher oder tierischer Stoffe, welcher in Gärung begriffen ist, in jedem stockenden Wasser und selbst in gewissen Feuchtigkeiten des gesunden tierischen Körpers unerwartet eine neue belebte Welt. Wo unter Einwirkung der Feuchtigkeit, der Wärme und der Luft, organische Substanzen die Veränderung erleiden, die wir Gärung nennen, und die eine Entwicklung von luftartiger Flüssigkeiten zu begleiten und zu verraten pflegt, da stellet sich Leben ein. Ein Tropfen solchen Aufgusses enthält dann Myriaden lebendiger Geschöpfe. Unter denselben Umständen pflegen dieselben Arten sich einzufinden, unter anderen andere. Diese Arten sind nicht minder bestimmt und unveränderlich als die der höher organisierten Tiere. Unter den Infusorien werden offenbar Geschöpfe einbegriffen, die zu sehr verschiedenen Tierreihen gehören und anscheinlich die letzten und einfachsten Glieder derselben sind. Einen Tropfen stockenden Wassers möchten wir mit dem Meer vergleichen, welches von Krebsen, Weichtieren, Quallen, Polypen, Algen u.s.w., u.s.w. bald abgesondert und bald in bunter Mischung, wimmelt. Es finden sich unter den Infusorien Gattungen, die sich unzweideutig den Krebsen (*Flohkrebs-Gammarus Pulex* L.) anreihen; andere, die den Weichtieren und Würmern zu vergleichen sind; andere, worin man die Polypenbildung nicht verkennen kann; andere, noch einfachere, an denen nichts als willkürliche Bewegung wahrnehmbar ist, und solche endlich, die wiederum unentschieden zwischen Tier und Pflanze zu schweben scheinen. Man beobachtet verschiedene, einander sehr ähnliche Arten grüner Wasserfäden: die einen scheinen willkürliche Bewegung zu äußern, die anderen nicht, und ein Naturforscher wird vermocht, Geschöpfe, die er für Tiere und andere, die er für Pflanzen anerkennt, in eine Gattung zu vereinigen (*Oscillatoria* Nitsch.). Die pflanzliche grüne Farbe ist verschiedenen Arten verschiedener Gattung der Infusorien gemein, auch Tieren, die zu den minder einfachen gehören, und an denen man innere Teile deutlich unterscheidet. Alle Infusorien suchen das Licht, und wenn man es auf einen einzigen Punkt des Wassers, worin sie schwimmen, einwirken läßt, so ziehen alle nach der erhellten Stelle. Dasselbe tun die freischwimmenden Wasserfäden, die entschiedene Pflanzen sind.

Wir sind die Reihen der tierischen Schöpfung von dem Gipfel, dem Menschen, bis zu den einfachsten Formen des gleichsam beginnenden Lebens herabgeglitten. Hier war es, als habe die Natur Leben erschaffen wollen, noch unentschieden, ob Tier, ob Pflanze. Wir werden die Reihen der pflanzlichen Schöpfung gleich flüchtig in umgekehrter Ordnung von den einfachsten, undeutlichsten Gebilden, bis zu den vollkommensten Pflanzen hinauf verfolgen. An die niedrigsten Tiere, die da Wassertiere sind, schließen sich die niedrigsten Wasseralgen an. Es sind aber nicht alle niedrigsten Pflanzen Wasserpflanzen. – Wir können uns hier nur bildlich ausdrücken. Das Leben entsteht im Wasser, und es strebt im Wasser sich auf der animalischen Stufenleiter auszubilden. Die Wassertiere beharren jedoch im allgemeinen auf einer niedrigeren Stufe, als ihre nächsten Verwandten unter unmittelbarer Einwirkung der Luft. Die Tiere, die eine Verwandlung erleiden (die froschähnlichen Amphibien und die Insekten), sind meist als Larven, im ersten unvollkommenen Zustande, Wassertiere, und im Zustande ihrer vollendeten Entwicklung, Tiere der Luft. In der Luft aber neigt sich das Leben zum Pflanzlichen hin. Die niedern Lebensformen der Luft sind durchgängig Pflanzenformen. Das Leben bildet sich unter Einwirkung der Luft in Pflanzen aus. Das Wasser füllt sich vorzüglich mit tierischem Leben an, und das Tier lebt da von dem Tiere. Unter Einwirkung der Luft hingegen überwebet pflanzliches Leben mit dichtem grünen Kleide die dunkle Erde, und das Tier lebt von der Pflanze. – Tiere, die von Pflanzen sich ernähren, verarbeiten den Stoff für die ihnen überlegenen Raubtiere, und über alle erhebt sich der Mensch.

Auf der untersten Stufe des pflanzlichen Lebens stehen die drei durch Übergangsformen vielfach unter sich verschlungenen Reihen der *Pilze,* der *Wasseralgen* und der *Flechten.* Alle drei werden auch unter dem gemeinsamen Namen *Algen* im weiteren Sinne des Worts begriffen. Die Flechten oder Luftalgen der älteren Naturforscher stehen über den Pilzen und Wasseralgen, die sich ihnen anschließen. Sie gehören entschiedener der Luft an als die Pilze, die meist im Feuchten und Dunklen heimisch sind. Sie sind entschiedenere Pflanzen, und man hat noch keine derselben zu den Tieren gerechnet.

Unter den *Wasseralgen* bildet die Gruppe der *Gallerte* den Übergang zu den Pilzen. Etliche gehören dem Meere, andere dem süßen Wasser an; andere erscheinen nach dem Regen auf dem Erdboden. Es sind einfache, zweifelhafte Wesen, von denen man einigen tierische Natur zugeschrieben hat. Ihre Farbe ist bald bräunlich-grün, bald rötlich. Zur Gruppe der *Wasserfäden* gehört die Gattung *Oscillatoria,* die schon unter den Tieren erwähnt worden ist, weil etliche Arten willkürliche Bewegung zu äußern scheinen. Man nimmt an anderen Gattungen dieser sehr einfachen Pflanzenform Erscheinungen wahr, die nicht minder auffallend sind. Bei der Gattung *Conjugata Vauch.* findet zur Erzeugung der Frucht eine wirkliche Paarung statt. Diese frei im Süßwasser schwimmenden Wasserfäden sind gegliedert; es legen sich ihrer zwei von derselben Art Glied an Glied und verwachsen so miteinander. Aus zwei gepaarten Gliedern fließt der grüne Inhalt in das eine zusammen, worin „Samen" oder Keimkörner ausgebildet werden, indem das andere Glied leer bleibt. Dieses Zusammenziehen des grünen Stoffes findet in Gliedern bald des einen und bald des andern Fadens statt, und die vereinigten trennen sich, wenn es vollführt ist. Das *Wassernetz* (Hydrodictyon) ist eine Pflanze derselben Gruppe. Ihr Name bezeichnet ihre Bildung. Die Maschen lösen sich im Alter auf, und jedes getrennte Glied derselben entwickelt sich zu einem der Mutterpflanze gleichen Netz. Etliche Wasserfäden wachsen außer dem Wasser an feuchten Orten, es sind aber auch oft junge unausgewachsene Pflanzen von höheren Ordnungen für Wasserfäden angesprochen worden. Es haben namentlich die aufkeimenden Moose und ihre ersten Wurzelchen eine täuschende Ähnlichkeit mit denselben. Viele der einfacheren Wasserfäden sind wurzellos, viele sind der grünen pflanzlichen Farbe teilhaftig. Unter den Pflanzen dieser Gruppe, die das Meer hervorbringt, kommen rote und anders gefärbte vor.

Die *Wasserhäute* (Ulva L.) sind sehr einfache Pflanzen des Meeres und des süßen Wassers. Die grüne Farbe ist unter denselben vorherrschend, doch kommen auch rotgefärbte Arten vor. Die *Tange* (*Fucus* L.) sind die vollkommensten und, wenn man sich so ausdrücken darf, die pflanzlichsten der Wasseralgen. Die Blattform der höheren Pflanzen findet sich schon in ihnen vorgebildet. Alle bewohnen das Meer; ihre Färbung ist braungrün, in alle Abstufungen des Roten übergehend. Eine Gattung der Seealgen (*Fucus tomentosus* L. und verwandte Arten) schließet sich an die Seeschwämme an, und sie scheint zwischen den Tangen, den Wasserfäden und den Wasserhäuten die Mitte zu halten. Eine naturgemäße Einteilung der Wasseralgen in Gattungen und Gruppen von Gattungen gehört zu den schwierigsten Aufgaben der Pflanzenkunde. Die oft versuchte Lösung dieser Aufgabe kann, bei mangelhafter Kenntnis der Pflanzen selbst, nur unbefriedigend ausfallen. – Einige Tangarten wachsen an den meerbespülten Felsen über die Linie der Flut hinaus gesellig mit den Flechten, und scheinen einen Übergang zu den Luftalgen zu bilden.

Die *Pilze* sind die niedrigsten Lebensformen der Luft, und die, worin sich das pflanzliche Leben am unentschiedensten ausspricht. Etliche Naturforscher haben die Pilze zum Tierreich gerechnet, andere haben für dieselben ein eigenes, zwischen Tier und Pflanze mittleres Reich angenommen; Pilzgattungen sind für Tiere, und Schimmelarten für Luftzoophyten angesehen worden. Die pflanzlich grüne Farbe ist den Pilzen fremd. Die einen entwickeln sich wie die Infusionstierchen nur da, wo organische, tierische oder pflanzliche Substanzen verwesen, und die Schnelligkeit, womit die mehrsten entstehen, sich ausbilden, alle Lebensfunktionen verrichten und wiederum vergehen, erinnert eben auch an die flüchtigen Geschlechter der eben genannten Tiere. Die andern entfalten sich nur im Innern lebendiger Pflanzen der höheren Ordnungen unter der Oberhaut, im Zellgewebe der Blätter, im Samenkorn u.s.w. Viele von diesen durchbrechen zur Zeit der Reife ihre Hülle, um ihren Samenstaub, ihre Keimkörner, nach außen auszustreuen; andere aber treten auch dann nicht an das Licht und vollbringen ihren parasystischen Lebenslauf in den fremden Körpern eingeschlossen. Es sind wahre Eingeweidepflanzen, den Eingeweidewürmern der Tierreihe völlig zu vergleichen. Die Pilze weichen in Hinsicht ihrer Mischung von den übrigen Pflanzen ab, und auch die Scheidekunst weiset ihre Ähnlichkeit mit den tierischen Körpern nach. An die Gallerte der Algenreihe schließen sich die *Gallertpilze,* und an die Wasserfäden die *Schimmelpilze,* die man als die unentschiedensten Pflanzen unter den Pilzen betrachten kann, obgleich sie vielleicht nicht die einfachsten sind: sie gehören gleichsam noch halb dem Wasser an. Man hat an einigen derselben Erscheinungen beobachtet, die der Paarung der Wasserfäden *(Conjugata Vaucher)* zur Erzeugung der Frucht vollkommen entsprechen. Die *Fleischpilze,* die man auch *Erdschwämme* nennt, sind die größeren und bekannteren Formen des Pflanzenreichs. Die *Staubpilze* endlich, die teils in lebendigen, teils auf und in toten Pflanzen sich entwickeln, gehören zu den einfachsten. Viele bestehen fast nur aus Keimkörnern und bilden, da diese bei Pilzen und Flechten von gleicher Beschaffenheit sind, den Übergang zu den Flechten, von denen mehrere eben auch fast nur aus der „Frucht" bestehen. Es gibt zweifelhafte, mittlere Gattungen, die bald zu den einen bald zu den andern gerechnet werden. Ein Naturforscher hat diese Übergangsformen als eine eigene Pflanzenreihe aufgestellt. Krankhaft veränderte Teile der vollkommneren Pflanzen, das Mutterkorn des Getreides, wuchernde Blatthaare u.s.w., sind irrig zu den Pilzen gerechnet worden.

Die *Flechten* bestehen aus einer blattartigen Ausbreitung, von den Pflanzenkundigen *Thallus* genannt, und aus verschieden geformten Knöpfchen oder Schüsselchen, welche die Behälter der Keimkörner sind. Der Thallus ist bei den verschiedenen Arten anders gefärbt, rötlich, gelb, braun, blau, bläulichgrün, – die Feuchtigkeit läßt ihn grün erscheinen –, aber das lebhafte Saftgrün der vollkommneren Pflanzen ist diesen

Gewächsen fremd. Die Schüsselchen zeichnen sich oft durch die lebhaftesten oder dunkelsten Farben aus. Etliche Flechten, deren Thallus aus Fäden besteht, die den Wasserfäden ähnlich sind, scheinen vermittelnde Formen zwischen den Wasser- und Luftalgen zu sein.

Die kleine Gruppe der *Lebermoose* vereinigt wenig übereinstimmende Pflanzenformen, die verschiedentlich an die Flechten und an die Wasseralgen erinnern. Sie schließt sich der größern und natürlicheren Familie der Laubmoose vermittelnd an.

Die *Laubmoose* stehen auf einer höheren Entwicklungsstufe als die Algen; sie sind der grünen pflanzlichen Farbe teilhaftig, und man nimmt an ihnen viele Organe der vollkommneren Pflanzen wahr. Man ahnt an ihnen die Trennung der Geschlechter, ohne deutlich die Geschlechtsteile an ihren Verrichtungen zu erkennen. Die Zahl vier, welche die Tierbildung der unteren Gruppen der Zoophyten bezeichnet, wiederholt sich gleich bezeichnend an den Moosen. Ihre Frucht ist eine Kapsel, deren Öffnung, fast bei allen Gattungen, gezähnt oder mit Borsten umrandet ist, und diese Zähne oder Borsten sind bei allen, ohne Ausnahme, in beständiger gevierter Zahl (4, 8, 16, u.s.w.).

Die *Farnkräuter,* die entweder Stauden oder palmenähnliche Bäume sind, unterscheiden sich von den vollkommneren Pflanzen nur durch den Mangel der Blüte. Ihre Keimkörner entwickeln sich ohne vorangegangene, bemerkbare Blüte auf der Kehrseite der Blätter, entweder oberflächlich und nackt, oder unter Hüllen, oder auch in Behältnissen, die aus der Blattsubstanz gebildet sind und zur Zeit der Reife sich öffnen. Sie gleichen einem braunen Staube und bilden bei den verschiedenen Gattungen verschiedene Zeichnungen, Tüppeln, Streifen u.s.w. Bei einigen verkümmert das fruchttragende Blatt, es breitet sich nicht gleichmäßig mit dem unfruchtbaren aus und bekommt eine sehr verschiedene Gestalt. Die wurzelständigen Farnkräuter machen in dieser Familie eine eigene, kleine, abweichende Gruppe aus. Es sind Wasser- oder Sumpfpflanzen, deren Früchte in kugelförmigen Kapseln oder Behältern an den Wurzeln erscheinen.

Die Gattungen *Bärlapp* (Lycopodium) und *Kannenkraut* (Equisetum) werden den Farnkräutern angereiht, mit denen sie auf gleicher Entwicklungsstufe zu stehen scheinen. Sie haben sonst mit ihnen wenig Ähnlichkeit. Die erste hat den Wuchs und das Ansehen der Moose, von denen sie sich in der Befruchtung unterscheidet. Die zweite steht, als eine ganz eigentümliche Pflanzenform, abgesondert da.

Es bleiben noch die *vollkommneren Pflanzen* mit deutlicher Blume zu betrachten. Sie zerfallen naturgemäß in zwei große Abteilungen: die der einfacheren spitzkeimenden Pflanzen, und die der höher organisierten zweiblättrigkeimenden. Was wir von der Blüte und der Befruchtung zu sagen haben, bezieht sich gemeinschaftlich auf beide.

Bei den vollkommneren Pflanzen ist zur Ausbildung des fruchtbaren, zur Fortpflanzung der Art geschickten Samenkornes, die Mitwirkung von zwiefachen Organen, von weiblichen und von männlichen, erforderlich.

Die wesentlichen weiblichen Organe sind: der *Fruchtknoten* und die *Narbe.* Der Fruchtknoten ist die in der Blüte vorgebildete Frucht. Die Natur, die in verschiedenen Pflanzen sehr verschieden gestaltet erscheint, ist geeignet, den Staub, den die männlichen Organe absondern, zu empfangen, und dessen Einwirkung auf den im Fruchtknoten vorgebildeten Samen zu leiten. Nur durch diese wirklich erfolgte Bestäubung werden die Samenkeime befruchtet oder befähigt, sich zu Samenkörnern auszubilden, die in sich den Keim von Pflanzen der elterlichen Art enthalten. Die Narbe wird in vielen Fällen von einer röhrenförmigen Verlängerung des Fruchtknotens getragen; dieser mittlere Teil heißt *Griffel.* Man nennt den Fruchtknoten mit Griffel und Narbe *Stempel* oder *Staubweg.* Zuweilen trägt derselbe Fruchtknoten mehrere Griffel und Narben, selten mehr als sechs. Zuweilen sind mehrere Fruchtknoten in derselben Blume vorhanden. Die weiblichen Organe nehmen in der Regel die Mitte der Blume ein.

Die wesentlichen männlichen Organe sind: die *Staubbeutel,* und der in denselben abgesonderte *Blumen-* oder *Samenstaub.* Die Staubbeutel werden gewöhnlich von *Staubfäden* getragen; diese Träger fehlen in der Familie der Orchideen und in wenigen anderen Pflanzen. Man nennt den Staubbeutel mit seinem Träger *Staubgefäß.* Die Zahl der Staubgefäße ist bei verschiedenen Pflanzen verschieden und weicht von Eins bis zu Hunderten ab; sie umringen gewöhnlich in den Zwitterblumen die weiblichen Organe.

Die *Blumenkrone* und der *Kelch* sind außerwesentliche Teile der Blume, welche die wesentlichen Organe hüllen und schützen; sie fehlen in mehreren Pflanzenfamilien, Gattungen und Arten. Die Krone ist die innere, der Kelch die äußere Blumenhülle. Wo nur eine Blumenhülle vorhanden ist, ist sie in der Regel als Kelch zu betrachten. Die spitzkeimenden Pflanzen haben nur eine Blumenhülle. Außer diesen Teilen finden sich in den Blumen verschiedener Pflanzen honigabsondernde *Drüsen* und verschieden geformte *Honigbehälter.*

Die weiblichen und männlichen Organe sind entweder in derselben Blume, der *zwittrigen,* vereinigt, oder in verschiedene, *weibliche* und *männliche,* Blumen abgesondert, und diese kommen wiederum *einhäusig* auf derselben Pflanze vor, oder *zweihäusig* auf verschiedenen Pflanzen, so daß es im letzteren Falle *weibliche* und *männliche* Pflanzen von *derselben* Art gibt. Die Trennung der Geschlechter ist oft einer Verkümmerung der Teile zuzuschreiben, indem sich in der Blume jeglichen Geschlechts die unausgebildeten Anlagen der mangelnden Organe des andern nachweisen lassen. Diese Organe werden ausnahmsweise doch ausgebildet; die *vieleheliehen* Pflanzen sind solche, die gewöhnlich Zwitterblumen und Blumen getrennten Geschlechts bald auf einem und bald auf verschiedenen Stämmen tragen; an ihnen ist die Trennung der

Geschlechter begonnen und nur noch unvollständig ausgeführt.

Die Deutung der Blumenteile, die Lehre der *Geschlechtlichkeit* (Sexualität) der Pflanzen, die hier nach der hergebrachten Ansicht vorgetragen worden ist, hat neuerdings eine wiederholte Prüfung bestanden, indem sich achtbare Gelehrte dawider erklärt hatten. Der Widerstreit hat diese Lehre zu beleuchten und im Wesentlichen zu bewahrheiten gedient. Es fruchtet jederzeit der Wissenschaft, daß jede Meinung frei und laut verfochten werde. Also kommt, was wahr, was falsch ist, an den Tag. Die Wahrheit suchet das Licht.

Wir führen zur Erläuterung etliche Tatsachen an. Die *Dattelpalme* (Phoenix dactylifera) gehört in der Levante zu den Pflanzen, auf denen die Volksnahrung beruht. Die Geschlechter sind bei derselben zweihäusig getrennt. Die weiblichen Bäume werden vorzugsweise angebaut, und man pflegt zur Zeit der Blüte abgeschnittene männliche Blumenrispen in die Pflanzungen zu bringen, und Zweige derselben an die Fruchtbäume zu hängen. Die Insekten vollführen die Bestäubung. Im Morgenlande werden fruchtbare Gebiete, die oft inselartig sich aus unabsehbaren Wüsten erheben, verheert, indem man nicht die weiblichen Palmen, die ohnehin unter dem Schutze der Religion stehen, sondern die männlichen, deren es weniger gibt, abhaut, und jene verwitwet zur Unfruchtbarkeit verdammt. Wo es geschehen, werden männliche Blüten fernher geholt; man kann sie auch, wohl verwahrt, von einem Jahr zum andern aufbehalten: sie entsprechen dann noch dem Zwecke der Natur. Dieses Verfahren ist vielfach in unsern Gärten nachgeahmt worden. Berühmt ist der Versuch von *Gleditsch,* der eine weibliche *Fächerpalme* (Chamaerops humilis) im botanischen Garten zu Berlin mit dem männlichen Blumenstaube, den er aus Karlsruhe erhalten hatte, künstlich befruchtete, und aus dem Samen, den sie trug, junge Pflanzen zog. Die Mutter und die Kinderpalmen werden noch in dem Garten zu Berlin gezeigt. Die Bestäubung wird bei vielen Pflanzen nur durch das Mittel der beflügelten Insekten bewirkt, die Honig in den Blumen suchen, und den ihnen anklebenden Blumenstaub auf die Narbe bringen. Es ist namentlich bei getrennten Geschlechtern der gewöhnlichere Fall. Der Wind kann jedoch auch bei Pflanzen, die den Blumenstaub in großem Überfluß ausstreuen, denselben den weiblichen Blüten zuführen, so zum Beispiel bei den *Kiefern* (Pinus sylvestris). Der sogenannte Schwefelregen, der zur Zeit der Kiefernblüte nach Gewittern zuweilen fällt, und selbst das Meer bedeckt in großer Entfernung vom Lande, besteht nur in dem Blumenstaube, den der Wind den Nadelwäldern entführt hat. Die Beihilfe der Insekten ist eben auch bei manchen Zwitterblumen zur Begattung erforderlich. – Als Beispiel diene die gemeine *Osterluzei* (Aristolochia clematitis). Diese Pflanze hat aufrechtstehende Blumen, deren einfache Blumenhülle, unten kugelförmig erweitert, nach oben in eine Röhre verlängert, mit dem Rande flach und zungenförmig ausläuft. Die Röhre ist innerhalb mit Haaren bewachsen, deren Spitzen nach unten zu gerichtet sind. Der Fruchtknoten befindet sich in der kugelförmigen Erweiterung; er trägt an seinem Gipfel die Narbe und tiefer unten sechs sitzende Staubbeutel. Der Staub, den sie verstreuen, fällt auf den Boden der Blume und kann nicht von selbst zur Narbe gelangen. Ein kleines geflügeltes Insekt (Tipula pennicornis) dringt in die Blume durch die Haare hindurch, die ihm den Eingang gestatten, den Rückzug aber versperren. Es bewegt sich, in der engen Kammer eingeschlossen, ungeduldig hin und her, und bestäubt auf diese Weise die Narbe. Die Blumenhülle, wenn der befruchtete Fruchtknoten zu schwellen beginnt, vertrocknet, die welkenden Haare legen sich an und geben den gefangenen Gast wieder frei. Pflanzen, die in ähnlichem Falle sind und in unsern Treibhäusern, wo sie des Beistandes der Insekten entbehren, unfruchtbar bleiben, wie z. B. etliche *Passionsblumen* (Passiflora, Abroma augusta u. a. m.), haben jedesmal Früchte und tauglichen Samen getragen, wenn in vielfältig wiederholten

Versuchen ihren Samenstaub mit einem Haarpinsel auf ihre Narbe gebracht wird.

Wenn man die besondere Einrichtung der Blumenteile jeglicher Pflanze in Hinsicht auf die Möglichkeit der Befruchtung studiert, wird man wohl mit dem Dichter die Erfindungspracht der Mutter Natur reich nennen.

Bei der *Berberitze* (Berberis vulgaris) sind die Staubfäden mit einer besonderen Reizbarkeit begabt; wenn man sie an ihrem Anheftungspunkte auf der inneren Seite nur leise berührt, wie es etwa ein leichtes Insekt zu tun vermag, so schlagen sie sich elastisch einwärts und legen ihren Staubbeutel auf die Narbe. Beim *Sumpf-Herzblatt* (Parnassia palustris) nehmen sie abwechselnd von selbst die Lage an und werden, wenn sie erst gestäubt haben, von den folgenden abgelöst. *Kölreuter* und andere nach ihm haben die Blumen verschiedener Pflanzen ihrer Staubgefäßte beraubt und sie dann mit dem Samenstaub anderer, verwandter Arten befruchtet. Die aus diesen Blumen erhaltenen Samen haben immer Bastardpflanzen hervorgebracht, die, wie das Maultier, die Ähnlichkeit beider Eltern trugen. Von diesen Bastarden haben etliche mit verkümmerten Staubgefäßen, unfruchtbar, geblüht; dieselben, mit dem Samenstaub einer der Stammarten befruchtet, haben Samen getragen, und die aus diesem Samen aufgegangenen Pflanzen haben sich der väterlichen Art wiederum genähert. Andere hingegen scheinen, sich aus dem Samen fortgepflanzt zu haben. Unsere Gärten sind nun mit Bastardarten angefüllt; wir nennen nur als Beispiel die kapländischen *Storchschnäbel* (Pelargonium), die hierher zu rechnen sind.

Die *spitzkeimenden Pflanzen* oder die Pflanzen mit *einem Samenlappen* begreifen unter anderen Familien: die Gräser, Halbgräser und Simsen, die Palmen, die Rohrkolben, die Aronsblumen, mehrere Gattungen der Wasserpflanzen, die Zwiebel- und Liliengewächse, die Spargeln und die Orchideen. Beim Aufkeimen ihres Samens entwickelt sich zuerst ein einzelnes Blatt. Die untern oder ersten Blätter sind, selbst in den Arten mit entgegenstehenden oder quirligen Blättern, stets abwechselnd; sie sind meist verlängert, ungeteilt, genervt oder stielrippig von ihrem Ansatze nach der Spitze zu, ohne Queradern. Die Blumenhülle ist einfach. Die Zahl drei (3, 6, 9) ist in den Teilen der Blume und der Frucht vorherrschend; 3- oder 6-teilige Blumenhülle, 3 oder 6 Staubgefäße, 3-teilige Narbe, 3-fächrige Kapsel und Frucht. In den baumartigen Gattungen und Arten ist der Stamm ohne Rinde, seine Dicke nimmt nach oben nicht ab, sein Durchschnitt zeigt keine Jahrringe und kein Mark, das Holz ist im Umkreise härter und dichter als gegen den Mittelpunkt.

Die *zweiblättrigkeimenden Pflanzen,* oder die Pflanzen mit zwei *Samenlappen,* machen die Mehrzahl der Pflanzen mit deutlichen Blumen aus. Beim Aufkeimen ihres Samens entwickeln sich dessen Lappen oder Kernstücke zu zwei entgegenstehenden, oder ausnahmsweise zu mehreren quirligen Blättern (das Nadelholz, z. B. Pinus); bei blätterlosen Pflanzen (Seide-Cuscuta) fehlen die Kernstücke ganz. Die untern oder ersten Blätter sind, selbst in den Familien, Gattungen und Arten mit abwechselnden Blättern, stets entgegenstehend oder quirlig. Vielfach geteilte, gefiederte, geaderte Blätter kommen häufig vor. Die Blumen haben doppelte Hülle, Kelch und Krone; beide können auch fehlen. Die Zahl *fünf* ist in ihren Teilen vorherrschend: 5-teilige Blumenhüllen, 5, 10 oder viele Staubgefäße, 5-fächrige Frucht. Bei den baumartigen besteht der Stamm aus dem Holze und der Rinde; das Holz hinwiederum aus dem Mittelmark und konzentrischen Lagen, die in dem Durchschnitt als Kreise erscheinen (Jahrringe); die äußeren Lagen sind die weicheren und jüngeren. Die Dicke des Stammes nimmt nach oben zu und mit der Anzahl der Jahrringe allmählich ab.

Es ist nur von wenigen Pflanzen mit deutlichen Blumen zweifelhaft, zu welcher dieser zwei Reihen sie gehören. Etliche vermittelnde Pflanzenformen bezeichnen jedoch den

Übergang. Die *Cycadeen* sind eine kleine Gruppe ausländischer palmen- oder farnkrautähnlicher Pflanzen mit deutlichen Blumen, die sich in ganz eigentümlicher Ausbildung abzusondern scheint. Sie wird von verschiedenen Naturforschern zu der einen und zu der andern Hauptabteilung gebracht; früher wurde sie mit den Farnkräutern vereinigt. Die Seerosen und nächstverwandten Gattungen (die echten *Nympheaceen*) werden von einigen zu den zweikeimblättrigen Pflanzen gerechnet; sie gehören aber in der Tat zu den spitzkeimenden. Der *Pfeffer* (Piper), der mit zwei Samenblättern aufkeimt, wird von einigen zu den spitzkeimenden Pflanzen gerechnet u.s.w. Der *Armleuchter* (Chara), dessen Befruchtung verschiedentlich gedeutet worden ist, wird den spitzkeimenden Pflanzen und den Algen beigezählt. Die *Wasserpflanzen* bieten im allgemeinen dem Naturforscher die größten Schwierigkeiten dar; selbst ihre Arten sind schwer zu erkennen, weil sie unter wechselnden Bedingungen, in tiefem oder seichtem, fließendem oder stehendem Wasser, sich anders gestalten. Sie scheinen überhaupt in ihren Gruppen und Familien die niedrigsten und einfachsten Formen zu sein.

Wir fügen etliche Worte über das Zahlenverhältnis in den Blumen erläuternd hinzu. Die Zahl 3, sagten wir, ist bei den spitzkeimenden Pflanzen und die Zahl 5 bei den zweikeimblättrigen vorwaltend. Viele Ausnahmen finden statt. Die mehrsten sind dem Verkümmern, wenige auch dem Überwuchern der Teile zuzuschreiben, sie sind nur scheinbar; sie werden verschwinden und sich unter das Gesetz fügen, sobald wir sie nicht vereinzelt, sondern in ihrem natürlichen Zusammenhange betrachten und auf die Verwandlung der Form durch die Reihen der Pflanzen aufmerksam sind. Wir wollen etliche Beispiele von Abweichungen, zuerst unter den zweiblättrigkeimenden Pflanzen, wo solche, wenigstens in der einheimischen Flora, auffallender sind, näher betrachten. Wenn die Blumenkrone unregelmäßig wird, erhalten die Staubfäden eine ungleiche Länge (*Königskerze*-Verbascum);

von den fünfen wird einer nicht ausgebildet (XVIte Linnéische Klasse, *Masken-* und *Lippenblumen*); von den vieren verkümmern wiederum zwei (andere Arten von *Masken-* und *Lippenblumen,* z. B. *Gratiola, Veronica, Salvia* u. a.). Die ursprüngliche Zahl ist in diesen Familien noch an den Einschnitten der Blumenhüllen wahrzunehmen. Die mehrsten *Enzian*-Arten (*Gentiana amarella* u. a.) haben in der Regel fünfteilige Blumen; sie bringen ausnahmsweise einzelne vierteilige, oder sechs- und mehrteilige Blumen hervor, und diese abweichenden Zahlenverhältnisse werden bei anderen Arten derselben Gattung vorwaltend oder beständig. Was man in dieser Gattung beobachtet, wiederholt sich in Gruppen von verwandten Gattungen oder in natürlichen Familien. Von den *Labkräutern* kommen in unserm Norden nur vierteilige Gattungen und dreiteilige Arten *(Asperula tinctoria)* vor. Die mehrsten ausländischen, meist baumartigen Gattungen dieser Familie sind aber fünfteilig, einzelne auch sechs- und achtteilig; wir müssen unsere einheimischen in der Bildungsreihe ihrer Sippschaft beurteilen. Unter den *Heidekräutern* kommen neben regelrechten zehnteiligen Gattungen andere abweichende mit acht oder vier Staubgefäßen vor. Man trifft in der Familie des *Ampfers* (Polygonaceae) nebst regelmäßigen, verschiedentlich abweichende Zahlenverhältnisse an. In wenigen, und wenig zahlreichen Familien (*Wegeriche, Mohn* u. a.) findet sich endlich die verkürzte Zahl vier vorherrschend: sie sind, unter der übrigen Pflanzenwelt, was eine vierteilige Enziane in ihrer Gattung ist.

Die sehr natürliche und sehr zahlreiche Familie der *Kreuzblütler* (XVte Linneische Klasse), mit vierteiligem Kelche, vierblättriger Krone und sechs Staubfäden, von denen zwei kürzer sind, weichet auf das sonderbarste von dem allgemeinen Gesetze ab; aber auch diese Abweichung läßt sich zu dem Gesetze zurückführen. Wie die äußere Blumenhülle, der Kelch, ähnlich den Blättern ist und mit ihnen von gleicher Natur, so ist die innere Blumenhülle, die Krone, den Staubgefäßen verwandt. Die gefüllten Blumen unserer Gärten sind solche, deren Staubgefäße durch Überwuchern in Kronblättern umgewandelt sind: sie sind auch, wenn die Verwandlung vollendet ist, unfruchtbar. Die Betrachtung der Naturspiele, Mißbildungen und Monstruositäten, verbreitet viel Licht über die Bedeutung der Organe, die sie betreffen. Wir werden demnach bei den Kreuzblumen die Kronblätter als umgewandelte Staubgefäße betrachten; und die Natur bestätigt in der Tat diese Deutung an dem *Täschelkraut* (Thlaspi bursa-pastoris), welches man oft ohne Blumenkrone und mit zehn ausgebildeten Staubgefäßen antrifft. Diese Spielart lehrt uns, wie die Bildung der Kreuzblumen von dem Gesetze abzuleiten sei, zu welchem sie zurückgekehrt ist.

Unter den spitzkeimenden Pflanzen bilden etliche Gräser und Halbgräser abweichend nur eines oder zwei Staubgefäße aus (*Festuca myurus* L., *Anthoxanthum odoratum* L. u.a.). Einzelne vierteilige Arten kommen unter sechsteiligen Gattungen vor; z. B. unter den Graslilien das *Schattenblümchen* (Convallaria bifolia), die *Einbeere* (Paris quadrifolia) mit acht Staubgefäßen sind jenen Graslilien vergleichbar, die nur im Zahlenverhältnis abweichende Formen ausbilden, so die große Gattung der sechsteiligen *Trillium,* deren Arten alle ausländisch sind. Die *Orchideen* haben, bei dem sonderbaren unregelmäßigen Bau ihrer Blume, noch eine sechsteilige Blumenhülle; ihnen sind in dieser Hinsicht die *Gewürzarten* der heißen Zone, mit nur einem Staubgefäß, zu vergleichen. Es scheinen nur einige wenige Wasserpflanzen unter dem Gesetze nicht zu stehen. Die Zahlen 1, 2 oder 4, die sie zeigen, möchten von der 3 nicht abzuleiten sein und die den Moosen eigentümliche 4 einer niedrigeren Entwicklungsstufe angehören.

Wir kehren auf einen Augenblick zu den einfacheren Formen des Lebens zurück, die wir fast nur zweifelnd als Tier oder als Pflanze zu bezeichnen vermochten. Wir können eine der ernstesten und gewichtigsten Fragen der Naturlehre, die beim Anschauen dieser Wesen sich uns aufdrängt, nicht unerwäget beseitigen. Wir werden diese Frage zu entscheiden uns nicht vermessen: es möchte vielleicht noch nicht an der Zeit sein, es zu tun. Wir werden wie der unparteiische Jurist verfahren, die Frage feststellen und die betreffenden Tatsachen aufzählen, insofern solche bewahrheitet sind.

Findet eine *freiwillige Erzeugung* statt? (Generatio aequivoca).

Alle Tiere aus dem Ei, alle Pflanzen aus dem Samenkorn, ist ein bekannter, ein alter und seit eh und je mit Ehrfurcht wiederholter Ausspruch der ersten Lehrer der Wissenschaft. Bewährte sich die Gültigkeit desselben, und ergäbe es sich aus der Untersuchung, daß es sich in der Natur wirklich auch also verhält, so würden wir uns dabei beruhigt fühlen, indem wir das Gesetz, welches unter den Wesen, die unserm Auge näher gerückt sind, herrschet, in der ganzen Natur herrschend und allgültig fänden. Wir erwarten es *also* zu finden; wir gestehen uns ein, daß wir nicht begreifen können, daß es *anders* sei. Wir dürfen aber nicht das, was wir nicht begreifen können, aus dem Grunde, weil wir es nicht begreifen können, leugnen. *Wir müssen die Natur fragen, ob es sei oder nicht sei.* Und, wenn wir darüber nachdenken, so dürfen wir uns auch nicht verhehlen, daß wir dasselbe Gesetz, bei dessen Allgültigkeit wir uns beruhigt fühlen würden, eben auch nicht begreifen, und uns nur nicht, es nicht zu begreifen, bewußt sind, weil wir nicht dazu gekommen, uns darüber zu verwundern, da es uns immer so, und nie anders vorgekommen ist.

Das Geschlechtsverhältnis, welches unter den vollkommneren Lebensformen obwaltet, erleidet aber auch unter den unvollkommneren unzählige Abänderungen. Oft vereinigt jedes Tier beide Geschlechter, und eine Begattung findet bei wechselseitiger oder auch bei Selbstbefruchtung jedes einzelnen statt; oder jedes Tier befruchtet sich selbst, ohne Paarung. Andere Tiere erscheinen uns geschlechtlos, und wir sehen in der Auster junge Austern entstehen, wie die geschlechtslosen Algen Keimkörner zur Vermehrung ihrer Art hervorbringen.

Wir sehen endlich die Polypen sich durch Teilung, Augen und Sprosse vermehren, in einer Weise, die uns eher eine Fortsetzung, als eine Fortpflanzung des Lebens zu sein scheint. Also werden auch die vollkommneren Pflanzen durch Ableger, Stecklinge, Sprosse, Knollen, Zwiebeln, Augen und andere ihrer Teile vermehrt, unabhängig von ihrer Fortpflanzung durch den Samen. In den Ablegern dauern alle Eigenheiten und Krankheiten der alten Pflanze fort, Farbe der Blumen, Gefülltheit, Bleichsucht u.s.w. Durch Ableger haben wir oft nur das eine Geschlecht von zweihäusigen ausländischen Gewächsen in unsern Gärten vermehrt; ein neues selbstiges Leben entfaltet sich nur aus dem Samenkorn. Wie möchte bei den Nulliporen, den Seeschwämmen u.s.w. eine Fortpflanzung durch Eier denkbar sein?

Wir fragen also nicht, ob ein Tier anders als aus einem Ei, ob eine Pflanze anders als aus einem Samenkorn und ein Lebendiges ohne vorhandenen, vorgebildeten Keim aus den belebbaren Naturstoffen entstehen *könne,* sondern ob es wirklich entstehe? Wir müssen einiges aus der Naturgeschichte der Eingeweidewürmer anführen. Man kennt bereits von diesen rätselhaften Wesen bei tausend Arten. Andere gehören verschiedenen Tierarten, andere nur einer einzigen an. Sie haben in verschiedenen innern Teilen des tierischen Körpers ihren bestimmten Sitz. Sie stehen auf sehr ungleichen Entwicklungsstufen. Einigen sind Nerven nicht abzusprechen. Das Geschlecht ist bei vielen ausgebildet. Bei den einen sind die Geschlechter getrennt, bei den andern vereinigt. Die Art und Weise ihrer Begattung und Fortpflanzung innerhalb des tierischen Körpers ist bekannt. Etliche sind lebend gebärend, etliche verstreuen eine außerordentliche Menge Eier, die verhältnismäßig groß zu nennen sind und von denen viele durch die Naturwege abgeführt werden, indem schon wenige zur Erhaltung der Art hinreichen. Etliche sorgen für die Wohlfahrt ihrer Brut, indem sie ihre Eier zwischen den Häuten der Eingeweide an gesicherter Stelle verwahren. Die Weibchen sind in der Regel zahlreicher als die Männchen. Andere *(Blasenwürmer, Finnen)* erweisen sich als geschlechtslos und werden stets ohne Eier, die an den Tieren der niedern Ordnungen leicht wahrzunehmen sind, gefunden. Diese leben einsiedlerisch, jedes Individuum in einer eigenen Blase, wie das Küchlein im Ei, eingeschlossen und abgesondert.

Die Arten der Eingeweidewürmer sind unveränderlich und unwandelbar. Ihre Ernährungsart und die Temperatur des Mittels, worin sie in warmblütigen Tieren leben, machen es undenkbar, daß sie zugleich außerhalb des tierischen Körpers, etwa im süßen Wasser, bestehen könnten, und keine ist auch je außerhalb desselben und unter andern Lebensverhältnissen, als den bestimmten ihr entsprechenden, beobachtet worden. Anzunehmen, daß eine Verwandlung statt fände, und daß dieselbe Art unter wechselnden Bedingungen sich anders ausbilde: Die Art etwa eines Süßwasserwurmes, des Blutegels oder eines andern, in das Innere des tierischen Körpers verpflanzt, sich zum Eingeweidewurme umgestalte, hieße bloß erdichten, wo beobachtet werden soll, und die Erdichtung würde sich ohnehin aus dem Folgenden als unzulänglich erweisen.

Von den eierlegenden Arten, die im Darmkanal leben (*Spulwurm, Bandwurm* u.a.) möchte es nicht undenkbar sein, ob es gleich höchst unwahrscheinlich bliebe, daß ihre Verbreitung durch Eier geschehen könne, die mit den Speisen und dem Getränk von außenher aufgenommen würden. Man könnte selbst Tatsachen für diese Meinung anführen. Eingeweidewürmer, die in Fischen einer bestimmten Art vorkommen, sind auch im Darmkanal der Wasservögel, welche diese Fische verzehren, beobachtet worden, und selbst da nur mit entwickeltem Geschlechte. Wie aber wäre eine ähnliche Verbreitungsweise möglich bei den lebendig gebärenden Arten und bei denen, welche ihren Sitz nicht im Darmkanal, sondern in andern, innern und abgesonderten Organen haben, zu welchen ihre Eier, die viel hunderttausendmal größer sind, als der Durchmesser der Verzweigungen der Blutgefäße, erweislich nicht durch den einzig erdenklichen Weg des Blutumlaufes, gelangen konnten? Der *Nierenwurm* (Strongylus gigas) findet sich am häufigsten in den Nieren des Menschen und verschiedener Säugetieren, wo er zu einer Länge von 3 Fuß, bei einem Durchmesser von einem halben Zoll, heranwächst. Bei diesem Eingeweidewurm, der auf der höchsten Entwicklungsstufe dieser Tierreihe steht und deutliche Nerven hat, sind die Geschlechter getrennt und die Eier groß. Die Blasenwürmer, die von allen Organen der Fortpflanzung entblößt erscheinen, entwickeln sich in dem Gehirne, in den Muskeln und selbst in dem Herzen. Man hat endlich wiederholte und genügende Beobachtungen von dem sonderbaren Falle, daß ungeborene Tiere und das Kind im Mutterschoße bereits entwickelte Eingeweidewürmer geheget haben.

Es ergibt sich aus der Gesamtheit der wohlerwogenen Tatsachen, daß von dem Standpunkte unseres jetzigen Wissens aus, von der Art und Weise der Verbreitung und Mitteilung der Eingeweidewürmer und von ihrem Bestehen im Wechsel der Geschlechter der Arten, auf welche sie angewiesen sind, keine Rechenschaft gegeben werden kann. Man hat nur die Wahl, die Tatsachen vorläufig noch auf sich beruhen zu lassen, oder dem Ausspruche derjenigen beizupflichten, die da behaupten, daß in jedem Tiere, und so oft es aufs Neue mit Eingeweidewürmern behaftet wird, die Erstlinge der mit Geschlechtern begabten Arten, und die sämtlichen Individuen der geschlechtslosen nach unwandelbarem Urbild durch freiwillige Erzeugung entstehen. Und es handelt sich hier von Tieren, die nicht auf der niedrigsten Stufe des Lebens stehen, und von denen etliche mit deutlichen Nerven begabet sind.

Wir haben schon die Blattpilze mit den Eingeweidewürmern verglichen und müssen hier auf diesen Vergleich zurückkommen. Wenn im Herbste die Blätter fallen, verstreuen die Blattpilze die Keimkörner, aus denen sie fast ganz bestehen, in unendlicher Menge; wenn aber im künftigen Sommer ein neues

Geschlecht der Schmarotzerpflanzen in den neuen Blättern erscheint, wissen wir uns den Weg nicht zu erklären, auf welchem die Keimkörner in deren Zellgewebe gelangen konnten. Es lassen sich mit diesen Pflanzen, in Hinsicht ihrer Verbreitung, Versuche anstellen, denen man die ihnen vergleichbaren Geschöpfe der tierischen Reihe nicht leicht unterwerfen kann; das Licht, welches man auf die einen werfen würde, müßte auf die andern zurückstrahlen. – Man hat ohne sonderlichen Erfolg versucht, Bäumen, die zuvor rein von Blattpilzen gewesen, solche mitzuteilen, indem man ihnen die Keimkörner eingeimpft, oder sie ihren Saugwurzeln zugeführt. Diese Versuche müssen vervielfältigt werden. Man darf andere Beobachtungen und Versuche, die für eine Fortpflanzung ohne freiwillige Erzeugung sprechen, nicht mit Stillschweigen übergehen. Die Landwirte sind der Meinung, daß der schwarze *Brandpilz* unserer Saaten (Uredo segetum P.) mit dem Getreide selbst ausgesäet werde und tragen Sorge, das Saatkorn von dem Staube dieses Pilzes möglichst rein zu erhalten. In dem Schmierbrande wird das Samenkorn zugleich von einem Pilze (Uredo foetida B.) und von einem aalförmigen Infusorium (Vibrio Tritici B.) verzehrt. Dieses Tier pflanzet sich durch Eier fort, jedes Individuum scheint beide Geschlechter zu vereinigen; es hat mit vielen andern Infusorien die Eigenschaft gemein, nachdem es jahrelang trocken und ohne alle Lebenstätigkeit gelegen, durch Feuchtigkeit wieder belebt zu werden. (In Wein untergetauchte Fliegen erwachen ebenfalls nach langer Zeit aus dem Scheintode). Ein scharfer Beobachter hat gesunden Weizenkörnern den Schmierbrand eingeimpft und solche ausgesät; in den Aehren der daraus hervorgegangenen Pflanzen haben Pilz und Infusiorium gewuchert. Es läßt sich daraus schließen, daß Keimkörner und Eier mit dem aufsteigenden Safte der Pflanze in die Fruchtknoten derselben gelangt sind.

Die Erscheinung der Infusorien oder mikroskopischen Tiere ist häufig der freiwilligen Erzeugung zugeschrieben worden.

Als Beweis für dieselbe kann sie, streng genommen, nicht gelten. Man hat noch nie die Versuche mit der erforderlichen Sorgfalt angestellt, um sich versichert zu halten, daß nicht mit der Luft oder dem Wasser die Eier oder die Brut dieser Geschöpfe in die Aufgüsse gekommen sind, und nicht bloß Entwicklung und Vermehrung stattgefunden hat, wo eine ursprüngliche Entstehung bewiesen werden sollte. Wir sind auf dieser äußersten Grenze der Wahrnehmung unserer Sinne der Täuschung gar zu bloß gestellt. Das bestimmte Vorkommen ähnlicher Tiere in gewissen Flüssigkeiten des gesunden tierischen Körpers möchte schwieriger zu erklären sein.

Den Infusorien sind unter den Pflanzen die Pilze und vorzüglich die Schimmelarten zu vergleichen. Diese stellen sich, wie die Infusorien, überall ein, wo nur die zu ihrer Entwicklung günstigen Bedingungen eintreffen. Sie sind, wie sie, und gleich unerweislich, der freiwilligen Erzeugung zugeschrieben worden. Die Pilze verstreuen eine unglaubliche Menge von überaus feinen Keimkörnern; sie lassen sich aus denselben leicht erziehen, und es bleibt, wo sie sich von selbst vorfinden, unerwiesen und unerweislich, daß nicht eine erste Aussaat stattgefunden hat. Verschiedene Arten Erdschwämme werden in verschiedenen Ländern angebaut. Die Aussaat pflegt mittelst des Wassers zu geschehen, worin man Pilze der Arten, die man erhalten will, ausgebrühet und gesotten hat. Es ist bei diesem Verfahren merkwürdig, daß die Hitze des siedenden Wassers die Keimkörner nicht zerstört.

Wir fügen hier noch zwei Bemerkungen hinzu. Die niedrigeren Lebensformen, Tier und Pflanze, finden sich in der Regel weiter und allgemeiner verbreitet auf der Erde, als die vollkommneren und höher entwickelten, welche nur innerhalb bestimmter geographischen Grenzen vorzukommen pflegen. – Verschiedene Arten Flechten und Moose, die nur unter gewissen Bedingungen und innerhalb gewisser Grenzen Früchte tragen, erhalten sich noch häufig in Gegenden, wo man sie nie fruktifizierend beobachtet hat, und wo sie, des Vermögens sich fortzupflanzen, anscheinlich entblößt, dennoch einen namhaften Teil der Vegetation ausmachen. Die Verfechter der freiwilligen Erzeugung können diese Erfahrungen zu Gunsten ihrer Lehre auslegen.

Die Frage über die freiwillige Erzeugung führt zu einer zweiten, die neuerdings wiederum in Anregung gebracht worden ist, und daher nicht übergangen werden darf.

Finden in der organischen Natur *Verwandlungen* der Arten statt? Werden Pflanzen zu Tieren und Tiere zu Pflanzen? Pflanzen von bestimmter Gattung und Art zu anderen, der Gattungen und Art nach, verschiedenen Pflanzen? Bilden sich endlich die einfacheren Lebensformen stufenweise zu vollkommneren Lebensformen aus?

Die von den Verfechtern der Verwandlungslehre zur Beglaubigung derselben angeführten Tatsachen scheinen uns, wir müssen es gestehen, aller Zuverlässigkeit zu ermangeln.

Aus Wasserfäden scheinen Infusionstierchen hervorzugehen, und nachdem ihr Geschlecht ausgestorben, geht der rückständige Stoff wiederum in Wasseralgen über.

Soll denn hier etwas anderes vorgegangen sein, als was wir fortwährend sich ereignen sehen, und was Gesetz ist in der organischen Natur? Denselben Urstoff eignen sich an und beleben abwechselnd verschiedenartige Wesen, Tiere oder Pflanzen. Ihre Geschlechter verdrängen einander, wechseln nacheinander ab, der Stoff hat sich verwandelt, sie aber sind unwandelbar geblieben. Soll der Mehlwurm für eine Verwandlung des Weizenkorn gelten?

Zwei Pflanzen, von denen die eine offenbar auf der anderen wächst, sind für eine in der Verwandlung begriffene Pflanze angesehen und ausgegeben worden. Soll die Mistel oder gar der Efeu für eine Verwandlung der Eiche gelten?

Endlich sind oft die Arten der einfacheren, geschlechtslosen Pflanzen immer noch nur mangelhaft bekannt. Es werden namentlich dieselben Pflanzen auf verschiedener Stufe ihrer eigentümlichen Entwicklung nicht selten als verschiedene Arten verschiedener Gattungen aufgeführt. Die Wurzeln unausgebildeter Pilze werden für eigene Pilze, aufkeimende Moose, Flechten und Algen vor dem Erscheinen ihrer Frucht, für eigene Arten angesehen. Der Irrtum ist in vielen Fällen eingestanden und berichtigt worden; er scheint in andern, den Anhängern der erneuerten Lehre Waffen an die Hand zu geben.

Könnte man es dem Unkundigen verargen, der zuerst die Verwandlung einer Froschlarve in einen Frosch, einer Raupe in einen Schmetterling beobachtet hätte, zu glauben und zu verkünden, daß er der Verwandlung eines Fisches in ein Amphibium, eines Wurmes in ein Insekt zugeschaut habe? Also unkundig und fremd sind wir noch in jenem Naturgebiete, welches ferner von uns liegt, und in das wir meist nur durch das Mikroskop hineinzublicken vermögen. Man sieht mit diesem köstlichen Instrumente nur zu oft, was man zu sehen erwartet, was man zu sehen begehrt. – Wer mit vorgefaßter Meinung beobachtet, der gibt sich der Täuschung hin.

Wir glauben, nach dem Gesagten, den zweiten Teil der Frage: Ob die einfacheren Lebensformen sich stufenweise zu vollkommneren Lebensformen ausbilden?, beseitigen zu können. Wir beharren auf dem Gebiete der Erfahrung, die Naturgeschichte verweiset hierüber an die Naturphilosophie.

Wir werden nun die Pflanzen im *Haushalte der Natur* betrachten. *In jeder bestehenden Ordnung bedingt jegliches Glied das Ganze und das Ganze jegliches Glied.*

Wir kennen nur die Oberfläche der Erde. Das ältere und tiefer liegende Gestein, das sich uns zeigt, ist der *Granit*. Wir nennen ihn vorzugsweise Urgebirge. Seine Bildung ist älter als alles organische Leben. Wo der Granit nackt hervorragt, verwittert zuerst, unter Einwirkung der wechselnden Temperatur und der Feuchtigkeit, der *Feldspat,* die eine der drei einfachen Steinarten, aus denen er gemengt ist.

Die Flechten vermögen zuerst auf der rauheren Oberfläche des verwitternden Feldspats zu wachsen. Sie schöpfen ihre

Nahrung einzig nur aus dem Dunstkreis, und ihre Lebenstätigkeit stellt die Urstoffe als pflanzliche Stoffe dar. Sie überziehen den Felsen mit einer dünnen Rinde, in welcher sich bald die Moose ansiedeln und gedeihen können. Diese setzen das Werk der Flechten fort, und indem sie fortwährend wachsen und absterben, erzeugen sie aus ihren Überresten den *Humus* oder die vegetabilische Erde und bereiten den Boden zum Empfange der vollkommneren Pflanzen vor. An selbiger Stelle wechseln nun die Geschlechter der Pflanzen nach und über einander. Ihre Rückstände bereichern fort und fort für den Humus, bis er zu einer Schicht anwächst, die Wälder hochstämmiger Bäume tragen kann. Die Vegetation scheint in der gemäßigten und selbst in der kälteren Zone unter einem neblichten und feuchten Himmel, der dem Wachstum der Flechten und Moose förderlich ist, sich leichter anzusetzen, als in der heißen Zone, in welcher letzteren sie, einmal begonnen, schneller und kräftiger fortschreitet und um sich greift.

Die pflanzliche Erddecke schützt den Gebirgskern vor den Fortschritten der Verwitterung. Dem südlichen Dichter sind seine bewaldeten Höhen ein Bild der ewig frischen Jugend und der Unzerstörbarkeit; der Barde des Nordens, der die Zerstörung des Alters betrauert, weiset dessen feindliche Macht an den kahlen Scheiteln seiner Berge nach. In Winterlanden sprenget in der Tat jeglicher Winterfrost neue Lagen des Felsens, und jedes Frühjahr bringet neue Trümmer herab.

Die Pflanzen atmen ein und dünsten aus, verfestigen und verflüchtigen wechselweise die Stoffe und unterhalten, im Leben und im Tode, einen beständigen Verkehr zwischen dem Dunstkreis und der Erde. Von der Bedeutsamkeit des Verfestigungsvermögens der Pflanzen in der Natur, geben die Torfmoore ein Zeugnis ab. Viele haben einen Umfang von mehreren Meilen und über zwanzig Fuß Mächtigkeit. – So wie die Korallenriffe und Inseln des Großen Ozeans Erzeugnisse des tierischen Lebens sind, so sind die Torfmoore Erzeugnisse des pflanzlichen.

Die Pflanzen bewirken aus der feuchten Luft einen tropfbaren Niederschlag. Der Tau des Himmels läßt sich auf die Wälder nieder, die Moose hegen die Feuchtigkeit und leiten sie der Erde zu. Die Vegetation unterhält in vielen Fällen die Quellen, und diese versiegen, wo der Wald ausgerottet wird.

Das pflanzliche Leben ist auf dem Lande Bedingung des tierischen. Die Pflanze eignet sich zuerst die unorganischen Naturstoffe an und verarbeitet sie für das Tier; das Tier lebt von der Pflanze. Es muß erst Pflanzen geben, bevor es Tiere geben kann. Anders verhält es sich im Meere; die niedrigen Lebensformen im Wasser sind tierische Lebensformen. Sie vertreten im feuchten Elemente die Stelle der Pflanzen des festen Landes. Die ersten Tiere des Landes ernähren sich unmittelbar von Pflanzen und dienen sodann andern Tieren zur Nahrung. In der Haushaltung der Natur sind die Tiere, die sich von pflanzlichen Stoffen ernähren das Mittel, wodurch diese Stoffe für den Verbrauch der Raubtiere verarbeitet werden. Die Nager und die Wiederkäuer scheinen nur da zu sein, um dem Geschlechte der Hunde und Katzen seine Nahrung aus den Pflanzen zu bereiten, und dem Zwecke zu entsprechen, zugleich ihre Arten zu behaupten, haben die ersten eine außerordentliche Fruchtbarkeit, die andern aber eine größere Körpermasse und Verteidigungswaffen erhalten. Ebenso verhalten sich die Singvögel und Hühner zu den Adlern. Die Raubtiere stellen sich uns dar, als die edleren Geschöpfe: sie erscheinen als Zweck, wo die übrigen als Mittel erscheinen. Über alle erhebt sich der Mensch und nennt sich König der Tiere, von denen er die mehrsten zu seinem Raube macht und den wenigsten zum Raube wird.

Aber was sich einerseits als Zweck darstellt, erweiset sich andrerseits eben auch als Mittel. Ein vielfältiges Band wechselseitigen Bedürfnisses verbindet untereinander alle Geschöpfe und läßt die Einheit der Natur aus der Vielheit ihrer Erzeugnisse hervorgehen. Das Bestehen jeder Art beruht auf dem Bestehen vieler anderen Arten; jede wird durch andere erhalten, durch andere beschränkt und erhält und beschränkt hinwiederum andere.

Die Insekten stehen zunächst in Wechselbeziehungen zu den Pflanzen. Meist sind bestimmte Arten an bestimmte Pflanzenarten oder -gattungen gebunden. Die mehrsten Pflanzen haben unter den Pflanzen und den Insekten ihre Schmarotzer. Viele Insekten legen ihre Eier in das Zellgewebe der Pflanzen, und der Stich bewirkt Anschwellungen und Auswüchse, in welchen die ausgekommenen Larven Schutz und Nahrung bis zur Zeit ihrer Verwandlung genießen. Die Larven anderer zehren von den Früchten, den Blättern, den Wurzeln oder dem Holze der Pflanzen. Andere sind auf die Erdschwämme angewiesen. Die Raupe legt auf der Pflanze, deren Blätter sie benagt, und der Schmetterling ist mit der Blume verglichen worden, die, von ihrem Stengel abgelöset, sich aufgeschwungen hat. Andere Insekten, wie die Blattläuse und die ihnen ähnliche Cochenille, (welche nur auf einer Art der *Fackeldistel, Cactus coccinellifer* sich ansiedelt), vollbringen auf der Pflanze ihren ganzen Lebenskreis und überdecken sie mit ihren schnell sich vermehrenden Geschlechtern. Unter dem Namen *Mehltau* werden bald solche Schmarotzerinsekten und bald Schmarotzerpilze (Alphitomorpha) bezeichnet. Andere Insekten, wie die Heuschrecken und Maikäfer, verzehren die Blätter der Gewächse, andere saugen den Honig der Blumen aus; wir haben bereits bemerkt, daß sie zugleich die Bestäubung der Narbe bewirken, die bei vielen Pflanzen ohne sie nicht erfolgen würde. Sie sind demnach eine notwendige Bedingung des Bestehens dieser Pflanzenarten.

Wie in vielen Fällen die Befruchtung der Blume auf den Insekten beruhet, die dort Honig holen, also beruhet auch bei sehr vielen Gewächsen die Verstreuung des Samens und die Verbreitung der Art auf den Tieren, die sich von ihren Früchten ernähren; und es ist zu bemerken, daß sotane Verbreitung in eben dem Maße stattfindet, als sie dem Bedürfnisse der Tiere entspricht, die sie bewirken. Dieses ist vorzüglich bei den Pflanzen mit fleischigen Samenbehältern der Fall, so beim Obst, den Steinfrüchten, den Beeren. Die Früchte sind den Tieren zur Nahrung, die Tiere den Pflanzen zur Beschickung der Aussaat gegeben. Säugetiere und Vögel teilen sich in diesem Amte. Die Aussaat manches Gewächses ist bestimmten Vogelarten anvertraut. Die Keimfähigkeit mancher Samenart muß erst durch die Wärme des tierischen Körpers gefördert werden. Die *Misteldrossel* (Turdus viscivorus) verbreitet allein den Samen der *Mistel* (Viscum album), der in ihrem Kote auf den Bäumen keimt, Wurzel im Holz faßt und mit fremdem Laube unsere Bäume schmückt. Die Wasservögel sind zwischen den abgesonderten Binnenwassern und Flüssen verbindende Boten, welche Keime und Sämereien von den einen zu den andern hinübertragen; und selbst die Raubtiere dienen der Verbreitung der Pflanzen, indem sie das friedlichere Wild, an welchem Samen haften, verscheuchen und in die Weite treiben.

Die Samen oder Samenbehälter vieler Pflanzen sind verschiedentlich mit Häkchen versehen, vermittelst derer sie sich an die Wolle, die Mähnen, die Haare der Tiere anhängen und ihnen zur weiteren Fortbringung anvertrauen, z. B. *Arctium,* die Klette; *Bidens,* der Zweizahn; *Agrimonia,* der Odermennig; *Geum,* Nelkenwurz oder Benediktenkraut u. a. Sie sind bei anderen Gewächsen leicht und verschiedentlich geflügelt oder durch Wolle, Kronen oder Bärte befähigt, sich lange schwebend in der Luft zu erhalten; Winde und Stürme entführen sie und verbreiten sie in die Weite, z. B. *Betula,* die Birken; *Ulmus,* die Ulmen; *Acer,* die Ahorne; *Populus,* Pappeln; *Salix,* die Weiden; *Typha,* Rohrkolben; *Sonchus,* Gänsedistel u. a. Die Natur hat, wie für die Befruchtung der Blumen, so auch für die Verbreitung des Samens jeglicher Pflanze anders, aber gleich mütterlich gesorgt. Die Tiere, die, ihre Nahrung zu suchen, die Erde aufwühlen, die Vögel von dem Hühnergeschlechte u. a., verscharren den

Samen der Pflanzen und sichern sein Aufkeimen im Schoß der Erde.

Der Mensch kann endlich auch als Mittel im Haushalt der Natur betrachtet werden. Mit den Tier- und Pflanzenarten, die er sich aneignet, und die er zu seinen Zwecken erzieht und vermehrt, erfreuen sich zugleich, nach Schmarotzerweise, viele andere Arten seiner sorgsamen Pflege, und folgen ihm auf seinen Zügen bis zu den Grenzen, die das Klima, welches sie zu ertragen vermögen, jeglicher von ihnen setzt. Denn er selbst, das nackte, schwache Tier, Herr durch den Geist, wird auf der ihm untertanen Erde von keiner anderen Grenze beschränkt als dem Polareise, vor welchem alles Leben überhaupt erstarrt.

Wo der gesittete Mensch einwandert, verändert sich vor ihm die Ansicht der Natur. Ihm folgen seine Haustiere und nutzbaren Gewächse; die Wälder lichten sich; das verscheuchte Wild entweicht; seine Pflanzungen und Saaten breiten sich um seine Wohnung aus; Ratten, Mäuse, Insekten verschiedener Art siedeln sich mit ihm unter seinem Dache an; mehrere Arten Schwalben, Finken, Lerchen, Rebhühner, begeben sich unter seinen Schutz, und genießen als Gäste, Früchte seiner Arbeit. In seinen Gärten und Feldern wuchern als Unkraut unter den Gewächsen, die er anbaut, eine Menge anderer Pflanzen, die sich freiwillig denselben zugesellen und gleiches Los mit ihnen teilen; und wo er endlich den ganzen Flächenraum nicht eingenommen, entfremden sich seine Hörigen von ihm, und selbst die Wildnis, die sein Fuß noch nicht betreten hat, verändert die Gestalt. Unzählige Herden verwilderter Pferde und Rinder erfüllen die innern Ebenen von Amerika, und das flache Land von Chile zieret sich mit Wäldern von Apfelbäumen, deren Samen die Rinder verbreitet haben.

Wir können hier, unter einem Himmel ohne Glut, auf einer Erde ohne Fruchtbarkeit, den Bereich dieser Umwandlung unter der Einwirkung einer kräftigeren Sonne, nicht ermessen. Der Winter unterdrückt für uns während der Hälfte des

Jahreskreises alles Leben. Der entlaubte Baum schlummert in seinen Knospen, die Staude in ihrer Wurzel, das Kraut noch nur in seinem Samen. Das Insekt schlummert im Ei oder in der Puppe; wenige Insektenlarven halten sich in der Tiefe der Erde oder des Wassers versteckt. Das Leben schlummert im Wasser unter dem Eise. Die mehrsten Vögel sind ausgewandert, die mehrsten Säugetiere schlafen, wie die Amphibien, den Winterschlaf. Wenige der kräftigeren Arten der warmblütigen Tiere vertrauern kümmerlich die harte Zeit. Der Frühling ist das Erwachen aus einer langen verzögernden Krankheit. Daß der Mensch sich in Winterlanden anzusiedeln und daselbst zu bestehen vermocht hat, wird dem unbegreiflich, der selbst mildere Wärme empfunden, deren sich der größte Teil der bewohnbaren Erde ununterbrochen erfreut. Zwischen den Wendekreisen, wo nur die Feuchtigkeit, andere Bedingung des Lebens, nicht fehlt, schafft und wirkt die Natur unaufhaltsam; unaufhaltsam schreitet das Leben fort, die Fülle ist nur Begrenzung. Neu eingeführte Arten werden entweder unterdrückt, oder sie verbreiten sich schnell, und was ursprünglich einheimisch, oder fremd und verwildert ist, ist bald nicht mehr zu unterscheiden.

Die *Kornrade* (Agrostemma gitago), die Kornblume (Centaurea Cyanus), der *Hederich* (Rhaphanus raphanistrum) mögen als Beispiele von Pflanzen dienen, die mit den Cerealien eingewandert sind, und nur als ihre Begleiter vorkommen. Beide andere Arten, die im südlichen Europa auf gleiche Weise unter dem Getreide wachsen, mit ihm geerntet und mit ihm wieder ausgesäet werden, verlieren sich allmälig, so wie man gegen Norden vorschreitet, und werden bei uns nicht mehr gesehen. Die bei uns noch ausdauernden verlieren sich auch nördlicher, und die Kornblume verschwindet bei Umea gegen den 64sten Grad nördlicher Breite, während die Gerste noch im nördlichsten Lappland und dem 70sten angebauet wird. Wir nennen als Beispiele fremder eingeführter Pflanzen, die bei uns verwildert sind, den *Stechapfel* (Datura Stramonium L.), die *Nachtkerze* (Oenothera biennis L.) und die *Weiße Dürrwurz* (Erigeron canadense L.). Die erste dieser Pflanzen stammt aus Ostindien her (andere sagen aus Amerika) und soll von den Zigeunern, die sie als Arznei gebrauchten, geflissentlich ausgesäet worden sein; die beiden letzteren sind nordamerikanische Gewächse, die sich aus unsern Gärten befreiet haben.

Mit der Geschichte unseres Geschlechtes und seiner Wanderungen ist die unserer Haustiere und nutzbaren Gewächse wesentlich verflochten. Vermöchte die Naturgeschichte, uns über das ursprüngliche Vaterland der letzteren zu belehren, so würde sie uns zugleich über uns selbst und die Kindheit unserer Zivilisation Rede stehen. Aber auch ihr Schweigen ist belehrend. Wir widmen einige Momente einer näheren Erörterung.

Die mehrsten Arten, die der Mensch sich unterworfen hat, sind nirgends mehr in ihrem ursprünglichen und natürlichen Zustande aufzufinden. Der *Haushund,* der treueste Diener und Gefährte des Menschen, ist fähig wie dieser, unter jedem Himmel auszudauern. Er wird bei keinem Volksstamme der alten Welt vermißt; er war den Insulanern der Südsee auf ihre meerumspülten, weitabgeschiedenen Wohnsitze gefolgt. Man fand bei der Entdeckung von Amerika zahme Hunde auf den westindischen Inseln, und die Bewohner von Chile scheinen auch diese Tiere gekannt zu haben, da sie dieselben in ihrer Sprache nennen, und die eingeführten Tiere nur unter ihren fremden Namen kennen. – Der Haushund kann zu keiner wilden Art des Hundegeschlechts mit Zuverlässigkeit zurückgeführet werden. Er hat mit dem tatarischen, kaukasischen, ägyptischen *Schakal* die nächste Verwandtschaft; man waget aber nicht, die Gleichheit der Arten auszusprechen. Unter den Naturforschern wird jetzt die Meinung vorherrschend, daß die Art des Haushundes keine ursprüngliche sei, sondern daß sie aus der Vermischung anderer Arten, des Schakals, des Wolfes, des Fuchses, der Hyäne u.s.w., die alle in ihrem Vaterlande gezähmt worden, hervorgegangen sei. Aber der Spitz, die Dogge, der Bologneser, das Windspiel, der Pudel, der Mops, der Hund der Südseeinseln und der isländische Hund erkennen unbedingt einander an, und keiner von ihnen läßt unbezweifelt eine andere Hundeart für seinesgleichen gelten. Vermischungen finden selten statt, und meist nur durch Not herbeigeführt.

Das *Schwein* ist weniger allgemein, aber ebensoweit verbreitet als der Hund. Es war auf den Südseeinseln vor ihrer Entdeckung, und es ist eben auch unentschieden, ob es sich in Südamerika vorgefunden hat. In der chilenischen und andern amerikanischen Sprachen finden sich Namen dafür. Das zahme Schwein ist zuversichtlich nicht verschieden von der wilden Art, die in Europa und dem größten Teil von Asien einheimisch ist.

Das *gemeine Rind* wird nur mit Zweifel zu dem *Auerochsen* zurückgeführt, der in Litauen, Moldavien und am Kaukasus einheimisch, aber selten ist, und den einige für nicht verschieden von dem amerikanischen *Bison* halten. Andere erkennen die Stammart in einem Tiere, welches ehedem in Europa wild war und sich bis zum XV. und XVI. Jahrhundert in Polen erhalten hat (*Urus* der Lateiner des Mittelalters, *Thur* der polnischen Schriftsteller). Zu derselben Art sollen die großen Schädel, die man unter den fossilen Knochen antrifft, gehören. Unter dem Namen *Büffel* werden verschiedene Arten einbegriffen und verwechselt. Der gemeine Büffel, der in Südeuropa als Haustier gehalten wird, ist zweifelhaften Ursprungs. Der ostindische Büffel oder *Carabao* ist davon weit verschieden. Dieses Tier und andere asiatische Rinderarten sind in den Gegenden, wo sie ursprünglich wild vorkommen, gezähmt worden und haben sich nicht weiter verbreitet.

Das *Schaf* und die *Ziege* sind von keiner asiatischen oder europäischen Art desselben Geschlechtes mit Zuverlässigkeit abzuleiten, und man hat sie, wie den Hund, für Bastardarten angesehen, die aus der Vermischung anderer Arten entstanden sind.

Das *Pferd* wird in den Steppen Asiens wild angetroffen. Ob es aber dort ursprünglich wild, oder nur, wie in den südamerikanischen Ebenen, verwildert vorkommt, läßt sich so leicht nicht entscheiden. Das Pferd gilt gleichwohl für ein asiatisches Tier. Der *Esel* ist in Asien einheimisch. Er stammt von dem wilden *Onager* her.

Das *Kamel* mit einem Höcker wird noch wild an der Nordgrenze von China gefunden; es soll auch ehedem wild in Arabien gewesen sein; die Züge der Araber haben es erst nach dem Umsturz des römischen Reiches in Afrika verbreitet. Wir kennen den *Dromedar* mit zwei Höckern nur in dem Zustande der Dienstbarkeit.

Die in Nordeuropa und Westasien einheimische *Katze* ist nur spät gezähmt worden. Die alten Griechen kannten sie nicht; sie erzogen das *Wiesel* zu dem Dienst, die sie uns leistet. Die Europäer haben in neuerer Zeit die Hauskatze verbreitet, und sie ist bereits, von uns eingeführt, auf etlichen Inseln der Südsee verwildert.

Das nordische *Rentier* und zwei peruvianische *Kamelarten* dienen dem Menschen nur in ihrer Heimat.

Die *Hühner* scheinen aus Ostindien zu stammen. Ihre Art war auf den Südseeinseln vor ihrer Entdeckung allgemein verbreitet. Sie ist erst nach Homers Zeit zu uns nach Westen herübergebracht worden. Der *Pfau* ist in Ostindien und das *Perlhuhn* in Nordafrika einheimisch. Der *welsche Hahn* ist ein nordamerikanischer Vogel, welcher erst in neuerer Zeit nach Europa verpflanzt worden ist. Verschiedene Zugvögel, die *Gans,* die *Ente,* die *Taube,* haben, zu verschiedenen Zeiten gezähmt, unser Hofgeflügel vermehrt.

Unter den nutzbaren Gewächsen gebühret dem *Reis* der erste Rang. Er macht in dem milderen und wärmeren Teile der alten Welt, und demnach auf der größeren Hälfte der bewohnbaren Erde, die Hauptnahrung der Menschen aus. Dieses

Gras soll in Indien auf Tranquebar wild wachsen. Dem Reis unseres Weltteiles entspricht in Amerika der *Mais,* den man dort bei allen Völkern, die überhaupt Feldbau kannten, angebaut, nirgends aber wild gefunden hat. Das Getreide ist die volkstümliche Nahrung der Europäer. Das ursprüngliche Vaterland des *Weizens* ist nicht auszumitteln. Man soll den *Spelz* in Persien, die *Gerste* in Armenien wild gefunden haben. Der *Roggen* war den Alten unbekannt. Man vermutet, daß wir ihn im Mittelalter von asiatischen Völkern erhalten haben. Eine nahverwandte Art, die man selbst damit verwechselt hat, ist in den kaspisch-kaukasischen Steppen einheimisch. Der *Hafer* scheint den Völkern germanischen Stammes früher als den Römern bekannt gewesen zu sein. Die gewöhnlich angebauten Arten wachsen nicht wild in Europa, und wir wissen nicht ihr eigentliches Vaterland. Die *kleine Hirse* (Panicum italicum und germanicum W.), die *große Hirse* (Panicum miliaceum L.) und die *Moorhirse* (Holcus sorghum L.) werden in den südlichen Gegenden von Asien und Europa angebaut; es fehlt uns gänzlich an Nachweisen über das natürliche Vorkommen dieser Gräser. Etliche andere Getreidearten, die noch Indien besitzt, haben dessen Grenze nicht überschritten.

Der *Buchweizen,* welcher den Griechen und Römern unbekannt war, scheint uns spät von Osten her zugekommen zu sein. Er wird in China seit undenklicher Zeit angebaut; man weiß sein Vaterland nicht. Eine sehr ähnliche Art (Polygonum tataricum) vertritt dessen Stelle im südlichen Sibirien, woselbst er einheimisch ist.

Die *Kartoffel* ist erst seit 200 Jahren aus Amerika zu uns gekommen. Sie ist uns bereits fast unentbehrlicher als die Cerealien geworden, die sie in manchen Gegenden ersetzt. Sie kommt im Hohen Norden, wo kein Getreide mehr gedeiht, obgleich sie da nur sehr kleine Knollen ansetzt. Die Europäer haben sie bereits überall verbreitet, wo sie selber hingekommen sind. Diese so nützliche Pflanze soll aus Chile und Peru herstammen.

Die mehrsten unserer *Hülsenfrüchte* und *Gartengemüse* sind ebenfalls zweifelhaften Ursprungs. Wir haben sie, mit den Gaben der Zivilisation, aus dem Orient hergebracht oder erhalten, aber ihr eigentliches Vaterland ist nicht zu ermitteln. Wir folgen in ihrem Anbau der Überlieferung und lassen nicht selten einheimische Gewächse unbenutzt, vor denen sie den Vorzug kaum verdienen.

Die *Weinrebe* kommt am Kaukasus ursprünglich wild vor. Der Anbau dieses edelsten Gewächses hat sich von Westasien aus verbreitet. Der *Oelbaum,* der nächst der Weinrebe genannt zu werden verdient, scheint uns ebenfalls von dorther zu uns gekommen zu sein. Es ist wahrscheinlich, daß mehrere unserer *Obst-* und *Fruchtbäume,* wenigstens die ersten veredelten Abarten derselben, auch aus Westasien eingeführt worden sind. Man weiß es von der *Sauerkirsche* mit Bestimmtheit. Die Alten hatten bereits den *Zitronenbaum* aus dem fernen Orient erhalten; wir haben erst in neuerer Zeit die *Apfelsine* und die *Pomeranze* aus China herübergebracht.

Das *Zuckerrohr,* eine ostindische Pflanze, ist von den Alten nach Sizilien und von uns nach Amerika verpflanzt worden. Es fand sich wild oder verwildert auf den Hohen Inseln der Südsee. Wir haben den *Kaffee* und verschiedene *Baumwollarten* aus Asien, verschiedene *Spezereien* aus Ostindien, endlich den *Tee* aus China und den *Brotfruchtbaum* aus den Südseeinseln nach Amerika hinübergetragen.

Verschiedene Arten des *Tabaks* sind in verschiedenen Weltteilen und Ländern einheimisch. Wir haben uns zuerst den Tabak mit der sonderbaren Sitte des Rauchens in Amerika angeeignet. Es fragt sich indessen, ob ostasiatische und südafrikanische Völker diesen Genuß nicht schon vor der Entdeckung der neuen Welt gekannt haben, und es ist sogar wahrscheinlich, daß es sich also verhält. Alle Völker der Erde haben diesen Gebrauch mit bewunderungswürdiger Begierde angenommen. Er ist einheimisch geworden, wo er sich mit Handel und

Schiffahrt nur gezeigt hat, und ist schnell zu dem Allgemeinsten geworden unter den Menschen.

Der *Pisang* (Musa) ist seiner Früchte wegen eines der nutzbarsten Gewächses des heißen Erdgürtels; er gehört auch zu denen, die am allgemeinsten verbreitet sind. Alle angebauten Arten oder Spielarten des Pisang mit veredelter Frucht haben unter der Fürsorge des Menschen die Fähigkeit verloren, Samen zu erzeugen. Sie gehören dem Menschen an, und die Stammart läßt sich nicht ermitteln. Fruchtbare Arten derselben Gattung kommen nur in Ostindien vor. – Man hat geglaubt, und wiederum bestritten, daß sich dieses Gewächs bei der Eroberung der Neuen Welt auch im Reiche Mexiko vorgefunden habe.

Es scheint, daß die mehrsten unserer nutzbaren Tiere und Pflanzen aus Vorder- und Mittelasien herstammen. Die Insulaner der Südsee besaßen ursprünglich nur das Schwein, den Hund, das Huhn und Pflanzen, die bei ihnen oder in Hinterasien einheimisch sind. In Hinsicht Amerikas, wo sonst nur einheimische Tier- und Pflanzenarten dem Menschen angehörten, haben nur der Hund, das Schwein und der Pisang widerstreitende Meinungen veranlaßt. Die wenigen Spuren, die wir von der Geschichte unserer hörigen Tiere und Pflanzen aufzufinden vermochten, widersprechen der sonst geschichtlich begründeten Annahme nicht, daß das Hochland Asiens die erste Wiege unseres Geschlechtes gewesen ist.

Wir versuchen in schnellen Zügen ein Bild von der Natur unter verschiedenen Erdbreiten, auf verschiedenen Gebirgshöhen und in verschiedenen Weltteilen zu entwerfen. Die Pflanzen bekleiden die Erde und erteilen der Landschaft ihren Charakter. Von der ungleichen Verteilung der Pflanzen auf der Erde rühret zumeist die Eigentümlichkeit der Ansicht jeglichen Landes her. Die Gesetze dieser Verteilung zu erforschen und ihre Bedingungen in der physischen Erdkunde nachzuweisen, ist der Zweck eines eigenen Zweiges der Botanik, den man die *Geographie der Pflanzen* nennet.

Die Wärme und die Feuchtigkeit sind die Bedingungen alles Lebens. Die Vegetation hört auf, wo eine ewige Eisdecke über dem Felsen ruht. Die Wärme nimmt, einerseits von dem Äquator nach den Polen der Erde, nach Maßgabe der geographischen Breite, und andererseits unter jeglicher Breite von der Meeresoberfläche nach der Gebirgshöhe, nach Maßgabe der Erhöhung des Bodens, ab. Unter dem Äquator ist die Temperatur beständig und der ewige Winter in einer Höhe von beiläufig 2500 Toisen (zu 6 Pariser Fuß) über dem Meeresspiegel festgebannt. Kein Wechsel der Jahreszeiten findet statt und erlaubet dem Schnee sich tiefer herabzusenken. Außerhalb der Wendekreise findet mit dem veränderlichen Sonnenstande und der zunehmenden Ungleichheit der Tage und Nächte, ein Wechsel der Jahreszeiten und eine doppelte Schneegrenze statt. Die Grenze des ewigen Schnees, der nimmer schmilzt, und die, bis zu welcher er während der kalten Jahreszeit herabsteigt. Letztere senkt sich in der milderen Zone, im südlichen Frankreich und nördlichen Italien, zu Tale. Die erste wird unter gleichen Breiten auf den Gebirgen in einer Höhe von beiläufig 1400 Toisen beobachtet und senkt sich zum Meeresspiegel zwischen dem 75sten und 80sten Grad nördlicher Breite.

Die Wärme rührt von der Einwirkung der Sonne her. Diese Einwirkung ist auf große Ländermassen und auf weite Meeresflächen nicht gleichartig. Sie betrifft auf dem festen Lande zunächst nur die obere Erdrinde. Diese erwärmt sich schnell und kühlet schnell sich ab. Der Wechsel der Temperatur kann sich nur langsam und nur bis zu einer gewissen Tiefe den untern Erdschichten mitteilen. Anders verhält es sich auf dem Meere. Die Sonnenstrahlen dringen in die Tiefe; das flüssige, bewegliche Element nimmt gleichmäßiger teil an dem Wechsel der Temperatur, und da eine größere Masse erwärmt oder abgekühlet wird, so ist in dem einen und in dem andern Fall die Wirkung langsamer und mäßiger. Die Meere sind daher Ausgleicher der Temperatur. Die Landspitzen, die sich auf die südliche, meerumflossene Halbkugel erstrecken, haben, im Vergleich mit den großen Landmassen der nördlichen Halbkugel, minder warme Sommer und minder kalte Winter.

Bestimmte Strömungen des Meeres und der Luft können gewissen Landstrichen Wärme zuführen oder entziehen und dazu beitragen, die Temperatur derselben zu bedingen. Man beobachtet in der Tat, daß verschiedene Gegenden bei gleicher Polhöhe und gleicher Erhöhung des Bodens in Hinsicht des Klimas nicht übereinstimmen. Die Tatsachen müssen erst ermittelt und zusammengestellt werden, bevor man zu deren Erklärung schreiten kann. Unser Weltteil ist vor allen begünstigt. Europa genießt durchgängig unter gleichen Breiten ein wärmeres Klima als jedes andere Land. Das Meer wird im Norden von Europa in höheren Breiten frei von Eis und schiffbar befunden, als im übrigen Umkreis des Poles. Der Winterfrost dringt in Lappland unter dem 70sten Grad nördlicher Breite in die Tiefe der Erde nicht, und es friert daselbst nie in den Kellern. In Sibirien und Amerika ist unter gleicher Breite die Erde ewig festgefroren, der Sommer tauet bloß die Oberfläche auf, um das Leben der Pflanzen zu erwecken. Ja, der Boden ist an manchen Orten Eis, ein fester Eisfels, den nur eine dünne Lehmschicht und die vegetabilische Erde überdecken.

Verschiedene Pflanzen dauern bei einem verschiedenen Grad der Kälte aus, und erfordern, um den Kreis ihrer Lebensverrichtungen zu vollenden, einen verschiedenen Grad und eine verschiedene Dauer der Wärme. Die Bezirke ihrer möglichen Verbreitung werden durch diese Bedingungen verschiedentlich abgegrenzt.

Im hohen Norden, an der Grenze des ewigen Eises, wo nur während des Sommertages die schrägen Strahlen der niedrigen Sonne, die den Horizont wiederholt umkreist, ohne unterzugehen, die Schneedecke des Bodens auf kurze Zeit zu schmelzen vermögen, da wachsen zuerst *Flechten* und *Moose,* denen sich allmälig zwerghafte Formen der vollkommneren Pflanzen gesellen. Die ragenden Felsenmassen bleiben nackt, die Vegetation findet sich in den Gründen und an den bewässerten Abhängen ein. Die Last des Winterschnees drückt alles Gewächs der Erde an, kein Stamm, kein Schaft richtet sich auf. Alles sprießet und blühet dem Licht entgegen und reifet schnell seinen Samen. Die Feuchtigkeit unterhält den Rasen in frischester Grüne, und gesellig wachsende Pflanzen schmükken stellenweise die Erde mit außerordentlicher Farbenpracht.

Die arktische Flora, oder die Gesamtheit der Pflanzen des hohen Nordens, ist im Allgemeinen und im Wesentlichen im ganzen Umkreis des Poles, in der alten und in der neuen Welt, dieselbe. Dieselben Gattungen und Arten sind überall vorherrschend, dieselben Arten bilden überall den Hauptbestandteil der Vegetation. Andere verwandte Arten derselben Gattungen, und wenige Gattungen, die minder allgemein verbreitet sind, kommen nur in bestimmten Gegenden vor. Diese seltenen Pflanzen machen die örtlichen Eigentümlichkeiten der Flora aus, und lassen diese Eigentümlichkeiten in den Pflanzenverzeichnissen, die man von einigen Orten besitzt, auffallender erscheinen, als der Wirklichkeit entspricht. Die Zahl der Pflanzenarten ist nur gering, ihre Mannigfaltigkeit ist groß. Mehrere sind mit ansehnlichen Blumen und mit den herrlichsten Farben begabt. Wir nennen nur vorherrschende und bezeichnende Pflanzenfamilien und Gattungen der arktischen Flora, die zugleich bei uns einheimisch sind. Solche sind unter andern, die Gattungen *Steinbrech* (Saxifraga), *Enzian* (Gentiana), *Läusekraut* (Pedicularis), *Ranunkel* (Ranunculus), *Primel* (Primula) und nächstverwandte; die *Gräser* (Gramineen), *Halbgräser* (Carices), *Simsen* (Juncus), die *Nelkenarten,* besonders aus der Sippschaft der *Vogelmiere* (Alsinae), eigentümliche Formen der *Zusammengesetzten* (Compositae) und der *Kreuzblumen* (Cruciferae), endlich auch mehrere Sträucher aus der Familie der *Heidekräuter* (Ericaceae), die *Zwergbirke* (Betula nana L.), und mehrere

Weiden, welche alle ihren holzigen Stamm an der Erde ausbreiten, und ihre Zweige nicht über den Rasen erheben.

Südlich von diesem Erdgürtel erhebt sich die Vegetation in den Tälern des Binnenlandes. Es stellen sich neue *Weidearten* von höherem Wuchs ein; es erscheinen, zwergartig noch und verkrüppelt, die ersten Bäume; sie richten sich allmälig auf; die Region der Wälder beginnt. Unter gleicher Breite steigt die arktische Flora zu den Bergen hinan und wird zu einer alpinischen; auch erhält sie die Nähe des Meeres an den Küsten und auf den Inseln, wo die Natur, bei minder warmen Sommern, einen winterlichen oder nordischeren Charakter behält.

Der Baum, der in unserm Weltteil am weitesten nach Norden vorschreitet, ist die *Weiße Birke* (Betula alba L. = B. pubescens Erh.), die in Lappland fast den 71sten Breitengrad erreicht. Die *gemeine Kiefer* (Pinus sylvestris L.), die *Rottanne* oder *Fichte* (Picea Abies L.) und in Sibirien die *Lärche* (Pinus Larix L. = Larix decidua Mill.) finden sich südlicher ein. Diesen Bäumen entsprechen in Nordamerika andere Arten derselben Gattungen. Zwischen den Erzeugnissen der Alten und der Neuen Welt stellt sich in der Region der Wälder eine durchgängige Verschiedenheit ein, die nördlicher nicht stattfindet; beiden Kontinenten sind nur wenige Bäume, nur wenige Pflanzen gemein, die nicht die Grenze dieser Region nach Norden überschreiten. In der kalten und in der gemäßigten Zone finden jedoch viele und auffallende Ausnahmen statt. Unsere *Schwarz-Erle* (Alnus glutinosa W.) findet sich auch in Amerika; der *Amerikanische Kastanienbaum* (Fagus Castanea americana) wird nicht für verschieden vom Europäischen gehalten; unsere *Buche* (Fagus sylvatica) bildet ganze Wälder in den Freistaaten, wie bei uns, und hält sich in der Neuen Welt zwischen südlicheren Grenzen als in der Alten. Der Kastanienbaum und die Buche sind Bäume eines milderen Klimas, die sich von dem nordischen Saum der Wälder sehr fern halten. Unter den niedrigeren Gewächsen würden viele zu nennen sein, die auf gleiche Weise beiden Erdhälften gemein sind. Wir führen als Beispiele an: das *Schilf* (Arundo Phragmites L. = Phragmites australis (Cav.)Trin.) und das *Nabelkraut* (Hydrocotyle vulgaris L.).

In der kalten und in der gemäßigten Zone sind auf beiden Kontinenten dieselben Gattungen vorherrschend, die Arten nur sind verschieden. Die Wälder bestehen aus *Zapfen-* und *Kätzchen*-Bäumen. Nach Süden zu stellen sich neue, meist eigentümliche Pflanzengattungen und Formen ein, die gemeinschaftlichen treten zurück und verschwinden, die Ansicht der Natur verändert sich mehr und mehr, und beide Welten zwischen den Wendekreisen erscheinen einander völlig entfremdet. Dasselbe Gesetz gilt im Tierreich wie im Pflanzenreich.

Es ist für die Wissenschaft von hoher Wichtigkeit zu untersuchen, ob und inwiefern Ausnahmen stattfinden. Zuvörderst sind die von den Menschen eingeführten und verwilderten Arten sorgfältig zu sichten, sodann die, welche man als angehörige des Strandes betrachten kann. Denn der salzgetränkte Boden am Meeresufer bringt in verschiedenen Zonen ihm eigentümliche Pflanzen hervor, die Wellen bringen den Samen herüber und hinüber; und dieselben Arten sind oft an den entgegengesetzten entferntesten Küsten desselben Erdgürtels einheimisch. Mehrere dieser Pflanzen finden sich auch im Binnenlande an den Salzquellen und auf salzhaltigem Erdreiche wieder ein.

Vergleicht man nun die ursprünglich einheimischen Binnenlandpflanzen beider Welten innerhalb und außerhalb der Wendekreise, so bewähret sich ein anderes Gesetz, welches wir bereits erwähnt haben. Je einfacher die Lebensformen sind, je tiefer sie auf der Stufenleiter der Wesen stehen, desto unbeschränkter ist auch ihre Verbreitung.

Die ausländischen Pilze und Süßwasseralgen sind bis heute allzu unvollständig beobachtet worden, um einer Vergleichung unterliegen zu können. Von den Moosen und Flechten gehören entschieden eine nicht geringe Anzahl Arten beiden Erdhälften an und werden bis zu den entferntesten Grenzen derselben gefunden. Die Moose und Flechten sind aber keine eigentümliche Pflanzenform des heißen Erdgürtels, wo sie vorzüglich nur auf Bergen und Alpen vorkommen, und etliche der hier anzuführenden Arten sind eben auch anerkannterweise im Hohen Norden einheimisch (z. B. Neckera viticulosa Leysser).

Von der Gattung *Bärlapp* (Lycopodium) gehören ein paar tropische Arten gemeinschaftlich beiden Kontinenten an. *Lycopodium cernuum* L. ist überall zwischen den Wendekreisen verbreitet und hat sich auch an einer warmen Quelle am Vorgebirge der Guten Hoffnung eingefunden. Das Vorkommen der echten *Farrenkräuter* scheint kaum beschränkter zu sein; es werden etliche Arten in beiden Welthälften einheimisch angetroffen.

Man hat die größere Verbreitung der vorerwähnten Pflanzen der Leichtigkeit ihrer Keimkörner, die wohl der Wind über Land und Meer zu großen Entfernungen verwehen kann, zugeschrieben. Etliche Arten der *wurzelfrüchtigen Farrenkräuter,* die zu den Wasserpflanzen zu rechnen sind, und mehrere Wasserpflanzen mit deutlichen Blumen, kommen entschieden in der heißen und gemäßigten Zone beider Welten vor.

Von den spitzkeimenden Pflanzen werden endlich zwanzig Arten gezählt, von denen es feststeht, daß sie teils innerhalb und teils auch außerhalb der Wendekreise, sowohl in der neuen, als in der alten Welt einheimisch sind. Es wird noch bestritten, daß irgend eine Art der zweiblättrig keimenden Pflanzen in gleicher Verbreitung vorkomme. Bestritten sagen wir, weil die Schwierigkeit der Untersuchung hauptsächlich in einer anderen Aufgabe liegt, die den widerstreitenden Meinungen einen weiten Spielraum läßt, die Aufgabe nämlich zu bestimmen, inwiefern ähnliche Pflanzenformen zu einer Art zu rechnen, oder als verschiedene Arten aufzuführen sind. Es ist nicht zu leugnen, daß die älteren Naturforscher Arten, die in der Tat verschieden sind, oft nicht unterschieden haben; aber man muß auch eingestehen, daß nicht selten die neueren allzuscharf unterscheiden, wo gar kein Unterschied vorhanden ist, und verschiedene Arten aufstellen, wo man kaum Spielarten aufweisen kann. Seit der Zeit namentlich, wo das Vorkommen derselben Arten in weit entlegenen, meerabgesonderten Weltteilen in Frage gestellt worden ist, hat oft schon die Verschiedenheit des Vaterlandes zu der Annahme einer Verschiedenheit der Art veranlaßt. Man muß wenigstens soviel einräumen, daß mehrere sehr ähnliche, sehr nahverwandte Formen, die schwerlich zu unterscheiden sind, unter den ursprünglich einheimischen Pflanzen beider Kontinente und sogar unter den zweikeimblättrigen des innern ebenen Festlandes der heißen Zone vorkommen. Wir werden bald sehen, daß eine größere Annäherung zwischen den alpinen Floren beider Welten stattfindet.

Der eben erörterten Frage schließet sich eine andere nicht minder wichtige an. Gibt es unter den Pflanzen der winterlichen Erdstriche Arten, die zugleich diesseits und jenseits des heißen Erdgürtels auf der nördlichen und auf der südlichen Halbkugel einheimisch sind?

Es ist außer Zweifel gesetzt, daß das *Lieschgras* unserer arktisch-alpinischen Flora (Phleum alpinum L.), ein nordisches Farrenkraut der kalten und gemäßigten Zone *Botrychium lunaria* Sw. auf der Südspitze Amerikas an der Magellanstraße wirklich gefunden worden sind. Es ist bemerkenswert, daß diese beiden Pflanzen in den vollständigsten Verzeichnissen, die man von den Gewächsen der nordamerikanischen Freistaaten besitzt, nicht aufgeführt werden. Ältere Seefahrer nennen noch unter den Erzeugnissen des äußersten Südens von Amerika mehrere europäische Pflanzenarten, darunter zweikeimblättrige; eine genauere Vergleichung derselben bleibt noch zu wünschen. In dieser *antarktischen Flora* finden sich die nordischen Pflanzenfamilien und Gattungen, wie zum Beispiel die *Kätzchenbäume*, wieder ein. *Neuholland* ist an eigentümlichen Pflanzen- und Tierformen ausnehmend reich. Diese Formen herrschen vor und erteilen der Natur ihren Charakter. Die Flora dieses Weltteiles nimmt dennoch eine bedeutende Anzahl Pflanzen auf, die zugleich der nordischen Halbkugel angehören, und von denen mehrere sowohl in der Neuen als in der Alten Welt vorkommen. Wir nennen als Beispiel das *Schilf* (Arundo Phragmites L. = Phragmites australis) und das gemeine *Nabelkraut* (Hydrocotlye vulgaris L.); ein tropisch amerikanisches Nabelkraut scheint auch von dieser Art nicht verschieden zu sein, und wir rechnen zwei andere Arten derselben Gattung zu den Pflanzen, die der heißen Zone der Neuen und der Alten Welt gemeinschaftlich angehören. Von allen in Neuholland beobachteten Pflanzen sind ungefähr 1/3 der geschlechtslosen, 1/28 der spitzkeimenden und kaum über 1/200 der zweiblättrigkeimenden, europäische Arten. Von 45 vollkommneren Pflanzen, die dieses Land mit der nördlichen Halbkugel gemein hat, machen die Gräser und Halbgräser ungefähr die Hälfte aus.

Es bedarf nicht erst erinnert zu werden, daß nur ein beschränkter Teil der gesamten Pflanzenwelt unserer Forschung offenliegt und sich unsere Untersuchungen und Vergleichungen nur auf Bruchstücke erstrecken. Wir kennen von Afrika, Neuholland und den ostindischen Inseln nur einzelne Küstenstriche. Das Hochland Asiens und zum Teil auch seine östlichen und südlichen Abdachungen sind uns unzugänglich, und ein beträchtlicher Teil der Ausbeute, die gelehrte Reisende aus allen Weltenden zurückgebracht haben, lieget noch in den öffentlichen und privaten Sammlungen unbenutzt.

Wir haben die Vegetation der nordischen Polarländer zu schildern versucht. Der angrenzende Erdgürtel bedeckt sich mit dunklen Nadelholzwäldern, diese ziehen sich südlicher auf die Höhen zurück, und Laubwälder, die aus Kätzchenbäumen bestehen, breiten sich in die Ebenen aus. Die Familie der Kätzchenbäume herrscht im mittleren Teile der gemäßigten Zone vor, reicht nach Norden mit den Gattungen *Weide*

(Salix) und *Birke* (Betula) in die arktische Flora, und schweift nach Süden mit verschiedenen *immergrünen Eichen*-Arten (Quercus) über die Grenze des Winterschnees hinaus. Die Eigentümlichkeit der Landschaft beruht im Norden auf wenigen Arten gesellig lebender Pflanzen. Solche sind in unserer Gegend: die gemeine *Kiefer* (Pinus sylvestris L.), das *Heidekraut* (Calluna vulgaris L.), die *Buche* (Fagus sylvatica), die *Eichen* (Quercus robur und petraea) u. a., die, wo der landwirtschaftliche Betrieb sie nicht verdrängt hat, abwechselnd fast ausschließlich weite Landstrecken bedecken, und andere Arten verhalten sich auf andern Punkten desselben Erdgürtels auf dieselbe Weise. Die Verbreitungsbezirke der Arten sind nicht bloß nach Norden und Süden durch das Klima, sondern auch nach allen Richtungen durch natürliche Grenzen, weite Meere, hohe Bergrücken u. a. beschränkt. Die Berge erweisen sich meist als Länderscheiden, und die Floren der Ebenen, die sie absondern, zeigen insgemein eine bestimmte Verschiedenheit, indem mehrere Arten diese Wälle nicht übersteigen. Mehrere Pflanzen der amerikanischen Flora haben sich auf die Ostspitze Asiens verbreitet, aber ihr Vordringen in die Alte Welt wird von den nächsten Gebirgszügen gehemmt. Eigene Pflanzenformen sind für jeglichen Hauptverbreitungsbezirk bezeichnend. Für uns sind es *Doldengewächse* (Umbelliferae) und die *Kreuzblumen* (Cruciferae); unter gleichen Breiten hat Amerika seine *Sternblumen* (Aster) und *Goldruten* (Solidago). Die *Melden* (Salsola, Chenopodium u. a.) herrschen in den Steppen, den weitausgespannten, wälderentblößten Ebenen am Schwarzen und am Kaspischen Meere vor.

Die gemäßigte Zone bringt außer den Waldbäumen vorzüglich zartere Kräuter und feinere Grasarten hervor. Die Gräser überziehen die feuchten Gründe mit dichter Wiesendecke, die sich von Winter zu Winter in frischem Glanz erhält. Unsere grünen Matten, durchwirkt mit Ranunkelgold und anderem Blumenschmelz, gewähren einen Anblick, dessen man in der heißeren Zone entbehren muß. Nach Süden zu bereichert sich die Flora mehr und mehr, und die Zahl der Arten wächst in größerem Verhältnisse, als die der Gattungen. Im südlichen Europa finden sich da, wo das Reich des Winters aufhört und die Erde von dem Schnee unberührt bleibt, die *immergrünen* Bäume ein, die ihr Laub zu keiner Zeit abwerfen; die Gattung *Eiche* fügt sich mit neuen Arten in diese Form; die krautartigen Gewächse werden allmälig von Untersträuchern verdrängt; die *Lippen-* und *Larven-* oder *Maskenblumen* vermehren sich bezeichnend; die *hülsenfrüchtigen* Pflanzen erheben sich als Sträucher und Bäume und deuten auf die tropische Baumform mit vielfach gefiederten Blättern; es verkündigt endlich die europäische *Fächerpalme* (Chamaerops humilis L.), die am weitesten außerhalb der Tropen hinausschweift, eine begünstigte Natur.

Wir müssen einen Blick auf die Gebirgszüge werfen, die stellenweise die Grenzen dieser südlicheren Flora bezeichnen: die Pyrenäen, die Alpen und den Kaukasus. Die Berggegenden bringen eine bei weitem größere Anzahl von Pflanzenarten hervor, als das flache Land; die Ebene stellt uns einen einzelnen Verbreitungsbezirk der Pflanzen dar; und wir sehen an den Abhängen der Gebirge die Floren verschiedener Erdgürtel mit ihren bezeichnenden Formen, nach Maßgabe der Höhe und der ihr entsprechenden Abnahme der Temperatur, streifenweise gleichsam abgelagert von der Vegetation, aus welcher sie sich erheben, bis zu der arktischen Natur, die die Linie des ewigen Schnees begrenzt. Aber die ungleichen Schwankungen der Temperatur bei gleicher mittlerer Abnahme derselben, oder der ungleiche Wechsel der Jahreszeiten und der Tage und Nächte unter verschiedenen geographischen Breiten, setzt den Verteilungsbezirken verschiedener Pflanzen gegen den Pol und gegen den Gipfel der Berge andere Schranken. Die *Birke* bildet im Norden den äußersten Saum der Wälder, und die *Gemeine Kiefer* schreitet nördlicher vor als die *Rottanne* oder *Fichte;* in unsern Schweizer Alpen hingegen steigt die *Kiefer* höher als die *Birke* hinan, und die

Rottanne bildet die Wälder der oberen Region: die Ordnung hat sich umgekehrt. Die *gemeine Heide* erreicht in Lappland die Grenze der Bäume nicht und ragt in den Alpen über dieselbe hinaus. Die Verbreitungsbezirke der Pflanzen, deren Grenzen nach der geographischen Breite schwer zu bestimmen sind, erscheinen der Höhe nach an den Abhängen der Berge anschaulich von scharf gezogenen Linien beschränkt. Wir führen beispielsweise die Grenzen an, bis zu welchen sich verschiedene bezeichnende Pflanzen in dem nördlichen Teil der Alpen erheben:

Untere Grenze des ewigen Schnees, über welche hinaus sich die arktische Vegetation noch auf nackten Felsen erhält: 1370 Toisen ü.M.

Obere Grenze mehrerer	Zwergweiden:	1270 Toisen ü.M.
“ “	der Alpenrosen *(Rhododendron)*	1170 Toisen ü.M.
“ “	der Rottanne *(Picea Abies)*	1170 Toisen ü.M.
“ “	der Lärche *(Larix decidua)* u. Zwergform der Gem. Kiefer *(Pinus sylvestris* ssp. *mugo)*	870 Toisen ü.M.
“ “	der Birke *(Betula pubescens)*	750 Toisen ü.M.
“ “	der Buche *(Fagus sylvatica)*	680 Toisen ü.M.
“ “	der Eichen u. des Getreides	550 Toisen ü.M.
“ “	des Kirschbaums	500 Toisen ü.M.
“ “	der Edelkastanie u. des Nußbaums	400 Toisen ü.M.
“ “	des Weinbaus	280 Toisen ü.M.

Die Scheitel unserer Gebirge, der Pyrenäen, der Alpen, des Kaukasus u. a., auf welchen sich die mehrsten Pflanzen der arktischen Flora wieder einfinden, sind von den Polarländern durch weite Ebenen geschieden, die von einer ganz verschiedenen Vegatation bekleidet sind. Kein fortlaufender Bergrücken, keine Brücke bahnt diesen Pflanzen den Übergang von ihren arktischen zu ihren alpinischen Wohnsitzen, und wir können uns von der Art, wie ihre Verbreitung geschehen, keine Rechenschaft ablegen. Vergleichen wir nun die Flora der Alpen mit der des hohen Nordens, so finden wir in derselben die Mehrzahl der Arten, die in jener den Hauptbestandteil der Vegetation ausmachen, gleich vorherrschend und gleich bezeichnend; es fehlen jedoch ihrer etliche, an deren Statt andere eingetreten sind. Wir finden die Mehrzahl der nordischen Gattungen wieder, von denen etliche durch die Anzahl der Arten an Bedeutsamkeit gewonnen haben; wenige sind ausgeblieben, wenige neue sind hinzugekommen. Mehrere der im Norden selteneren Arten, die dort nur in bestimmten beschränkten Gegenden vorkommen, finden wir gleichfalls auf unsern Gebirgen an einzelne Standorte gebunden, und manche Pflanze ist nur auf dem Nordost-Vorgebirge Asiens, auf Unalaschka oder an der Küste der Baffinsbay, und auf einer einzelnen Bergkuppe der Pyrenäen, der Alpen, der Karpaten oder des Kaukasus gefunden worden.

Die hohen Gebirgszüge Amerikas liegen in der Richtung von Norden nach Süden und bilden im Westen dieses Festlandes einen ragenden Kamm, der fast ununterbrochen von den arktischen Regionen bis zu der südlichsten Landspitze sich erstreckt. Die in den nördlichen kalten und gemäßigten Zonen vorherrschenden Pflanzenformen folgen diesem Rücken über den Wendekreis hinaus; das Hochland Mexikos hat noch Nadelholz- und Eichenwälder, das Gebirge Perus noch Eichen, und die tropisch-alpinische Flora zählet viele arktische Gattungen noch auf, aber die Arten sind eigentümliche. Wir führen beispielsweise an: die nordischen Formen aus den Familien der Heidekräuter und Nelken, die Ranunkeln, Enzianen, Alchemillen (Frauenmantel) und Veroniken (Ehrenpreis).

In der oberen Region der Wälder behaupten auf diesem Hochgebirge, wie unter unserm nordischen Himmel, gesellig lebende Pflanzen stellenweise die Herrschaft; sowie man aber zu Tale steigt, mischen sich mehr und mehr die Arten, und der Wald besteht bald aus unzähligen, einander entgegengesetzten Pflanzenformen, von denen man wohl etliche be-

Lacis disticha Cham. (= Podostemum chamissonis Tulas.)
Vorkommen: Brasilien

Über die von Schiede und Sellow in Brasilien gesammelten Podostemaceae-Arten schrieb Chamisso in „Linnaea" Bd. VIII und IX und fügte Abbildungen bei.

zeichnend, keine jedoch vorherrschend nennen kann. Die palmenähnlichen, baumartigen Farrenkräuter steigen noch zu einer beträchtlichen Höhe hinan; die Palmen und die riesenhaft krautartigen Musaceen mit breiten ungeteilten Blättern (*Pisang* – Musa u. a.) beharren in der Ebene. Aus vielen der größeren Familien, die bei uns nur als Kräuter und Stauden erscheinen, richten sich hochstämmige Bäume empor; selbst die Gräser gestalten sich baumartig, und das *Bambusrohr* (Bambusa), dem Schilfe verwandt, eine der wenigen geselligen Pflanzen dieser Natur, bildet mit dichtgedrängten, hohen, schlanken, windbewegten Halmen undurchdringliche Gebüsche. Die *Mangle* (Rhizophora), eine andere gesellige Pflanze, welche aus ihren Zweigen Luftwurzeln herabsenkt, und zu neuen Stämmen umgestaltet, überzieht die niedern Ufer und die Meermoore mit seltsam verschränktem, dichtem Gehölze. *Mimosen* mit vielfach gefiederten, *Feigenbäume* mit ganzrandigen Blättern, Palmen und andere Baumformen in unendlicher Mannigfaltigkeit und Fülle, drängen sich riesenhaften Wuchses zum Walde; *Farrenkräuter, Gräser, Halbgräser* und andere Gewächse ohne Zahl, füllen unten über Manneshöhe die Zwischenräume der Stämme aus; schlingende, rankende, windende Arten aus allen Familien und Gattungen erheben sich dazwischen an fremden Stützen empor, wiegen sich von den Ästen wieder herab, und ziehen zwischen der Erde, den Stämmen und den Wipfeln ein wunderbares undurchdringliches Netz; *Farrenkräuter, Aronsblumen, Orchideen, Fackeldistel* u. a. siedeln sich auf den Waldbäumen an, und bilden in deren Kronen märchenhaft hängende Gärten; andere Pflanzen endlich wiederholen die Form unserer *Seide* (Cuscuta) im Großen und überhängen mit güldenen oder silbernen Locken die Scheitel veralteter Bäume. – Die *Fackeldisteln* (Cactus) gehören ausschließlich der Neuen Welt an. Pflanzen aus anderen natürlichen Familien, *Wolfsmilcharten* (Euphorbia) und andere, ahmen in der Alten Welt ihre bizarren Gestalten nach.

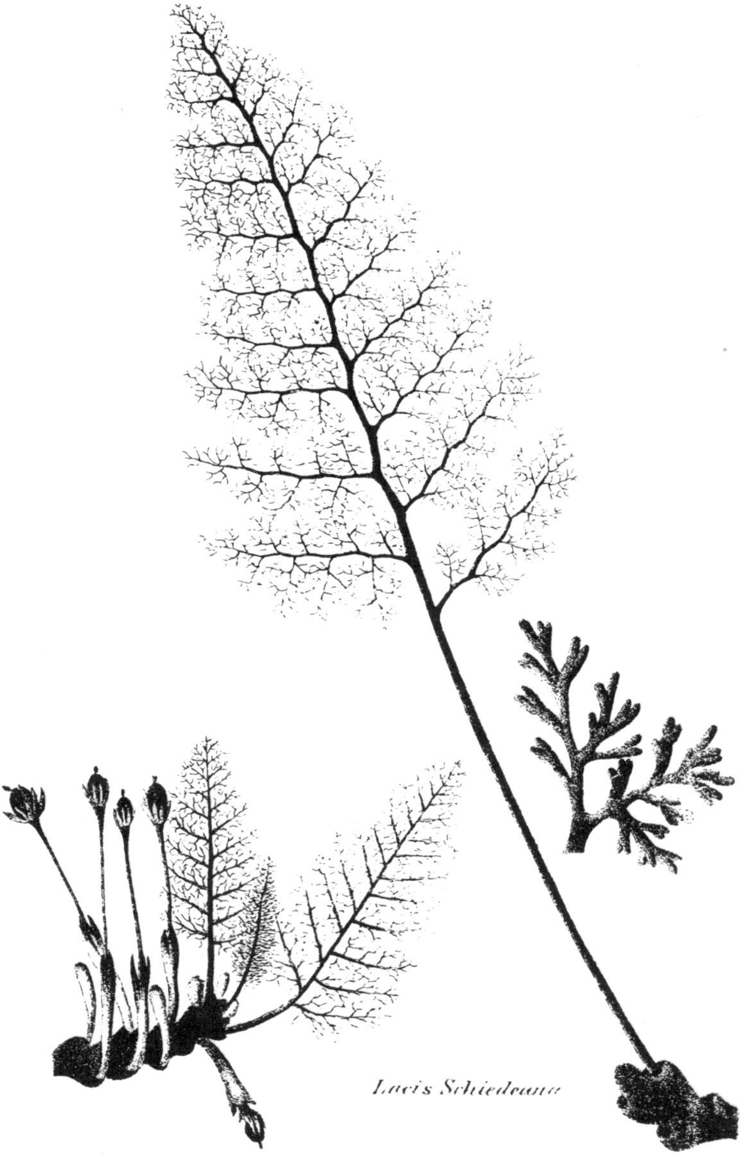

Lacis schiedeana Cham. (= Marathrum schiedeanum Humb. & Bonpl.)
Vorkommen: Brasilien
Nach Originalzeichnungen publiziert in „Linnaea" Bd. IX

Wo zwischen den Wendezirkeln Feuchtigkeit fehlt, beharrt die Erde nackt und unfruchtbar. Also zeigen sich in der Alten Welt Afrika und Arabien weite, meergleiche Wüsten, in denen sich nur stellenweise eine kümmerliche Vegetation erhält. Die Savannen, die an manchen Orten in der heißen Zone die Stelle unserer Wiesen oder Heiden vertreten, sind unbewässerte, wälderentblößte Landstrecken, die von hohem Graswuchs bedeckt, aber von der Sonne fahl ausgebrannt und ohne Blumen sind. Ihre dürftige Flora besteht aus wenigen Grasarten und etlichen niedrigen Pflanzen, die zwischen denselben und im Schutze ihres Schattens gedeihen.

Das Bild der Vegetation auf der südlichen Halbkugel ist von dem auf der nordischen sehr verschieden. Die geselligen Pflanzen sind viel seltener; unsere Fichten und Tannen fehlen; sie werden durch andere Gattungen der *Zapfenbäume* vertreten, die bei weitem nicht dieselbe Bedeutsamkeit erhalten. Ein Baum dieser Sippschaft überzieht jedoch das südamerikanische Gebirge mit hochstämmigen Wäldern, die er ausschließlich bildet; eine zweite Art derselben Gattung kommt auf Neuholland und den benachbarten Inseln vor. Die Kätzchenbäume fehlen ebenfalls; sie stellen sich erst auf der südlichsten Spitze der Neuen Welt wieder ein, wo eine Buche und eine Zwergbirke auf dem Feuerlande einheimisch sind.

Nur geringe, durch weite Meere abgesonderte Landspitzen erstrecken sich auf der südlichen Halbkugel über den Wendekreis hinaus. Die Vegetation ist auf allen eigentümlich und sehr verschieden; in Amerika scheint der Gebirgszug zwei besondere Floren zu trennen. Der kleine Flächenraum dieser Vorgebirge bringt eine verhältnismäßig sehr große Anzahl von Pflanzenarten hervor, und die Verbreitungsbezirke vieler sind ausnehmend beschränkt. Die uns bekannten Floren vom Vorgebirge der Guten Hoffnung und vom südlichen Neuholland sind außerordentlich reich. Einige gemeinschaftliche Pflanzenfamilien und andere, die zwar jeglichem Land eigentümlich, aber unter sich verwandt sind, geben diesen Floren, so verschieden sie sonst sind, eine gewisse Ähnlichkeit. Schwache Züge dieser Ähnlichkeit finden sich noch an der westlichen Küste Amerikas; sie verschwinden gänzlich auf der östlichen Seite des Gebirges. – Es würde hier nicht angemessen sein, die Vergleichung weiter auszuführen.

Die organischen Wesen haben sich anscheinlich von den Festlanden auf die Inseln der benachbarten Meere verbreitet. Je entfernter von ihrem Mutterlande die Inseln sind und andererseits, je geringer ihr Umfang und ihre Erhöhung über dem Meeresspiegel, desto ärmer ist auf ihnen die Natur. Säugetiere, mit Ausnahme der allgemein verbreiteten Ratte und der Fledermäuse, sind nur auf die zunächst den Küsten gelegenen übergegangen; Landvögel sind selten auf den weit im Meere abgesonderten; ihre Flora ist immer dürftiger, als ihrer geographischen Breite entspräche und zwar, wie eben bemerkt worden, nach Maßgabe ihrer Entfernung vom festen Lande und ihrer geringeren Maße.

Die ostindischen Inseln und Neuholland sind als Festland, und im Zusammenhange mit dem nächsten asiatischen Kontinente zu betrachten. Eine fortlaufende Kette von größeren und kleineren Inseln, die im Norden und Westen der Südsee, oder richtiger des Großen Ozeans, sich vor dem festen Lande hinzieht, ist als ein Vorufer desselben anzusehen. Die Inseln dieses weiten Meerbeckens, die zwischen Asien und Amerika über ein Drittel der heißen Zone zerstreut liegen, gegen Westen gedrängtere Gruppen und Ketten bilden und gegen Osten durch ein weites ödes Meer von der amerikanischen Küste getrennt sind, gehören anscheinlich der Alten Welt an und haben ihre Flora von ihr erhalten. Alle bezeichnenden Pflanzenformen, fast alle Gattungen, die mehrsten Arten, gehören ursprünglich dem ostasiatischen oder dem neuholländischen Kontinente an, und die östlichsten derselben sind am dürftigsten begabt. Es ist zu bemerken, daß demnach die Verbreitung der Pflanzen auf diese Inseln gegen den Lauf der Winde, die zwischen den Wendezirkeln mit Beständigkeit von Osten nach Westen wehen, und gegen die dem Winde gehorchende Strömung des Meeres, geschehen mußte. Die Inseln dieses Ozeans sind entweder vulkanische Hochlande, oder niedere Bänke eines Kalksteins, den das Meer noch fortwährend aus zusammengekitteten Korallentrümmern erzeugt. Die letzteren sind die zahlreichsten; die Armut der Natur ist auf denselben so groß, daß auf einer Kette, die beiläufig dreißig deutsche Meilen einnimmt, nicht über 58 wildwachsende Pflanzenarten gefunden worden sind.

Wir haben gesehen, daß auf dem Lande die in hohen Breiten und in der Nähe der Schneelinie zwerghaft niedergedrückte Vegetation sich nach dem Äquator hin mit der zunehmenden Kraft der Sonne erhebt und in reichere Fülle drängt. Wenn wir uns nun dem Meere zuwenden, so werden wir ein anderes Verhalten seiner untergetauchten Pflanzenwelt gewahr. Die riesenhaften Formen der Tange kommen nur in der kalten und in der gemäßigten Zone vor. Diese Algen bilden da in einer Wassertiefe von zwei- bis dreihundert Fuß, gesellig wachsend, dichte, wogende Wälder, und die größte Anzahl und Mannigfaltigkeit der Arten kommt an den felsigen Küsten derselben Meere vor. Zwischen den Wendekreisen hingegen werden nur wenige und kleine Arten beobachtet. Diese Lebensform erhält also ihre größte Bedeutsamkeit in den kälteren, eisfreien Meeren. Die tierische Vegetation der kalkerzeugenden Polypen verdrängt das pflanzliche Leben aus den Meerstrichen, die sie in der heißen Zone einnimmt. Die Arten der Algen sind im allgemeinen weit verbreitet; man findet etliche Ulven in allen Meeren, mehrere Tange im Norden und im Süden, oder im Atlantischen und im Großen Ozean. Das Vorkommen anderer scheint jedoch beschränkt zu sein, und etliche sind nur an bestimmten Standorten beobachtet worden.

Wir haben im Laufe unserer Betrachtungen Wörter gebrauchen müssen, worüber es uns früher nicht möglich war, Rechenschaft zu geben. Was nennt man in der Naturgeschichte:

Art? Gattung? Familie? Was versteht man unter diesen Benennungen?

Wir nehmen in der Natur nur Individuen wahr; zu einer *Art* sollen, nach einem älteren Ausspruch, diejenigen gehören, die sich untereinander fruchtbar zu begatten fähig sind. Die Art soll bestehen auf der Gesamtheit solcher gleichzeitigen Individuen und ihren Geschlechtern in auf- und absteigender Linie vom Anbeginn bis zur Vollendung der Zeit. – Die Unzulänglichkeit dieser Bestimmung liegt am Tage. Wo keine Begattung, keine Befruchtung stattfindet, wo überhaupt von freiwilliger Erzeugung gesprochen werden kann, fällt sie von selbst weg, und die so häufigen Bastarderzeugungen, mehr noch das Bestehen fruchtbarer Bastardarten, dergleichen in der Pflanzenwelt nicht wohl zu leugnen sind, stoßen sie um.

Andere bestimmen die Art, als die Gesamtheit der Individuen, die in wesentlichen Merkmalen miteinander übereinstimmen, und mit dem Worte, *wesentlich,* sind alle Bestimmungen aufgehoben, denn: was ist wesentlich? In welchen wesentlichen Merkmalen stimmt der Pudel mit dem Mops und mit dem Windspiel überein? In welchen der Fuchs mit dem Wolfe nicht?

Wir haben eine Ahnung von dem was Art ist und müssen uns hier bei dieser Ahnung beruhigen, eingestehend, daß wir eines bestimmten Ausdruckes dafür ermangeln.

Es gibt unter den Tieren und Pflanzen veränderliche Arten, die verschiedentlich innerhalb entfernter Grenzen voneinander abweichende Gestalten einbegreifen; andere sind sehr beständig, worin alle Individuen die strenge Ähnlichkeit eines gemeinschaftlichen Urbildes an sich tragen. Es gibt beständige Spielarten, die von Geschlecht zu Geschlecht sich erhalten, und nur durch Kreuzung der Stämme sich verwischen; es gibt andere, die nur individuell sind. Der Pudel zeugt mit dem Pudel andere Pudel, der Mops mit dem Mopse andere Möpse: weiße und gesprenkelte Hunde stammen nicht selten von schwarzen Eltern ab. Wir führen, nach dem vorerwähnten Ausspruch und unserer Ahnung vertrauend, den Pudel und den Mops als Spielarten des Haushundes, den Neger und den Europäer als Spielarten des Menschen auf; aber unsere Ahnung wird irregeführt, und reichet in vielen Fällen nicht hin, Spielart und Art zu unterscheiden. Selbst die Spielarten des Menschengeschlechtes sind als besondere Arten aufgeführt worden.

Man pflegt die beständigen Spielarten der fortgesetzten Einwirkung veränderter Lebensbedingungen, Klima, Nahrung u. s. w., einer Reihenfolge von Geschlechtern zuzuschreiben. Beispiele sind unsere Haustiere und angebauten Gewächse; bei den letzteren sind jedoch die häufigen Fälle zu unterscheiden, wo eine bloß individuelle Abänderung durch Ableger, durch Pfropfen u.s.w. fortgesetzt und vermehrt wird, wie bei Obst- und Fruchtbäumen geschieht, von denjenigen, wo eine Spiel- und Abart sich aus dem Samen fortpflanzet und beständig erhält, wie es die Kohlarten, die Moorrübe und andere Küchenkräuter tun.

Nach einer gewöhnlichen Vorstellung stammen die Arten von ersten Keimen, die der vollkommneren Tiere von einem ersten Elternpaare ab, wie wir es von unserer Art, von dem Menschengeschlechte, insbesondere anzunehmen vernunftgemäß und geschichtlich begründet erachten. Nach unserer Ahnung haben die Arten in der Natur Wesentlichkeit. Sie beruhen nicht auf Annahme, sondern entsprechen einer Wirklichkeit, für welche wir nur den Ausdruck vergeblich gesucht haben. Es gibt, meinen wir, Arten in der Natur, und wir können nur aus Unwissenheit in der Unterscheidung derselben irren.

Wir vereinigen unter einer *Gattung* eine Gruppe ähnlicher Arten, die in wesentlichen Merkmalen miteinander übereinstimmen, und durch solche von allen übrigen sich unterscheiden. Die Gattungen beruhen auf Annahme.

Wir vereinigen auf gleiche Weise, unter Benennung einer *natürlichen Familie,* eine Gruppe ähnlicher Gattungen, die in wesentlichen Merkmalen miteinander übereinstimmen, und durch solche von allen übrigen sich unterscheiden. Die Familien beruhen auf Annahme.

Wir entlehnen in der *Tierkunde,* in Ansehnung der höher entwickelten Tiere, die wesentlichen Merkmale aus ihren Freß- und Bewegungswerkzeugen, die in notwendiger Beziehung zu ihrer Ernährungsweise, ihrem innern Bau und ihren Sitten stehen. Das Raubtier bedarf, um zu bestehen, eines starken und scharfen Gebisses, der Schnelligkeit und der reißenden Krallen. Das Tier, dessen Fuß behuft ist, kann nur ein grasweidendes sein, seine Zähne entsprechen seiner Nahrung, und ein minder entwickelter Instinkt reicht zu seiner Erhaltung hin. – In der *Pflanzenkunde* entlehnen wir die wesentlichen Merkmale, in Ansehung der höher entwickelten Gewächse, aus den Organen der Fortpflanzung: der *Blume,* der *Frucht,* dem *Samenkorn,* der *Zergliederung desselben* und des in ihm enthaltenen *Embryos* der jungen Pflanze.

Wenn wir unbefangen die Natur beobachten, so erkennen wir, daß es unter den organischen Wesen vielumfassende Gruppen von Arten gibt, die, in wesentlichen Merkmalen übereinstimmend, in außerwesentlichen Ähnlichkeit bewahrend, sich uns unverkennbar als verwandt darstellen, und bald einzelne Arten, oder Gruppen von wenigen Arten, die mit keiner andern eine gleiche Übereinstimmung, Ähnlichkeit oder Verwandtschaft zeigen.

Jene natürlichen Sippschaften, die zu zahlreich sind, um leicht überschaut zu werden, teilen wir zu unserer Bequemlichkeit in Gattungen ein, die auf minder wesentlichen Merkmalen beruhen, und weniger in der Natur begründet sind. Die Arten und Gattungen hingegen, die vereinzelt und abgesondert stehen, versuchen wir nach ihren nächsten Verwandtschaften, denen wir nachspüren, in Familien zu vereinigen, die auf eine unvollkommnere Übereinstimmung sich stützen, und auch weniger naturgemäß sind. Wir finden daher oft in unsern Lehrbüchern natürliche Familien künstlich in Gattungen eingeteilt, und umgekehrt natürliche Gattungen künstlich in Familien vereinigt.

Die höchste Aufgabe der Naturgeschichte möchte sein: die Wesen in ihren wechselseitigen Verhältnissen zu erkennen, und sie nach allgemeingültigen Bildungsgesetzen einander neben- und unterzuordnen. Die vollständige Lösung dieser Aufgabe setzt eine vollständige Kenntnis der Gesamtheit der Wesen voraus. Der Weg, auf welchem die Pflanzenkunde in ihrem Bezirke diese Aufgabe zu lösen versucht, heißt: das *natürliche Pflanzensystem.*

Wir haben die Hauptabteilungen des Pflanzenreiches nach dem natürlichen System hergezählt, indem wir die verschiedenen Stufen, auf welchen sich das pflanzliche Leben darstellt, zu überschauen uns bemüht haben. Es gelang, diese ersten Grundzüge zu entwerfen; aber die Meister der Wissenschaft bekennen selbst, nur noch vorläufige Versuche geliefert zu haben, die natürlichen und minder natürlichen Sippschaften, die sie in jeglicher Hauptabteilung erkannt oder angenommen haben, wesentlich zu begründen, und in notwendiger Ordnung naturgemäß einander anzureihen.

Wir müssen einiges aus der Geschichte der Wissenschaft anführen, um auf ihre Notbehelfe, die *künstlichen Systeme,* insbesondere auf das *Linnéische Sexual-System* zu kommen, welches eine größere Gültigkeit erlangt hat.

Zu Anfang des vorigen Jahrhunderts war noch kein Zweig der Naturgeschichte zu einer Wissenschaft geworden. Es hatte verdienstvolle Naturforscher gegeben, die genaue Beobachtungen angestellt hatten. Tiere und Pflanzen waren gesammelt, untersucht, beschrieben worden, aber ohne übereinstimmende Namen, ohne Mittel einer allgemeinen Verständigung, ohne Ordnung und Zusammenhang. Das Einzelne war neben das Einzelne gestellt, und die Vielheit zu keiner Einheit zurückgeführt.

Linné ward 1707 geboren. Als er auf einer Fußwanderung, die er als Student unternahm, vor einem Pferdeschädel am

Wege stehenblieb und denselben betrachtete, ward es ihm klar, daß, um alle Tiere naturgemäß zu ordnen, er nur ihre Schädel zu sehen brauche. Er gab sein System *(Systema naturae)* 1735 heraus.

Alles, was früher bekannt geworden, fand sich darin gesammelt und in leicht überschaubarer Ordnung zusammengestellt. Die Arten und Gattungen waren bestimmt, bezeichnet, benannt, und in Ordnungen und Klassen verteilt, von denen viele sehr natürlichen Sippschaften entsprachen. Eine Sprache war zur allgemeinen Verständigung geschaffen. Es war nunmehr leicht, alles Bekannte zu erkennen; alles Neuentdeckte dem Bekannten anzureihen; alles Verkannte nach berichtigtem Irrtum, an seine richtige Stelle zu versetzen.

Linné gab Namen den Gattungen und setzte, um die Arten zu benennen, dem Gattungsnamen einen eigenen oder Trivialnamen hinzu; er stellte für jede Art vergleichende Erkennungsmerkmale auf, die er, in einem kurzen Satz ausgedrückt, dem Namen nachsetzte, und diese erleichternde, sehr einfache Einrichtung hat sich als unübertrefflich erprobt. Er eignete die lateinische Sprache dem Bedürfnis der Wissenschaft an, stempelte den Ausdruck, drückte seiner Schreibart das Siegel seines Geistes auf. Indem er seiner Kunstsprache und den Namen, die er den Wesen auferlegt, allgemeine Gültigkeit verschaffte, gab er den Beflissenen der Naturkunde in allen Landen ein Mittel leichter wechselseitiger Verständigung.

Wir müssen auf diesen errungenen Vorteil Nachdruck legen. Wie sollte nicht Verwirrung herrschen, wo jeder seine Sprache sprechen, andere Namen und andere Kunstausdrücke brauchen wollte, sei es, daß er sich der lateinischen, oder wie es Neuere einführen wollen, der eigenen Mutterzunge bediene. Müßte nicht jeder Lernende erst nicht nur die Sprache jedes Volkes, sondern auch noch die Kunstsprache jedes Schriftstellers sich aneignen, und Zeit und Kraft auf das Mittel verwenden, bevor er zum eigentlichen Zwecke gelangen könnte. So wie eine gemeinschaftliche volkstümliche Sprache Bedürfnis jeglichen Volkes ist, also ist auch den Jüngern der Wissenschaft, die, durch keine Ländergrenzen geschieden, eine höhere Gemeinde unter den Menschen bilden, ein gemeinsames Mittel des geistigen Verkehrs, eine eigene Sprache notwendig. Mögen dann zwischen die Zunftgenossen und die Uneingeweihten jeglichen Volkes vermittelnde Dolmetscher treten, und, wie es die Absicht dieser Schrift ist, Bericht über jenes selbständig abgesonderte Gebiet abstatten und volkstümlich deuten, was gemeinnützig ist. Es ist aber auch bei solchen volkstümlichen Vorträgen über die Naturgeschichte unerläßlich, die wissenschaftlichen Namen beizubehalten. Nur diese haben Bestand und Allgültigkeit, und nur mittelst ihrer ist Verständigung möglich. Tiere und Pflanzen werden innerhalb jeglichen Sprachgebiets an anderen Orten anders benannt. Dasselbe Tier heißt in verschiedenen Gegenden Deutschlands: *Roß, Pferd, Gaul, Mähre;* nutzbare, schädliche oder ausgezeichnete Pflanzen haben fast in jedem Dorfe andere Namen, und nutzlose, unschädliche, unscheinbare Kräuter haben gar keinen. Dieselben Namen werden auch oft verschiedenen Arten beigelegt. *Bitterklee* heißt hier ein sehr schädliches Gewächs (*Coronilla varia* L.), und dort ein heilsames Kraut (*Menyanthes trifoliata* L.); will man nun unter diesem Namen eine Arznei empfehlen, so kann der Irrgeführte nach dem Gifte greifen; wir wählen mit Bedacht dieses Beispiel, weil wirklich die also veranlaßte Verwechslung dieser beiden Pflanzen mehreren Dorfbewohnern verderblich geworden ist. So ist der Sprachgebrauch bei den deutschen Artnamen *Fichte* und *Tanne* schwankend; jeder von beiden soll bald *Pinus sylvestris* L. und die Untergattung *Pinus* und bald *Pinus Abies* L. und die Untergattung *Abies,* bedeuten. Man muß erraten, von welchem dieser Bäume ein deutscher Schriftsteller spricht, da man es am Namen selbst nicht erkennen kann. Die Mineralogie, die Linné mit minderem Glück als die andern Zweige der Naturgeschichte behandelte, hat sich erst in neuerer Zeit umgestaltet; sie hat zugleich der lateinischen, der gemeinsamen Gelehrtensprache entsagt und sich der deutschen hingegeben; es wird bereits an vielzüngigen Bearbeitungsversuchen bemerkbar, in welchen Nachteil sie sich dadurch gesetzt hat.

Linné hatte ein sehr richtiges Gefühl von den natürlichen Verwandtschaften und Sippschaften der Pflanzen; das natürliche System schwebte ihm als höchstes, noch unerreichbares Ziel vor, aber auf diesem Wege, alle bekannten Pflanzenformen in faßliche, leicht überschaubare Ordnung zu bringen, wie es ihm sein Geist gebot, und wie es das nächste Bedürfnis der Wissenschaft war, mußte ihm unausführbar erscheinen. Er hatte die Geschlechtlichkeit (Sexualität) der Pflanzen anerkannt, er entlehnte aus den Geschlechtsorganen, den wesentlichen Teilen der Blume, die künstlichen Einteilungsgründe von 23 Klassen, in welche er die vollkommneren Pflanzen mit deutlichen Blüten, in spitzkeimende und zweiblättrigkeimende verteilte; in der 24sten Klasse vereinigte er sämtliche Pflanzenformen, welche dieser Organe ermangeln, und von denen zu seiner Zeit nur wenige bekannt waren, da man sie vor ihm noch nur wenig beachtet hatte.

Wir teilen hier das Fachwerk des Linnéischen Sexualsystems mit, so wie es aus den Händen seines Erschaffers hervorgegangen ist:

Pflanzen mit wahrnehmbarer Blüte

Mit vereinten Geschlechtern (Zwitterblüten),
mit freien, an keinem ihrer Teile verbundenen Staubgefäßen und ohne bestimmtes Längenverhältnis der Staubfäden.

Nach Anzahl der Staubfäden:

1 Staubfaden . . . . I. Klasse
2 Ordnungen. 1,2 Staubwege.
2 Staubfäden . . . . II. Klasse
3 Ordnungen. 1,2,3 Staubwege.
3 Staubfäden . . . . III. Klasse
3 Ordnungen. 1,2,3 Staubwege.

4 Staubfäden . . . . IV. Klasse
3 Ordnungen. 1,2,4 Staubwege.
5 Staubfäden . . . . V. Klasse
6 Ordnungen. 1,2,3,4,5, viele Staubwege.
6 Staubfäden . . . . VI. Klasse
5 Ordnungen. 1,2,3,4, viele Staubwege.
7 Staubfäden . . . . VII. Klasse
4 Ordnungen. 1,2,3,6, Staubwege.
8 Staubfäden . . . . VIII. Klasse
4 Ordnungen. 1,2,3,4 Staubwege.
9 Staubfäden . . . . IX. Klasse
3 Ordnungen. 1,3,6 Staubwege.
10 Staubfäden . . . . X. Klasse
5 Ordnungen. 1,2,3,5,10 Staubwege.
12 Staubfäden . . . . XI. Klasse
5 Ordnungen. 1,2,3,5,12 Staubwege.
20 (oder mehr) auf dem Kelche sitzende
Staubfäden . . . . XII. Klasse
5 Ordnungen. 1,2,3,5, viele Staubwege.
Viele (20 oder mehr) auf dem Fruchtboden
sitzende Staubfäden . . . . XIII. Klasse
7 Ordnungen. 1,2,3,4,5,6, viele Staubwege.

Mit bestimmtem Längenverhältnis der Staubfäden

2 längere und 2 kürzere Staubfäden . . . . XIV. Klasse
2 Ordnungen. Mit nacktem Samen, mit bedecktem Samen.
4 längere und 2 kürzere Staubfäden . . . . XV. Klasse
2 Ordnungen. Mit Schötchen, mit Schoten. Mit Staubgefäßen, die an irgendeinem ihrer Teile verbunden sind.
Die Staubfäden in eine Röhre verwachsen . . . . . XVI. Klasse
6 Ordnungen. 3,5,8,10,12, viele Staubfäden.
Die Staubfäden in zwei Bündel verwachsen . . . . XVII. Klasse
4 Ordnungen. 5,6,8,10 Staubfäden.
Die Staubfäden in mehrere Bündel verwachsen . . XVIII. Klasse
3 Ordnungen. 5,20, viele Staubfäden.

Die Staubbeutel (fünf an der Zahl) in ein
Röhrchen verwachsen . . . . XIX. Klasse
6 Ordnungen. Zusammengesetzte Blumen: 1. Alle Blümchen fruchtbare Zwitter von gleicher Gestalt. 2. Die Blümchen der Scheibe, fruchtbare Zwitter; die des Strahles, fruchtbare weibliche. 3. Die Blümchen der Scheibe, fruchtbare Zwitter; die des Strahles, unfruchtbare weibliche. 4. Die Blümchen der Scheibe, unfruchtbare Zwitter; die des Strahles, fruchtbare weibliche. 5. Die Blümchen mit eigenen Kelchen versehen. 6. Einfache, nicht zusammengesetzte Blumen.

Die Staubgefäße mit dem Staubwege verwachsen . . XX. Klasse
9 Ordnungen. 2,3,4,5,6,8,10,12, viele Staubgefäße.

Mit getrennten Geschlechtern

Die männlichen und weiblichen Blumen einhäusig
auf derselben Pflanze . . . . XXI. Klasse
11 Ordnungen. 1,2,3,4,5,6,7, viele freie Staubfäden, verwachsene Staubfäden, verwachsene Staubwege, die Staubgefäße mit der Anlage des Staubweges verwachsen.

Die männlichen und weiblichen Blumen zweihäusig auf verschiedenen Pflanzen . . . . XXII. Klasse
14 Ordnungen. 1,2,3,4,5,6,8,9,10,12 viele freie Staubfäden, verwachsene Staubfäden, verwachsene Staubwege, die Staubgefäße mit der Anlage des Staubweges verwachsen.

Zwitterblumen und Blumen getrennten Geschlechtes auf
derselben, oder auf verschiedenen Pflanzen . . . XXIII. Klasse
3 Ordnungen. Auf derselben, auf zwei, auf drei verschiedenen Pflanzen.

Pflanzen ohne wahrnehmbare Blüte

— . . . . XXIV. Klasse
4 Ordnungen. Farren, Moose, Algen, Pilze.

Zwei Pflanzenreihen von ungleicher Geltung, die spitzkeimenden, sind in diesem System nicht geschieden, aber viele der zahlreichsten und natürlichsten Sippschaften bleiben vereinigt, oder zerfallen nur in große Gruppen, die man leicht in verschiedenen Klassen finden kann. *Linné* war in Ansehung vieler Pflanzen, die im Geschlechtsverhältnis oder im Zahlenverhältnis ihrer Blumenteile von ihren Angehörigen abweichen, seinem Gefühl für die Natur gefolgt und hatte sie von denselben nicht getrennt. Aber seine Nachfolger haben oft das Mittel für den Zweck angesehen und häufige Veränderungen mit seinem künstlichen System vorgenommen, die nicht immer Verbesserungen gewesen sind. Es mochte zu loben sein, die XIX. Klasse einzig nur aus der zahlreichen natürlichen Familie der Zusammengesetzten Blumen bestehen zu lassen, die sechste Ordnung aufzuheben, und die Gattungen, die sie enthielt (Viola, Impatiens u. a.), in die erste Ordnung der V. Klasse zu verlegen. Es mochte ersprießlich sein, die XXIII. Klasse aufzulösen, und die Pflanzen, die sie aus dem Grund einer durch Verkümmerung der Teile begonnenen und nicht vollendeten Trennung der Geschlechter vereinigte, in die übrigen Klassen der zwitterblütigen Gewächse zu verteilen. Diese Abänderungen werden auch ziemlich allgemein befolgt, die erste ganz besonders. Aber die Vereinigung der XI. Klasse mit der XII.; der XII. mit der XIII.; die Auflösung der XX., XXI. und XXII. Klassen; die Auflösung aller nicht auf bloße Zahl begründeten Klassen und andere Neuerungen mehr, waren meist Willkürlichkeiten, wodurch ihre Urheber sich in Nebenbuhlerschaft mit dem Meister zu setzen vermeinten. Viele Gattungen, bei denen das Zahlenverhältnis unentschieden schwankt (*Salicornia, Cuscuta* u. a.), deren Blüten man bald als Zwitter und bald als nahständige Blumen getrennten Geschlechts betrachten konnte (*Zostera, Euphorbia* u. a.), oder überhaupt, deren Blumenteile nach verschiedener Ansicht eine verschiedene Deutung zuließen, wurden verschiedentlich in andere Klassen und Ordnungen verlegt. Manche Gattungen, die Arten mit verschiedenem Zahlenverhältnis einbegriffen, wurden in verschiedene Gattungen geteilt und diese, voneinander gerissen, in verschiedenen Klassen untergebracht. Die Folge von alledem war, daß das Auffinden derselben Pflanzen in verschiedenen Büchern ungemein erschweret, und die Bequemlichkeit einer bestehenden Ordnung beeinträchtigt war.

Linné hatte der Forschbegierde einen außerordentlichen Antrieb gegeben, seine Schüler zerstreuten sich in alle Lande, und die drei Reiche der Natur wurden in allen Weltteilen untersucht. So lange der alte Meister lebte, wachte sein Geist über dem Gebäude, welches er aufgestellt hatte. Ihm, dem gemeinschaftlichen Lehrer, ward meist die Sorge überantwortet, die neuen Entdeckungen in das System einzutragen, und in der Wissenschaft galt nur, was seine Autorität besiegelt hatte. *Linné* starb 1778. Ihn überlebte die Begeisterung, die er angefacht, aber den Jüngern fehlte das Oberhaupt. Keinem war es gegeben, alle Stimmen zu vereinigen; es wurde ferner keine Autorität anerkannt. Die Verwirrung entstand aus dem wachsenden Reichtum und dem eifernden Bemühen aller Beflissenen der Wissenschaft, dem nunmehr babylonisch gewordenen Bau Steine zuzutragen. Linné kannte vor seinem Tode beiläufig 6000 Arten deutlichblütiger Pflanzen (in dem neusten Verzeichnis (1821), worin viele noch nicht eingetragen sind, werden gegen 40'000 aufgezählt). Die Menge der bekannten geschlechtslosen Pflanzen hat sich in viel größerem Verhältnisse noch vermehrt, keiner hat sie gezählt, keiner vermag sie zu zählen. (Ein unlängst erschienenes Verzeichnis (1824) bringt die Zahl der bekannten geschlechtslosen Pflanzen auf ungefähr 11'000). Unüberschaubar ist nicht nur die Naturgeschichte in ihrer Gesamtheit, sondern schon jeglicher ihrer Zweige geworden. Die Linnéischen Arten sind zu Gattungen, seine Gattungen zu Familien angeschwollen; überall sprießen neue Benennungen, neue Beschreibungen hervor; es ist nicht mehr möglich, von allem Vorhandenen, von allem Entstehenden Kunde zu erhalten; gleichzeitig werden dieselben Namen verschiedenen Arten, und verschiedene Namen denselben Arten auferlegt; gleichzeitig werden dieselben Pflanzenfamilien, die Floren derselben Gegenden anderwärtig bearbeitet und während der Eine ausgegangen ist, das Vorhandene einzusammeln, ist bereits auf seinen Fußstapfen die Nachlese, reicher als die Ernte war, emporgeschossen. Täglich wird im lebendigen Treiben der Wissenschaft das Bedürfnis der Sichtung und der Ordnung dringender gefühlt, aber die Ordnung ist selbst unter denen, die einander zur Ordnung rufen, nicht herzustellen.

Wer die Botanik oder Pflanzenkunde studieren will, muß zuvörderst die Kunstsprache, sodann Pflanzen kennenzulernen sich bemühen. Indem er viele Individuen sieht und vergleicht, gelangt er zur Kenntnis der Art, durch die Vergleichung der Arten zur Kenntnis der Gattung. Er übt sich zuerst an den wildwachsenden Pflanzen seiner Umgegend; wenn er mit diesen vertraut geworden, begehrt er erst die fremden Pflanzenformen in Gärten und Herbarien, endlich auch auf Reisen, in der freien Natur zu sehen. Er wird gleichzeitig allmälig mit den Büchern und deren Gebrauch vertraut. Nur aus einer weitumfassenden Kenntnis von Einzelheiten kann die Umsicht in der gesamten Pflanzenwelt und das Erkennen der natürlichen Verwandtschaften der Pflanzen erwachsen.

Dem Botaniker ist ein *Herbarium* (eine Sammlung getrockneter Pflanzen) notwendig. Das Herbarium ist sein lebendiges Gedächtnis, darin lieget ihm zu jeder Zeit die Natur zur Ansicht, zur Vergleichung, zur Untersuchung vor. Von jeder Pflanze, die er erhalten kann, werden möglichst vollständige Exemplare in das Herbarium eingelegt. Blume und Frucht sind zur Vollständigkeit unerläßlich, alle Zustände der Pflanze, von dem Entfalten der ersten Samenblätter an, wünschenswert. Leider ward ehedem oft die Frucht vernachlässigt. Der Name, der Standort, die Zeit des Einsammelns (Tag, Monat, Jahr) werden beigemerkt. – Der Sammler vermehrt, vervollständigt durch Tausch seinen Schatz. Bei den Pflanzen, die er selbst untersucht hat, wird die Autorität, auf welcher die Bestimmung beruht, sorgfältig beigefügt; Proben, die von den Naturforschern herrühren, welche die Arten benannt und bekannt gemacht haben, werden vorzüglich wert gehalten. Wildgewachsene Pflanzen haben vor den in Gärten gezogenen den Vorzug. Aus vielen Ländern zusammengebrachte Exemplare dienen zur Kenntnis der geographischen Verbreitung der Arten, und die Gleichheit oder Verschiedenheit derselben in verschiedenen Landstrichen ergibt sich aus dem Vergleichen.

Wir werden das Verfahren beim Einlegen und Trocknen der Pflanzen beschreiben. Der Laie kann oft durch bloßes Sammeln sich wesentliche Verdienste um die Wissenschaft erwerben.

Auf einer Lage trocknen Löschpapiers wird eine Pflanze in ihre natürliche Lage flach ausgebreitet und darauf geachtet, daß Blume und Frucht, von keinem Blatte bedeckt, am günstigsten erscheinen; darüber wird eine andere Lage Löschpapier gedeckt, auf diese kommt eine andere Pflanze und so fort. Auf einen Stoß eingelegter Pflanzen wird ein Brettchen gelegt und mit etlichen Steinen beschwert. Besser noch wird ein solcher Stoß, drei bis vier Zoll dick, zwischen zwei Pappen fest eingeschnürt. Luftzug und Sonne fördern das Austrocknen. Das allzustarke Pressen der Pflanzen ist zu widerraten; die Blätter müssen glatt gelegt und erhalten werden, aber die Form des Stengels, der Frucht und anderer Teile muß nicht zerstört und dadurch unkenntlich werden. Man kann die Lagen Papier zu drei, sechs und mehreren Bogen machen; Gräser und sehr dürre Pflanzen bedürfen bei trockener Witterung des Umlegens kaum. Je mehr Papier man nimmt, desto eher kann dieses Geschäft umgangen werden. Saftreichere Kräuter müssen, besonders in den ersten Tagen, mehrere Male umgelegt werden; sie erfordern auch mehr Papier. Gut ist es, sie vor dem Einlegen, etwas welk werden zu lassen; sie dürfen vor allem nicht feucht von Regen oder Tau sein, da naß eingelegte Pflanzen faulen oder schwarz werden. Zwiebeln-, Knollen- und saftige Gewächse (Sempervivum, Sedum, Portulaca u. a.) müssen vor dem Einlegen in kochendem Wasser ertötet werden; solche Pflanzen werden am besten im Backofen oder unterm Bügeleisen getrocknet. Man nimmt, wenn man umlegen will, das Papier weg, welches die obere Pflanze bedeckt und legt eine frische Lage trockenes Löschpapier an dessen Stelle, faßt dann mit beiden Händen das feuchte Papier, worauf die Pflanze liegt, zugleich mit dieser und dem trockenen Papier, das man darauf gelegt hat, hebt das Ganze sorgfältig ab und kehrt es um, sodaß die trockene Oberlage unten, und die Pflanze darauf zu liegen kommt; nun nimmt man das feuchte Papier weg, alsdann hebt man auf gleiche Weise die zweite Pflanze ab, und legt sie mit ihrer neuen Unterlage auf die erste und so fort bis zum Schluß. Nach dem Umlegen muß das alte Papier zu neuem Gebrauch jedesmal gelüftet und getrocknet werden. Die Pflanzen, die trocken und steif geworden sind, werden weggelegt und in geleimtem Papier verwahrt.

Verschiedene Insektenlarven gefährden die Herbarien. Sie zerstören vorzugsweise die zusammengesetzten Blumen, die Doldengewächse, die Euphorbien, die Weiden u. a. Die frischeren Pflanzen sind diesem Unheil am ersten ausgesetzt. Eine Sammlung, die oft gebraucht und sorgfältig durchgesehen wird, ist am sichersten davor geschützt; kein Mittel bewähret sich sonst gegen diese verderblichen Feinde. Einige ziehen die trocknen Pflanzen durch eine Lösung von Sublimat in Weingeist; anderen däucht dieses Mittel bedenklicher als der Schaden selbst, dem es vorbeugen soll.

Anmerkungen

Übersicht der nutzbarsten und der schädlichsten Gewächse, welche wild oder angebaut in Norddeutschland vorkommen. – Nebst Ansichten von der Pflanzenkunde und dem Pflanzenreiche, von Adelbert von Chamisso, *526 Seiten, bei Friedrich Dümmler Verlag, Berlin, 1827.*

Auf Veranlassung des Preußischen Unterrichtsministeriums, dem damals der Botanikfreund Freiherr vom *Stein* zu *Altenstein* vorstand, verfaßte Chamisso dieses Schulbuch über das Reich der Pflanzen; zugleich legte er 30 Herbarien zu je 300 Pflanzenarten an, die als Anschauungsmaterial dienten. – Von den „Ansichten" sagte der Autor, sie seien sein „wissenschaftliches Glaubensbekenntnis", und zusammen mit der „Übersicht" ergäbe es „eine Botanik für Nichtbotaniker", und er hätte die Absicht gehabt, als „Dolmetscher" zwischen dem Kundigen und Unkundigen zu wirken. – In der Tat handelt es sich um das erste pflanzenkundliche Sachbuch, das nicht nur ein Meister der Sprache und ein Fachmann schrieb, sondern in allgemeinverständlicher Form die Fragestellungen der Botanik in lebendigster Weise darlegt. Mit bildhafter Genauigkeit führt uns Chamisso wesentliche Zusammenhänge im Haushalt der Natur vor und unterstreicht eindrücklich die grundlegende Bedeutung des Zusammenlebens von Pflanze, Tier und Mensch. Zum ersten Mal auch schrieb ein erfahrener Botaniker und begabter Lehrer über *geographische Verbreitung der Pflanzen, blütenbiologische Besonderheiten, Samenverbreitung,* ja auch über *politisch-kulturverändernde Auswirkungen.* – Obschon ein entschiedener Befürworter des damals noch jungen *Natürlichen Pflanzensystems,* verwendete Chamisso in der „Übersicht" das gebräuchliche Linnésche System, unterließ es aber nicht, zugleich neben die jeweilige Klasse auch die anschaulicheren Bezeichnungen wie „Zapfenbäume", „Kätzchenbäume", „Schirmpflanzen", „Maskenblumen" zu setzen.

Leider ist die umfangreiche Korrespondenz mit dem Ministerium noch nie veröffentlicht worden, so daß nirgends festgestellt werden konnte, wie dieses fortschrittliche Buch für Natur- und Pflanzenkunde aufgenommen worden ist. – Dieser Text ist in keiner Gesamtausgabe vorhanden. Ein kleiner Ausschnitt erschien in der Anthologie „Deutscher Geist", herausgegeben von Oskar Loerke und Peter Suhrkamp (1966).

Die „Ansichten" entstanden in Chamissos besten Jahren. Seit dem klagenden „es will mir noch nicht hell werden in der Blumenwelt" und „was würde aus mir, wenn mir dieses Heu zu widerstehen anfinge?" ist ein gutes Jahrzehnt vergangen. Beim Ordnen und Bestimmen seiner während der Weltreise gesammelten Pflanzen kamen Chamisso diese Einsichten, die auch für uns später geborene mehr sind als nur „Ansichten": sie sind Wissen und Erkenntnis eines klarsichtigen, erfahrenen Naturkundigen, der um die naturgeschichtlichen Zusammenhänge weiß und diese klar und anschaulich darstellt.

„*Pflanzen von eigentümlicher Bildung*“ – Cycadaceae – Palmfarne; größte Verbreitung in der Kreidezeit; etwa 90 Arten überleben in tropischen und subtropischen Gebieten. Beliebte Zimmer-„Palme“: Cycas revoluta.

„*Badeschwamm*“ – Euspongia officinalis.

„*Flechten*“ – mit „vermittelnde Formen“ scheint Chamisso das Geheimnis der Flechten zu ahnen, die man heute als Symbiose zwischen Alge und Pilz kennt.

„*Kannenkraut*“ – auch „Zinnkraut“ werden die Schachtelhalme (Equisetum) genannt. Weit verbreitet im Karbon mit baumförmigen Arten. Ca. 30 Spezies haben überlebt, die hauptsächlich tropische Gebiete besiedeln.

„*wurzelfrüchtige Farrenkräuter*“ – z. B. Salvinia, Marsilea.

„*Bärlapp*“ – Lycopodium, ebenfalls alte Pflanzengruppe, Kosmopolit, überwiegend tropisch. Heute noch ca. 400 Arten.

„*Adlerfarn*“ – auch heute noch zu den Kosmopoliten gehörend.

„*in einem Tropfen stockenden Wassers*“ – leben, „dem Meer vergleichbar“: Zooflagellaten, Amöben oder Wurzelfüßler, Sonnen-, Wimper-, Rädertierchen, Strudelwürmer, Blattfußkrebse, Moostierchen usw.

„*Wasserfäden*“ (Oscillatoria) – Schwingalge, zur Gattung der Blaualgen gehörend, meistens in verschmutzten Gewässern.

„*Wassernetz* (Hydrodictyon)“ – bildet Kolonien aus vielen schlauchförmigen Zellen, die einen netzförmigen Sack formen.

„*Wasserhäute (Ulva)*“ – Gattung der Grünalgen.

„*Tange*“ – der Satz Chamissos „eine naturgemäße Einteilung der Wasseralgen in Gattungen und Gruppen von Gattungen gehört zu den schwierigsten Aufgaben der Pflanzenkunde“ wird dem Sinn nach von einem heutigen Algologen wiederholt: It has been said often that „nature mocks at human categories“ and this certainly seems to be the case when one compares the more-or-less current systems of classification (der Algen!) used by various authors“ (Bold/Wynne: Introduction to the Algae, 1978). – Auch heute sind verschiedene taxonomische Konzepte der Algen in Gebrauch, die letztlich alle vorläufigen Charakter haben. Sie basieren auf der Art und Zusammensetzung der phytosynthetischen Pigmente, der Reservesubstanzen und der Zellwand, sowie auf ultrastrukturellen Besonderheiten des Chloroplastenbaus und der Begeißelung; es sind dies Merkmale, von denen der Algensystematiker des 19. Jahrhunderts nichts wissen konnte. (Nach schriftlicher Information von Dr. Rosmarie Honegger).

„*Mammut*" – die von der Weltreise mitgebrachten Mammutzähne schenkte Chamisso dem Berliner Museum. Anläßlich eines internationalen Kongresses der Naturforscher in Berlin (s. „Zeittafel" S. 262) wurden diese den Kongreßteilnehmern vorgeführt.

„*Mutterkorn*" – Secale cornutum – Sklerotium, hornartig gebogene derbe Hülle des Pilzes Claviceps purpurea.

„*Keimkörner*" – Spore, war damals noch nicht gebräuchlich.

„*Geschlechtlichkeit*" – der Kernsatz „es fruchtet jederzeit der Wissenschaft, daß jede Meinung frei und laut verfochten werde" ist charakteristisch für Chamissos Haltung, ja er suchte die Diskussion und forderte den Gesprächspartner zu hitzigen Wortgefechten heraus, was dem einstigen Fechtmeister an Bord der ‚Rurik' nicht nur Freunde eintrug. Dagegen befliß er sich in seinen Texten ausgesucht höflich und behutsam zu argumentieren.

„*Gleditsch*" – J. G. Gleditsch (1714–1786), Botaniker und Professor an der Universität Berlin.

„*Samenverbreitung*" – In W. B. Hemsley's berühmtem „Challenger Report": „Appendix on the dispersal of plants by oceanic currents and birds" (1885) heißt es: „Chamisso seems to have been one of the first to records the fact, that foreign seeds cast ashore in a living state by waves in various parts of the world".

„*Kölreuter*" – J. G. Koelreuter (1733–1806), Direktor des Bot. Gartens, Karlsruhe.

„*Wasserpflanzen*" – Chamissos Lieblinge, s. S. 69–77 *Potamogeton.*

„*Bedeutung der Organe*" – als Systematiker war er stets darauf bedacht, verwandtschaftliche Beziehungen, morphologische Merkmale innerhalb natürlicher Pflanzengruppen aufzuzeigen.

„*Convallaria bifolia*" – Synonym: Majanthemum bifolium, Schattenblume.

„*Gewürzarten*" – z. B. Ingwer (Zingiber officinale); Cardamomen (Amomum cardamon).

„*Alles Tier und alle Pflanze*" – steht in der Originalausgabe, die viele Druckfehler aufweist, die Chamisso sehr geärgert haben. Hier aber, könnte es sein, daß seine Muttersprache ihm in die Quere gekommen ist. Chamisso soll, nach Ohrenzeugen, stets französisch gezählt haben und auf seinem Totenbett ebenfalls in dieser seiner ersten Sprache phantasiert haben. Sein ältester Sohn berichtete, daß der Vater sich oft fragend an die Mutter oder die Kinder richtete, um zu erfahren, ob Orthographie oder Wortwahl auch richtig seien (Fulda „Chamisso und seine Zeit").

„*Wir müssen die Natur fragen*“ – war der stete Leitsatz des Naturforschers Chamisso.

„*Verwandlungslehre*“ – Chamisso war ein Gegner der damaligen fast alchimistisch zu nennenden Lehre über die Metamorphosen. Ausdrücklich akzeptierte er (s. S. 43–44) Metamorphosen wie Goethe sie darstellte, nicht aber solche, wie er überspitzt formulierte, der „Verwandlung eines Weizenkorns in einen Mehlwurm“. Ob er die spätere Evolutionstheorie Darwins akzeptiert hätte, bleibt eine offene Frage.

„*Wo der gesittete Mensch einwandert, verändert sich vor ihm die Ansicht der Natur*“ – dieser Satz und die folgenden lesen wir Heutige nicht ohne Schreck im Nacken und die sachliche Feststellung „selbst die Wildnis, die sein Fuß noch nicht betreten hat, verändert ihre Gestalt“ ist zur ungehörten Warnung geworden.

„*Moldavien*“ – Moldavia (Rumänien).

„*Reis*“ – wird seit ältesten Zeiten in China angebaut und kam durch die Araber nach Südeuropa. Natürliches Vorkommen ist nicht mehr feststellbar.

„*Weizen*“ – *Triticum vulgare.* Auch hier ist die Stammpflanze nicht mehr feststellbar.

„*Spelz*“ – *Triticum spelta* = Dinkel, Schwabenkorn; vermutlich einst in Persien wildwachsend.

„*Umea*“ – Ort an der Mündung Ume Alo (Schweden).

„*Nutzgräser*“ – Chamissos Feststellung, daß das natürliche Vorkommen dieser Gräser nicht nachgewiesen werden kann, bestätigte sich.

„*Kartoffel*“ – *Solanum tuberosum;* nach de Candolle wildwachsend in Chile gefunden worden.

„*Pisang*“ – malaiisch-niederl. für Banane.

„*Toise*“ – altes Längenmaß = 1,949 m.

„*Pariser Fuß*“ – altes Längenmaß = 0,3248 m.

„*Geographie der Pflanzen*“ – Auf knapp zwanzig Seiten wird hier zum ersten Mal in allgemeinverständlicher Weise und mit hervorragenden noch heute gültigen Beispielen über geographische Verbreitung antarktischer und alpiner Florengemeinsamkeiten, über Gebirgszüge als Scheidewälle gesprochen; ein Kabinettstück des Pflanzengeographen und des Sprachmeisters. – In den nachgelassenen Schriften befindet sich eine noch unveröffentlichte Abhandlung: „Über die geographischen Einteilungen der Erdoberfläche“.

„*Botrychium lunaria*“ – Mondraute.

„*Neuholland*“ – Australien. 86% des australischen Florenreichs sind endemitische Pflanzenarten.

„Kreuzblumen" – steht für Kreuzblütler (Crucifereae); in CHsW II steht irrtümlich „Kreuzblumen = Polygala".

„Maskenblumen" – Rachenblütler, Braunwurzgewächse (Scrophulariaceae).

„Alchemillen" – Frauen- oder Taumantel (Alchemilla).

„Veroniken" – Ehrenpreis (Veronica).

„Gebirgszüge/Höhenstufen" – Das Vorkommen der Pflanzen in verschiedenen Höhenlagen interessierte Chamisso besonders, so daß er den befreundeten Schweizer Botaniker *Oswald Heer* beauftragte, diesem Fragenkomplex nachzugehen (s. „Linnaea" Bd. VII).

„Baum südamerikanischer Berge" – Araucaria araucana, bestandbildend; in milderen Gegenden bei uns als Zierbaum angepflanzt.

„Kapflora" – und Flora Australiens: charakteristische Familie: *Proteaceae.*

„58 Pflanzenarten" – s. S. 27–28, 40 Ratak.

„Art, Gattung, Familie" – Auch die heutige Botanik sieht die systematische Einteilung des Pflanzenreichs als ein unentbehrliches Hilfsmittel, um zu ordnenden Erkenntnissen zu gelangen. Chamisso ist durch seine entschiedene Befürwortung der Gesamtheit der Merkmale („Blume", „Frucht", „Samenkorn und Zergliederung desselben und des in ihm enthaltenen Embryos") gewissermaßen ein Vorläufer der Englerschen „Natürlichen Pflanzenfamilien".

„deutlichblütiger Pflanzen" – Heute sind ca. 250'000 Blütenpflanzen bekannt.

„Herbarium" – der größte Teil von Chamissos Herbar wird im Botanischen Museum in Leningrad aufbewahrt und wurde nach Englerschem System in die Bestände eingeordnet (Mitg. Aug. '80). Ebenfalls über Herbarpflanzen verfügen u. a. Genf und Berlin (West) (s. Lasègue: Mus. bot. de Benjamin Delessert).

Hier in diesen Abschnitten läßt sich beinahe auf Sätze genau nachweisen, wie gut Chamisso die botanischen Schriften, insbesondere die „Botanischen Lehrbriefe", des verehrten Jean-Jacques *Rousseau* gekannt hat sowie den Sohn der Empfängerin, Benjamin *Delessert.* Vermutlich ist Chamisso der unerkannt sein wollende Schenkende des letzten Herbars des Philosophen, das, während der Zeit, als Chamisso Kustos im Berliner Botanischen Museum war, als „eingegangenes Geschenk" vermerkt worden ist (s. I. Urban „Geschichte des Kgl. Bot. Mus. zu Berlin). Das Rousseausche Herbar ist im Zweiten Weltkrieg zerstört worden.

Porträt-Skizze des Naturforschers. Nachgezeichnet aus unbekannten Briefen und anderen Dokumenten

Zeittafel und Bibliographie

Chamisso gewidmete Namen von Pflanzen, Tieren und geographischen Orten

Nachbemerkung

Bibliographie nach 1838

Personenregister – Sachregister

Konsultierte Werkausgaben – Biographische Darstellungen (Auswahl) – Literatur- und Bildnachweis

Adelbert von Chamisso, gezeichnet von E.T.A. Hoffmann im Jahre 1805

Porträt-Skizze des Naturforschers

Nachgezeichnet aus unbekannten Briefen und anderen Dokumenten

Zeittafel und Bibliographie

1781 Auf Schloß Boncourt bei Sainte-Ménéhould in der Champagne wird Chamisso als sechstes von sieben Kindern von Marie Anne de *Chamisso de Boncourt,* geb. *Gargam,* zwischen dem 27. und 30. Januar geboren und am 31. Januar getauft auf die Namen Charles Louis *Adelaide.* Der Vater, *Comte de Chamisso de Boncourt,* aus altadeligem Geschlecht, Rittmeister, war ein vorbildlicher Verwalter seiner Güter und Ländereien und Berater seiner Untertanen; früh ließ er seine Kinder von ausgezeichneten Hauslehrern unterrichten; zudem „für schlechte Zeiten" auch in Porzellan- und Miniaturmalen! – Der Knabe *Adelaide* wird von der einzigen Schwester als „einzelgängerisch und wortkarg" geschildert, „der gern im ausgedehnten Schloßgarten seinen eigenen Gedanken nachging".

1789 Ausbruch der Französischen Revolution.

1790 Wirren der Revolution zwingen die Familie zum Verlassen von Schloß Boncourt; sie siedeln sich in Châlons an. Hier wurden Flucht und Verkauf des Schlosses sorgfältig vorbereitet. Unauslöschlicher Eindruck für den Elfjährigen.

1792 Versteigerung des Mobiliars und Hausrats; Abbruch des Schlosses; der Vater schließt sich dem Emigrantenheer de Broglie an.

1793/4 Aufenthalte in Lüttich, Den Haag; die drei ältesten Söhne Hippolyte, Charles und Adelaide sorgen als

Porzellan- und Miniaturmaler für Mutter und Geschwister.

1795 Aufenthalte in Düsseldorf, Würzburg und Bayreuth. Adelaide soll einem Tischler in die Lehre gegeben werden. Prudent zieht nach Berlin, wo er eine Erzieherstelle hat; verschafft Adelaide eine Stelle als Porzellanmaler in der Berliner Manufaktur; die beiden älteren Brüder erhalten Porträtaufträge. Ein Bittschreiben der Mutter um Aufenthaltsbewilligung für die ganze Familie, beantwortet König Friedrich
1796/7 Wilhelm III. eigenhändig. – Adelaide wird *Page* bei der Prinzessin Ferdinand. Drückende Geldsorgen. Geregelter Schulunterricht Adelaides im Französischen Gymnasium. Hervorragende Lehrer beeinflussen den bildungshungrigen und wißbegierigen Fünfzehnjährigen. Weltoffene und tolerante Haltung dieser Schule prägen Chamisso fürs Leben.

1798 Gemäß der Familientradition wird Adelaide für eine militärische Laufbahn bestimmt. Eintritt in die Preußische Armee. Fähnrich. Gleichförmigkeit des Dienstes, Zwang, Korruption bedrücken den Siebzehnjährigen. In einem Brief an die einzige Schwester heißt es: *„Dieser Beruf verdorrt den Geist und tötet das Herz."* Flucht in weitgespannte Lektüre, vor allem *Rousseau, Schiller, Klopstock.*

1801 Beförderung zum Leutnant. Rückkehr der Familie nach Frankreich. Aus finanziellen Gründen müssen Adelaide und Eugène zurückbleiben. In der freien Dienstzeit intensive Sprachstudien, besonders Deutsch, diese „coquine de langage" – Spitzbübin von Sprache.

1802 Übersetzungen aus dem Französischen. Reise mit dem todkranken Bruder nach Frankreich zu den Eltern.

Gefühl der Heimatlosigkeit, „weder Franzose noch Deutscher“ zu sein.

1803 Rückkehr nach Berlin zur Armee. Bildung eines Freundeskreises mit wissenschaftlichen Zielen (u. a. Julius Eduard Hitzig, Louis de la Foye, Georg Andreas Reimer, Karl August Varnhagen). Herausgabe eines Musenalmanachs; Griechischstudium; „Nordsternbund“.

1805 Krieg mit Frankreich. Chamissos Regiment verläßt Berlin und marschiert über Magdeburg, Hildesheim nach Hessen. Chamissos Unzufriedenheit über das „irreschweifende“ Soldatenleben schwillt an zu verzweifeltem Aufschrei: *„Ich möchte mit Fäusten um mich schlagen: ein Kerl von 24 Jahren und nichts getan, nichts erlebt, nichts genossen, nichts erlitten, nichts geworden, nichts erworben, rein nichts, in dieser erbärmlichen, erbärmlichen Welt!“*

1806 Anfang des Jahres lautet Chamissos Adresse „Armee des Kurfürsten auf dem Marsch“. Das Regiment marschiert nach *„dem Gott weiß wo – auf daß wir erfahren, welcherlei Farbe der Dreck all da sei ...“* Ein paar Sätze weiter, stellt der zukünftige Torfmoorforscher fest: *„... was aber klage ich, weiß ich nicht nun, welcherlei Farbe und Tiefe der Dreck in den verschiedenen Gefilden Deutschlands sei?“* – Ständige Besetzung der Festung Hameln. Intensives Griechischstudium in der Freizeit, intensiver Briefwechsel mit den Freunden. Entschluß zu studieren. Literarische Arbeiten. *Ablehnung des Abschiedsgesuchs* vom Militär vernichtet seinen Plan, in Halle zu studieren, und die Mitteilung an seine Freunde, die nun nicht Studienfreunde sein werden, heißt: *„Il n'y faut plus penser, mes amis.“* Aber er handelt, *„wie ich muß, wie es für mich ziemt und bleibe der*

innerlichen Stimme treu, die mich leitet". Und *„ich bin gar gelassen blieben, da, seit ich es zu leben angefangen, mein ganzes Leben nur ist: Ordre und Contreordre".*
Die kampflose Kapitulation der Festung Hameln trifft ihn, dessen Vorfahren sich kriegerischen Auseinandersetzungen im Dienste des Königs stets gestellt hatten („Mémoire über die Ereignisse bei der Kapitulation von Hameln"). – Tod beider Eltern. Reiseerlaubnis nach Frankreich. Neues Abschiedsgesuch. Aufenthalt bei den Geschwistern, die Chamisso vorschlagen eine Geldheirat einzugehen, was er ausschlägt. Erneuter Plan zu studieren mit den Freunden in Halle. Das Gefühl der Heimatlosigkeit verstärkt sich. – *„Ich bin wie das Blatt gerissen vom Baum, bin jetzt also elternlos",* schreibt er Ende des Jahres an Hitzig.

1807 Warten auf einen „strengrichtigen" Paß zur Ausreise nach Berlin. Nach mehrmaligem „ich bin noch nicht auf der Reise" und „sich zu Geduld" mahnen, kündigt er *Fouqué* an, daß er Anfang Oktober in Nennhausen sein werde. Fußreise mit Varnhagen nach Hamburg.

1808 Rückkehr nach Berlin. Endgültige Regelung seines Militärverhältnisses. Abschied als Premierleutnant: „der Pflichttreue im Kriege und über Befreiung von jeglicher Anschuldigung in Beziehung auf sein Benehmen in Hameln". – Wiederum Sprachstudien: Lateinisch, Italienisch, Spanisch. Auflösung der Universität Halle; wiederum zerstörte Hoffnungen. *„Ich bin gar arm und zerrissen . . . Mein Leben, das sich setzen und gestalten sollte, hat sich vielmehr in öden Sand geschlagen und verloren. Mir ist vieles abhanden gekommen, vieles zertrümmert und zerronnen,* *und ich habe für das teure Geld wenig genug eingekauft: ein Pfund Alter und ein Quentchen bittern Erfahrungsextrakt. Die Welt ist mir überall zugenagelt, und ich weiß nicht aus noch ein."*

Chamisso denkt daran, Landwirt zu werden. *„Ich bin nämlich willens, mich dahin zu begeben* (Güter bei Wahldorf und Charlottenfeld), *eine Familie dort zu bilden, und der sonstigen Welt, die mit allen ihren Blüten mich mehr und mehr wie die Orchis foetida anekelt, Adieu zu sagen."*

Vom damals 26jährigen entwarf *Rosa Maria,* Schwester Varnhagens, die später öfters Gedichte für den „Musenalmanach" beisteuerte, dieses Porträt:

„Chamisso trug eine elegante polnische Kurtka, mit Schnüren besetzt, ging mit schwarzem, natürlich herabhängendem Haar, mit einer leichten Mütze, was ihm sehr wohl stand und nebst einem kleinen Schnurrbart, seinem geistreichen Gesicht voll Ernst und Güte, seinen schönen, sprechenden Augen voll Treue und Klugheit einen eigentümlichen Ausdruck verlieh, so daß er als eine angenehme Erscheinung auffiel und Bekannte von mir sich erkundigten, wer der schöne Mann gewesen sei, mit dem man mich auf der Straße hatte gehen sehen. Zugleich war er voll ritterlicher Höflichkeit und Galanterie, ein Erbteil seiner französischen Abkunft, die manchmal einen Anstrich von Steifheit hatte, weil sie echt altritterlich war, sich im ganzen aber sehr gut in ihm machte, so daß man, sich in alte Zeit versetzend, ihn gern als einen Chevalier und ritterlichen Troubadour hätte denken mögen. – Mit seinem lieben Gemüt, seinem ausgezeichneten Geiste wußte er Zustände und Verhältnisse, bald mit Ernst und Gefühl, bald mit Witz und Humor immer richtig anzufassen. Manchmal war er voll der heitersten Laune, fröhlich wie ein Kind, zu Spiel und Scherz aufgelegt. Er sprach das Deutsche zwar nicht ohne Anstoß, an sich war es jedoch vortrefflich und die Unterhaltung mit ihm immer angenehm und interessant ... Man mußte ihn lieb haben, ihm volles Vertrauen schenken... Als einen so innigen Freund meines Bruders nannte ich ihn auch Bruder, er mich Schwester, zu großer Verwunderung mancher Menschen, die ein solches Verhältnis zwischen einem jungen Mädchen und jungen Manne, die anderweitig noch nicht gefesselt waren, nicht für möglich hielten."

1809 Differenzen mit den patriotischen Kreisen im besetzten Berlin (Schleiermacher). Ausgedehnte Lektüre. Privatlehrer. An Rosa Maria schreibt er: *„Wollen Sie wissen, wie mir ist? Kühl zu Herzen, nüchtern zu Kopfe, grau zu Gesichte. Ich habe Verzicht geleistet, und lebe still und heiter genug, anspruchslos vor mich hin."*

Ruf nach Frankreich. Seine Familie hat ihm eine Stelle am Lycée in Napoléonville verschafft. In Paris erfährt er, daß „keine solche Stelle am Lycée vakant sei". Und er schreibt an Hitzig: *„Professor: das klingt an und für sich gut. Doch jeder Schuft, der Stunden gibt, heißt hierzulande Professor und wird eben en canaille traktiert."*

1810 In Paris. Ein Empfehlungsschreiben seines einstigen Lehrers *Erman* öffnet ihm den Eingang in den Kreis der deutschen Kolonie, wo er nicht nur A. W. Schlegel, L. Uhland kennenlernt, sondern auch *Alexander von Humboldt*. Er schreibt an Fouqué über diese „singulière ville", deren Luft „schwer wie Dukatendampf sei": *„Nirgends bin ich klotziger deutsch, als eben in Paris."* – Er sammelt französische Volks- und Liebeslieder. Übersiedelt nach Chaumont zu

Frau von *Staël*, wo er gemeinsam mit Helmina de *Chézy* Schlegels „Vorlesungen über dramatische Kunst und Literatur“ ins Französische übersetzt. Hier schreibt er an Hitzig:

1810 *„Chaumont, auf dem mittäglichen linken Ufer der Loire, liegt wunderherrlich auf einer Höhe, man hat über die Esplanade des innern Hofes, wie von den Zinnen der alten, schönen festen gotischen Türme, die göttlichste Aussicht über den breiten, schönen gradfließenden Strom und die Landstraße fern am andern Ufer, in eine reiche, grüne, unabsehbare Ebene, mit Weinbergen, Ansiedeleien, Saaten und Wäldern reich erfüllt. Mein Fenster, an welchem ich schreibe, sieht nun aus dem Hintergebäude über den Hof, zwischen der Burgkapelle und dem andern Flügel, diese schöne Landschaft in würdiger Einfassung. — In dieser alten Burg hausen denn nun die vornehmen Geister alle, der kluge, zierlich-schwerfällige Schlegel; die dicke feurige Staël, leichter, froher, anmutiger Bewegung; der milde fromme Matthieu de Montmorency; die schöne angenehme Récamier; der nüchterne, höfliche, kleine, stummlauernde, witzige Sabran; der schöne, zarte Nordländer Bölck; eine kugelrunde, harte, kalte Engländerin; ein guter Teufel von naivem, fröhlichem, zahmem, furchtsamem, gesprächigem italienischem Künstler — und ich, nach Zauberers Sitte, räuchre denn diese Geisterschar nach Herzenslust ein, worüber die, die seltsamsten Gesichter schneiden. — Die Staël möchte mir sogar die Unart abgewöhnen. Man arbeitet übrigens den ganzen Tag, und sieht sich nur in der Regel zu den dreien Speisestunden, also zwölf, sechs und elf. . . Ich passe aber in diese Welt gar nicht, ich habe mit ihnen nichts. Und obgleich eben keinerlei Zwang angelegt ist, so entbehr' ich doch allerlei Freiheit;*

erstlich lieb' ich eben keinen hier, und es liebt mich auch keiner – da ging es mir doch in Berlin und selbst in Paris besser –, kurz ich verschmachte an diesem Quell Kastalias. Selbst das Rauchen wird einem sauer gemacht, muß ich doch, wenn es regnet, von dem Abtritt aus (ein wahrer Lustort im Vorbeigehen zu bemerken) meinen Qualm in die gelehrte Welt blasen, denn die stachelschweinförmige britannische Feindin besetzt eine Stube neben der meinigen, von wo aus sie das Feuer meiner Batterien zum Schweigen gebracht hat."

Obschon Chamisso sich nicht, wie man heute sagen würde, akzeptiert fühlte, wurde er durch die Präsenz dieser außerordentlichen Frau, seiner „hohen Herrin" gefordert. Viele Briefstellen aus jenem Jahr zeigen mit selbstironisch feststellenden Zeichen einen verzweifelt Suchenden nach dem eigenen Stellenwert. Bedeutsam ist die erhalten gebliebene Stelle aus den bei Hofe der Staël üblichen schriftlichen Gespräche der „petites postes":

Ch: *„Ich bin Franzose in Deutschland und Deutscher in Frankreich; Katholik bei den Protestanten und Protestant bei den Katholiken; Freigeist bei den Frommen und Frömmler bei den Freigeistern: Weltmann bei den Gelehrten und Schulmeister bei der feinen Gesellschaft; Jakobiner bei den Aristokraten und bei den Demokraten ein Adliger; einer aus dem ‚ancien régime' bei. . . etc. Niemand will mich, überall bin ich ein Fremder. Ich bin unglücklich, und weil mein Platz für heute abend noch nicht festgelegt ist, erlauben Sie mir, mich in der Loire zu ertränken."*

St: *„Warten Sie noch einen Monat!"*

Ch: *„Was wollen Sie denn aus mir machen?"*

St.: *„Das, was Sie sind: ein Mensch mit Herzenskraft und anmutigen Manieren, traditionsbewußt und*

zeitgemäß, ungesellig und weltscheu; ein Mann von Stand und Bildung – kurz, einer, der Gegensätzliches in sich vereinigt, und das in Perfektion." (Übers. R. S.-G.)
Nach dem Erscheinen von „De l'Allemagne" zwang ein napoleonisches Dekret Frau von Staël, Frankreich innert 24 Stunden zu verlassen. Sie floh nach Coppet bei Genève. Chamisso wurde in die Vendée nach Napoléon geschickt, wo er Prosper de *Barante* als Bibliothekar nützlich sein sollte. Hier, sich selbst überlassen, benutzte er die reiche Bibliothek seines neuen Brotherrn; vor allem faszinierte ihn der Freiheitskampf der Bauern der Vendée. Depressive Zustände häufen sich, Chamisso kämpft: *„Ich sage mir wohl oft: in Teufels Namen, wozu nimmt man sich denn soviel Mühe um zu leben?" Lasse man es doch eben gehen wie es will!" – „. . . doch recht' ich mit dem Schicksale nicht, da ich doch leben muß. Freilich geht es rasch mit den Jahren hinab, und jedes Ziel scheint mit ihnen zu weichen; aber auch deshalb will ich nicht murren, weiß ich doch, daß oft nur ein Ziel erscheint, damit ein GEHEN, worauf es zuletzt ankömmt, statthabe. . ."* (an Rosa Maria in Hamburg).

1811 Chamisso verläßt Napoléon-Vendée. Reist über Paris, und dem Ruf der Frau von Staël folgend, trifft er im Frühjahr in Coppet ein; sie hatte „cet homme, un des meilleurs et un des plus éclairés qu'on puisse rencontrer" (Riegel) kommen lassen, so daß dem Dreißigjährigen wie dem Knaben dieselbe Rolle zugeteilt wurde: er war sozusagen wieder ‚Page und Leibwächter'.
Hier nun in dieser seiner „Biwakzeit" in der Nähe des Genfersees ging er keiner Arbeit nach, was übel

vermerkt wurde, sondern spielte Schach, lernte schwimmen und Englisch.

1812 Da schrieb ihm sein alter Jugendfreund, der Botaniker de *la Foye*:
„Wie kann man in der Schweiz Englisch lernen! Lerne doch lieber die Blumen kennen und lieben, dann bist Du nie allein... Kennst Du keinen Botaniker in Genf? Und könntest Du mir nicht Alpenpflanzen beschaffen– Ich gäbe Seepflanzen dafür."
Und das war Chamisso anschaulich, und er tat also. *„Ich bin nun ganz rücksichtslos mein eigner Herr und das ist, wozu ich mich entschieden habe. Ich habe mit diesem Frühjahr die Botanik angefangen – ich finde hier Leichtigkeit und Anleitung."*
Chamisso ging mit den Botanikern *Auguste de Staël* und *Necker-de Saussure* auf Exkursionen; die Umgebung von Coppet wurde „abgegrast"; man ging auf die nahe gelegenen Jurahöhen, in die Savoyer Alpen. Und kurz bevor er *Julius Hitzig* seine Rückkehr nach Berlin ankündigt, schreibt er an de *la Foye:*

„Ich kenne schon nach de Lamarck und A. P. de Candolle (Synopsis plantarium in Flora gallica descriptarum, Paris 1806) an ein paar hundert Blumen."

Und nach der fluchtartigen Abreise der Frau von Staël: *„In bärenhaftester, wohlbehaglicher Einsamkeit bin ich hier beim Baron August zurückgeblieben, und wir treiben Botanik zusammen, so lange es geht... Nun zählt mein Herbarium bald tausend Gattungen* (= systematische Arten), *und nun fängt es an, als eine Habe mir zu erscheinen."*
Und im August schreibt er an *Rosa Maria*:

. . . *„ich erhalte Ihren Brief, wie ich den Wanderstab ergreife. – Folgen Sie mir auf der Charte: Coppet, Genf, St. Gervais. le Col de Bonhomme, l'Allée Blanche am südlichen Fuße des Mont Blanc, Courmayeur, le Grand St-Bernard, Martigny, das Land Wallis, die Gemmi, Thun, Brians (Brienz), das Tal Hasli, der Scheideck, der Grimsel, die Furka, der St. Gotthard, der Vierstädter See, Zug, Zürich, Schaffhausen. . . von Berlin aus mehr, da sind wir ja Nachbarn, da kann ich Sie ja auch besuchen. . . Denken Sie mich, da Sie diese Zeilen lesen, die Kapsel auf dem Rücken, das Buch in der Tasche, den Stab in der Hand, allein auf Felsengesimsen, zwischen Wolken, Gletschern, Bergströmen und Abgründen. . ."*

An Fouqué, Berlin im September:

„Ich bin schon da, lieber Bruder, und zu Deiner Disposition bis zur Eröffnung des akademischen Unterrichts (14.10.) Kein Brief, es muß erst Bruder-Umarmung den Sprechstoff aus mir entwickeln. Lebe wohl. Guter Lieber, Freund."

Im Oktober hat sich Chamisso an der noch jungen Universtität Berlin immatrikuliert, was er seinem Freund de *la Foye* mitteilt: *„Ich bin einmal mit mir und der Welt in Eintracht und aus der Lüge heraus. Ich habe verständig gewählt und ausgeführt und bin nun, was ich heiße und heiße, was ich bin: das ist ‚studiosus medicinae' der Universität. Ich bin nicht reich, nicht blühend, aber so gut es gehen will fleißig. . ."* Und an *Rosa Maria* schreibt er: *„ich bin ruhig und heiter"* und *„tauge ich überhaupt etwas, so ist es für die NATURWISSENSCHAFTEN, AUF DEM WEGE DER ERFAHRUNG."*

1813 Kollege D. F. L. Schlechtendal beschrieb den Zweiunddreißigjährigen:

„Überall war Chamisso voran, der erste, der eifrigste, von kräftigem Körper und fester Ausdauer. Eine alte schwarze Kurtka oder eine nicht minder alte, etwas verschossene, fleckige Sommerkleidung, bestehend aus runder Jacke und langen Beinkleidern aus demselben olivengrünen Zeuge (später noch das Staatskleid eines Südseehäuptlings), eine schwarze Mütze von Samt oder Tuch auf dem lockigen Haupte, eine mächtige grüne Kapsel an ledernem Riemen umgehängt, eine kurze Pfeife im Munde, ein schmuckloser Tabaksbeutel, irgendwo angehängt, einige Lebensmittel aus den kleinen Seitentaschen der Jacke hervorschielend, das war der Aufzug, in welchem er auszog und abends, durch Schweiß und Staub nicht verschönert, oft noch ein kräutergefülltes Taschentuch in der Hand, den geputzten Scharen der Berliner Sonntagswelt entgegentrat und uns gutmütig neckte, wenn wir nicht mit ihm den graden Weg durch die Stadt ziehen wollten, sondern Umwege und Seitenstraßen wählten, um unbemerkter nach Hause zu gelangen."

Wiederum Kriegszustand zwischen Frankreich und Preußen. Chamissos Freunde raten, Berlin einstweils zu verlassen; er nimmt eine Hauslehrerstelle bei Graf *Itzenplitz-Friedland* in Kunersdorf bei Wrietzen (Oderbruch) an, dessen Söhne er in Französisch und *Botanik* unterrichtet. Hier entsteht außer „Peter Schlemihl" auch die erste botanische Abhandlung „Adnotationes quaedam ad Floram Berolinensem, C. S. Kunthii" – „Auctore Adelberto de Chamisso"; der Gattung *Potamogeton* (s. S. 69–77) widmet der Verfasser besondere Aufmerksamkeit. – Chamisso hat in dieser Zeit *„keine andere Uhr, keinen andern Kalender, als die Blumen"*. Wie schwer ihn Kriegsereignisse und Studienunterbruch bedrücken, zeigt dieser Vierzeiler, den Hitzig erhielt. Mit dem lakonischen *„da hast Du ein Thema"* schreibt Chamisso:

„Das ist die schwere Zeit der Not,
Das ist die Not der schweren Zeit,
Das ist die schwere Not der Zeit,
Das ist die Zeit der schweren Not." –

1814 Im Frühjahr schreibt er an de la *Foye*: *„Ich habe diesen Winter ein naturphilosophisches Kollegium von Horkel, ein physikalisches über Magnetismus und Elektrizität von Erman, und sonst ein lateinisches von Wolf gehört. – Ich arbeite immer an der Aufstellung der Museen (nun die Fische) und endlich: ich habe mein Herbarium vor – mein Schatz und meine Lust, – das soll es sein und bleiben –, Lieber, was würde aus mir wenn mir das Heu zu widerstehen anfinge!? – Kein anderes Vaterland habe ich doch, kann ich doch haben, als die gelehrte Republik, wo ich bescheiden und still mich einzubürgern gedenke, und da meine kleine Freiheit harmlos zu genießen. Zu hohen Ehren will ich auch da nicht hinanstreben, nur Bürger will ich sein, nur von wenigen gekannt, aber von den wenigen geliebt, und sterb' ich einmal, mag man meine Grabstelle wieder so eben treten wie eine Landstraße."*
Die politischen, kriegerischen Ereignisse verschärfen Chamissos Situation, so daß er plant, Europa für einige Jahre zu verlassen. Seine Bewerbung, als Naturforscher bei der Expedition des Prinzen Max von *Wied-Neuwied* nach Brasilien teilzunehmen, wird abgewiesen.

1815 Im Frühjahr noch ist die Welt für Chamisso *„wie abgeriegelt"*, und er *„liegt auf seinem Heu in Erwartung des frischen Grases"* und, obschon *„sein sie-*

benmeilig gestiefelter Freund Schlemihl indessen ganz gut geht und, was man sagen könnte, „sein Glück gemacht hat", schreibt er entmutigt an de la *Foye*: *„Wir werden allmählich schon alt, et le plus fort en est fait."*

Die Zeitungsnotiz, daß eine Expedition an den Nordpol stattfinden soll, reißt ihn aus der Lethargie. Diesmal wird seine Bewerbung angenommen. – Die Reise dauert etwas mehr als drei Jahre von Juli 1815 – Ende Oktober 1818. In *Plymouth* ging man zum ersten Mal vor Anker, Chamisso botanisierte auf fremdem Boden. Unter den gesammelten Pflanzen befand sich eine neue Art für England, die *Centaurea nigra*, die Schwarze Flockenblume.

1816 *„Man nimmt sich auch auf einer solchen Forschungsreise mit"*, schreibt Chamisso am 25. Februar aus *Chile*, im Hafen von Conception, an Freund *Hitzig*: *„Mein guter Eduard, es lebt sich auf so einer Reise eben wie zu Hause. Viele Langeweile während des Sturmes, wann der Mensch es vor lauter Schaukeln und Wiegen zu weiter nichts bringen kann, als zu schlafen, Durack (Germanis: Schafskopf) zu spielen und Anekdoten zu erzählen, worin ich allerdings noch einmal unerschöpflicher bin, als ich selbst glaubte. . . – Wir Passagiere müssen für uns sorgen, keiner bekümmert sich um uns, und so vergeht der beste Teil der Zeit in knechtischem Selbstdienst. Du weißt, wie das Leben ja meist aus den kleinen Dingen sich zusammensetzt; so trag' ich denn unaufhörlich schmutzige Wäsche und ungeputzte Stiefel schwer auf dem Herzen, und vor lauter Schildwachstehen vor Pflanzen-Päckchen in der Sonne, komme ich zu gar nichts. Was ich auf dem Schiffe brauche, ist auf dem Lande, und was auf dem Lande, auf* *dem Schiffe. Gesammelt kann nicht viel werden. Was ich nicht in meinem Bette hege, geb' ich verloren. Ich sammle Pflanzen, und es fehlt mir an Papier. — Ich sammle Sämereien, und es fehlt mir an Mitteln, sie gehörig zu verwahren. — Mein Zeichenbuch möchte besonders für Mollusken, Medusen und derlei mehr den besten Wert haben. — Meine Abbildungen sind gut und meine Bemerkungen, wie es die Umstände zulassen. . ."*

1817 Während des Aufenthalts in *Unalaschka* legt Chamisso einen großen Teil aller dort vorkommenden Pflanzenarten zusammen. Scharf differenzierende Beobachtungsgabe, Unermüdlichkeit und Ausdauer zeichnen ihn aus; seine Sammlung ist auch für heutige Forscher von unschätzbarer Bedeutung (Hultén). Beeindruckend sein elfstündiger Marsch auf Unalaschka (s. CHSW II S. 181 uff. und 474–484).

Auf *Manila* besuchte Chamisso den *Vulkan de Taal.* Sein Gastgeber instruierte den Begleiter folgendermaßen: . . .„Vor allem aber werden Eure Gnaden darauf bedacht sein, nur bei Tage zu reiten, weil dieser Edelmann alles sehen will. Eure Gnaden werden oft im Schritt reiten und oft halten lassen müssen, nach dem Begehren dieses Edelmannes, der jedes Kraut betrachten wird und jeden Stein am Wege und jedes Würmchen, kurz jede Schweinerei, von der ich nichts weiß und Eure Gnaden eben auch nichts zu wissen haben, u.s.w."

1818 Am 18. Oktober lag „Rurik" vor Anker vor *Portsmouth.* Chamisso benutzte die Zeit, *London* zu besuchen. Hier wurde er ehrenvoll empfangen von namhaften Naturwissenschaftlern, so von *Cuvier,* Robert *Brown,* und daß er Sir Joseph *Banks* die

Hand drücken durfte, zählte Chamisso zu den Auszeichnungen seines Lebens. Hier entstand das wohl einzige den Naturwissenschaftler verratende Gedicht „Carabus“ s. CHsW Bd. I S. 693. Er genoß die Schätze der Museen und Bibliotheken, und doch schreibt er an Hitzig:
„. . . mir hätte mehr, als anderes Eitelkeitsfutter, geschmeichelt, die, von den mir gesandten Sämereien aufgekommenen Pflanzen zu sehen. . .“ (Er hatte u. a. Samen geschickt von einer neuen Gattung *(Camissonia)* und neuen Arten *(Hornemannia ovata* und *Bonnaya brachiata).*
In *Petersburg* (Leningrad) vor Anker vor dem Hause des Ausrüsters der Expedition Graf *Romanzoff;* alle Angebote für eine Anstellung abweisend, hielt ihn nichts mehr, als er die Zusicherung bekam, daß seine sämtlichen Kisten mit dem Sammelgut zu seiner Verwendung nach *Berlin* geschickt würden. In *Swinemünde* schreibt er an Hitzig: *„Ich habe Dir aus dem alleszuschnürenden Rußland zu schreiben nicht vermocht. Hier aus Swinemünde, wo ich, gleichsam zwischen Vergangenheit und Zukunft schwebend, anhalten werde, bis sich der Wind legt, und ich meine Güter löschen kann und meine Reise nach Berlin fortsetze, will ich, Guter, mich an Dich wenden und Dir ein fröhliches „Glück auf!“ zurufen. Ich, lieber Freund, bin der ich war – in der Erscheinung, in der Wesenheit – und stehe nur auf so vielen Beinen da, als mir nach dem Linnéischen System zukommen, unschlüssig, ob ich Wurzel fassen, oder mich zu einer neuen selbständigen Fahrt rüsten soll.“*
(Bei Hitzigs Aufzeichnungen über Chamissos Heimkehr liest man: „Chamissos Geschick entschied für das Wurzelfassen, und „das war gut“, um mit ihm einen seiner Lieblingsausdrücke zu gebrauchen. We-

nige Tage, nachdem vorstehende Zeilen geschrieben worden, saß der Weltumsegler in seinem alten Winkel auf dem Canapee und erzählte von den Sandwich-Insulanern, von den Radackern, von den Kamtschadalen, nicht als ob er sie an Ort und Stelle aufgesucht, sondern als ob er sie in einer Bude auf der Leipziger Messe gesehen hätte. Die Hausgenossen hörten mit offenem Munde zu, aber kein Gefühl des Fremdartigen drängte sich in die Freude des Wiedersehens. Er war wirklich, wie er geschrieben, „der er war, – in der Erscheinung, in der Wesenheit –", das alte herzige Kind.")

Der Rest des Jahres 1818 verfloß, ohne daß sich eine bestimmte Aussicht zu einer Anstellung zeigte; einstweilen stellte er, was er an Naturmerkwürdigkeiten von der Reise heimgebracht, den Berliner Museen zu Verfügung.

Im „Journal des Voyages-Découvertes et Navigation Modernes; ou Archives Géographiques du XIX Siècle; contenant L'analyse des Voyages nouveaux . . . ." 2è Cahier, Décembre 1818, p. 201–208, unterzeichnet von Adelbert de Chamisso „Voyage de Kotzebue – Lettre écrite à M. le comte de Romanzoff, par M. de Chamisso, naturaliste français, qui a fait le voyage autour du monde, avec M. de Kotzebue, sur le brik le Rurick", erscheint dieser erste Bericht der Reise (s. S. 13–20), der von wissenschaftshistorischer Bedeutung ist, da hier die erste Publikationsstelle über den *Generationswechsel* vorliegt, ebenso die Vorwegnahme der zukünftigen Tätigkeit Chamissos als Naturwissenschaftler, vor allem als Phytograph.

Außer, daß er wissenschaftlich „etwas ausstoßen" will und muß, (– er arbeitete an der Fertigstellung seiner Abhandlung „De Salpa" s. S. 45–62), denkt er auch an *„heiraten, – gut –, aber wen denn? Ja, wer es wüßte!"*

1819 Anfang des Jahres gratuliert Chamisso seinem Freund de la *Foye* zu dessen Heirat mit dem Satz *„Das hast Du sehr gut gemacht,* und fährt dabei fort, *„glaube aber nicht, es rühre von Deiner eigenen Weisheit her, und sei darauf nicht stolz. ... Was mich betrifft, so seh' ich kommen, daß ich im Frühjahr noch das Heiraten, wie im Herbst den Schnupfen bekomme, ich mag mich noch so sehr mit dem Ausgehen in Acht nehmen, – es hilft nichts. ... Hitzig ist der alte kräftige herrliche Kerl, mir Mutter und Vater, Leitstern und Leithammel, der mir bis jetzt das Leben zum Leben macht... A propos, ich bin reich an Heu. Du sollst auch zu seiner Zeit etwas davon bekommen. Übrigens erhältst Du, mein Lieber, von mir eine kleine Schrift „de animalibus quibusdam e classe vermium Linneana." Ich habe etwas in die Welt ausstoßen wollen, und das ist es geworden, – darauf hör' ich, daß die Fakultät sich anschickt, mir das Doctor Diplom zu übersenden, und die Naturforscher, mich anzunehmen. Vale.... Die Russen haben übrigens mir keine andere Belohnung gegeben, als das Recht und die Freiheit sie auszuschimpfen, was ich denn auch gern, obgleich privatim, ausübe."*

Die Publikation „*De Salpa – de animalibus quibusdam e classe vermium Linneana in circumnavigatione terrae, auspicante comite N. Romanzoff, duce Ottone de Kotzebue, Annis 1815, 1816, 1817, 1818; Peracta observatis Adelbertus de Chamisso*", *Berolini, 1819, apud Ferd. Dümmlerum, (mit kolorierten Tafeln sign. Adelbertus de Chamisso)* brachte Chamisso Ehrungen und Amt und Braut: die Universität Berlin ernannte ihn zum *doctor honoris causa* der Philosophie, die Gesellschaft naturforschender Freunde zu ihrem Mitglied, beim *Botanischen Garten* wurde er Mitaufseher und zweiter *Kustos* für das *Herbarium*, Antonie *Piaste* führte er als seine junge Frau ein in das „*hübsche, dicht neben dem Botanischen Garten stehende Häuslein als Amtswohnung*".

1820 An seinen Bruder *Hippolyte* im Mai: „. . . . *Ich glaube, ich habe Dir gesagt, daß ich mich mit meinem botanischen Werk beschäftige, indem ich selbst meine Pflanzen zeichne und beschreibe. Mein Zeichnen kommt mir sehr zustatten."*

In „Horae physicae Berolinensis", herausgegeben von Dr. Christian Gottfried *Nees von Esenbeck*, befindet sich außer Beiträgen von H. F. Link, Gottfried Ehrenberg, D. F. L. Schlechtendal, Friederich Hornschuch u.a.m. auch der Beitrag Chamissos: *„Ex plantis in Expeditione Romanzoffiana detectis genera tria nova, offert Adelbertus de Chamisso"* p. 69–76 mit Tafeln XIV, XV und XVI; Chamisso beschreibt 3 neue Gattungen: *Romanzoffia, Eschholzia* (= Eschscholtzia) und *Euxenia* s. S. 65–68.
In „Isis von Oken", Drittes Heft (Literarischer Anzeiger) Sp. 273–276 mit 6 Figuren auf Tafel 2: „De animalibus quibusdam e classe Vermium Linneana", Auct. de Chamisso, De Salpa. (Sechs unsignierte Figuren stammen von Chamisso, die übrigen sind nach Cuvier. Dieser Beitrag ist eine Antwort auf die kritische Bemerkung Okens über den Originaltext „De Salpa", s. S. 45–62).

In „Voyage pittoresque par L. Choris", Paris, erscheinen folgende Beiträge Chamissos in französischer Sprache: „Vers marins" dessiné d'après nature par Adelbert de Chamisso; „Coquiero de Brésil" (Brasilianische Cocospalme) mit 11 Einzelfiguren von A. de Ch.; „Fucus antarctique" N. Sp. dessiné d'après nature par A. de Ch.; „Volcan de Taal" par M. A. de Chamisso dessiné d'après nature par A. de Ch.; „Notice sur les îles de corail du Grand Océan, par M. Adelbert de Chamisso, s. S. 13–20.

1821 Anfang des Jahres schreibt er an de la *Foye*: *„Nur etliche Zeilen mit der Ankündigung meines Werkes. „Bemerkungen und Ansichten"; ich habe Dir Ende 1820 ein Pack Pflanzen und einen langen Brief geschrieben – noch keine Antwort u.s.w. . . .*
PS Wir befinden uns alle wohl. Der Kleine ist stark und wird groß. Wir wünschen Dir, den Deinen, dem

Weibe, das Dein Glück zu machen übernommen, alles Heil.
Heut bin ich 40 Jare alt et Du?"
Ende Jahr schreibt er an denselben: *„Ich habe Dir zu Anfang September „Ein Zweifel und zwei Algen" geschickt (das Kupfer doppelt) und „Bemerkungen und Ansichten" zugesendet. Wie kommt's, daß ich von Dir nichts erfahre, soll ich Dich schelten, soll ich befürchten, daß Dir irgend ein Unglück zugestoßen?. . . Die Zeit scheint still zu stehen und geht doch vorwärts. Mein Erstgeborener ist bereits eine tüchtige Person, die sich auf die Hinterbeine stellt und die Zähne zeigt: — ein Brüderchen oder Schwesterchen wird erwartet. . ."*

Publikationen: In „Entdeckungsreise von O. v. Kotzebue" Teil III „Bemerkungen und Ansichten von dem Naturforscher der Expedition, Adelbert von Chamisso, Der Philosophie Doctor, der Kaiserlich-Leopoldinischen Akademie wie auch der Gesellschaften der Naturforscher zu Berlin, zu Moskau, zu Leipzig u.s.w. Mitglied. — Gleichzeitig erschien die französische Übersetzung dieses Werks. Auf dem Waschzettel steht: „Nous éprouvons une grande satisfaction à annoncer à nos lecteurs que M. Adelbert de Chamisso est français", dann folgen biographische Daten und auch: „von den 2500 Pflanzenarten, die er gesammelt hat, dürften mehr als ein Drittel für die Wissenschaft neu sein. Desgleichen hat er eine große Zahl neuer Tiere beobachtet. M. de Chamisso cultive en outre les musés germaniques avec succès et ses poésies obtiennent en Allemagne d'honorables suffrages." Verschiedene Beiträge u. a. in „Verhandlungen der Leopoldinischen Akademie", „Journal für die neuesten Land- und Seereisen" und Chamissos Antwort „Ein Zweifel und zwei Algen" auf eine Abhandlung des Algologen Aghard (s. S. 43—44).

1822 An de la *Foye* im März: *„Du bist ein gar fauler Herr im Briefschreiben. . . . Schreibe doch, lieber Guter, schütte Dein Herz aus, man wird müde, tauben Ohren zu rufen. . . Suche doch etwas zu leisten, etwas* *zu tun, irgend etwas weiter zu bringen, als es ist. Die Wissenschaft ist ja von vorgestern und besonders das Nächste durchaus noch ununtersucht. Lesen und Lernen ist halbes Müßiggehen, das die Leere der Zeit nur halb ausstopft, man muß selbst schaffen. Was ich Dir sage, fühle ich oft selbst als Einer, der es unterläßt, danach zu handeln. – Die Zeit, wie sie ist, bringet wohl wenig Trost, wo kann man den Trost suchen, besser als in der Wissenschaft?"*

Eine Feuersbrunst zerstört das kleine Gartenhaus in Schöneberg; die ganze Familie Chamisso zieht in die Stadt. Er erhält den Auftrag die Willdenowschen Sammlungen, die in einem eigenen Gebäude untergebracht wurden, zu ordnen. Täglich wandert Chamisso nun „bei gutem und schlechtem Wetter, Winter und Sommer" zu seiner Arbeit. Sein Vorgesetzter Schlechtendal schrieb im Nekrolog: „es war ein schönes und ruhiges Verhältnis; wie oft brachte Chamisso eine neue Pflanze mit oder nahm, kaum angekommen, Papier und Feder, um ein Gedicht niederzuschreiben." An de la Foye schreibt Chamisso: *„Ich singe noch ein Lied, wenn es mir grad einfällt, und ich sammle sogar diese Zeitrosen zu einem eigenen Herbario für mich und meine Lieben auf künftige Zeit, aber es bleibt unter den vier Pfählen, wie es sich gebührt."*

Im „Archiv für Bergbau und Hüttenwesen", Fünfter Band, bei G. Reimer, Berlin, erscheint „Über das Torfmoor zu Linum" von den Herren Adelbert von *Chamisso,* F. *Hoffmann* und Chr. *Poggendorf. Chamisso* untersucht die im Torf aufgefundenen Pflanzen- und Tierreste, *Hoffmann* die geographischen und geognostischen Verhältnisse, *Poggendorf* die physikalisch-chemischen Eigenarten des Torfes. Im „Edinburgh Philosophical Journal", vol. VI erscheinen Übersetzungen „On the Coral Islands of the Pacific Ocean"

und „Account of the Volcano de Taal in Luçon, one of the Philippine Islands“.
Von den „Bemerkungen und Ansichten“ erscheinen Übersetzungen in *Englisch, Russisch* und *Holländisch.*

1823 An de la *Foye* im April: *„. . . Warum schweigst Du? Wenn man auch, wie ein für das Herbarium bestimmtes Sempervivum, in eine botanische Presse eingeschraubt und in einem heißen Ofen zum Schwitzen läge, so dürfte man doch noch einem Freunde schreiben. . . — Ich habe einen grausamen Winter zugebracht, besonders gegen das Ende desselben haben mich die Rheumatismen ganz untergekriegt, auch wechselten verschiedene Leiden über mein Haus. Jetzt sind wir Gottlob alle ziemlich wohl, und ich habe alle Hände voll zu tun. Zu meiner barometrischen Fahrt nach Greifswald adde 4 große Herbarien zu 12—15000 Pflanzen durchzubestimmen und in Ordnung zu bringen, ferner 30 kleine (zu 300) anzulegen, 18000 Pflanzen einzulegen usw., und Du wirst sehen, daß ich auf 6 Monate vollkommen beschäftigt bin, ohne Zeit zu haben, einen Brief zu schreiben. Vale, kaire si potes Ad.“*
Vom 21. Juni bis 21. Juli Auftrag von K. W. Oesfeld und J. Ch. Poggendorf, in *Greifswald* die Torfmoore zu untersuchen und barometrische Messungen zu machen. s. S. 109—120.

Camissonia bistorta (Nutt ex Torr. & Gray) Raven
In der Widmung, der von H. F. Link beschriebenen neuen Gattung der Onagraceae, steht über Camissonia: „. . . unter den Sämereien ist ein Pflänzchen der Gattung Oenothera verwandt . . . Man möchte eine besondere Gattung daraus machen, dem Entdecker zu Ehren, und sie Camissonia nennen.“
(Aufnahme Dr. Butzin, Botanischer Garten Berlin)

Er wird vom Botaniker *Hornschuch* und Hofrat von Borries empfangen und „schlägt sein Observatorium im botanischen Garten auf.“ An seine Frau Antonie schreibt er: *„Ich bin äußerst liebreich und achtungsvoll aufgenommen worden. Ich bin kein Prophet in seinem Lande, kursiere als Weltumsegler, Konversationslexikonmann und Mann ohne Schatten. Doch die Professoren kommen mir entgegen. . . .“*

1824 An de la *Foye* im Januar: *„. . . . Ich stehe einer großen königlichen Heumanufaktur vor (30 für Schüler zusammenzubringende Herbarien) und kann weiter nichts tun als das; ich huste, weil es Winter ist, sonst treibe ich mein stilles Wesen und freue mich an meinen Kindern. . . — Wie sieht es jetzt in der Botanik aus: In jedem Wisch, den man zur Hand nimmt, findet man neue Entdeckungen evulgiert, überall wird gedruckt, jeder schreibt, keiner kommt zum Lesen, und die Masse des Gedruckten droht jegliche Manier zu zersprengen. Also geht's nicht nur vorwärts, sondern auch rückwärts. Eine ganze Legion militiert jetzt für die generatio aequivoca und für die Umwandlung der Pflanzen in Tiere, der Tiere in Pflanzen und der Arten ineinander, eine andere Legion gegen die Sexualität der Pflanzen. . .“*

Chamisso hat den Auftrag vom Kultusministerium erhalten, außer den Herbarien ein Übersichtswerk über die in Norddeutschland vorkommenden Pflanzen zu schreiben, und *„obschon ich Sitzfleisch habe wie kein Mensch und arbeite von 7 Uhr morgens bis spät nachts, komme ich mit diesem „Wisch“ nicht vorwärts“* (s. S. 145–223).

Publikationen: „Verhandlungen der Leopoldinischen Akademie der Naturforscher“, Zwölfter Band, Erste Abteilung, Bonn. „Cetaceorum maris kamtscharici Imagines ab Aleutis e Ligno fictas adumbravit Recensuitque, Adelbertus de Cha-

misso Taf. XVI-XX sign. Ad. de Chamisso del. (Abbildungen der Walfische des Kamtschatikischen Meeres von den Aleuten aus Holz nachgebildet hat Ad. von Chamisso gezeichnet und besprochen); im „Archiv für Bergbau und Hüttenwesen", Band VIII, Heft 1, gedruckt und verlegt bei G. Reimer „Untersuchung eines Torfmoors bei Greifswald und ein Blick auf die Insel Rügen", s. S. 109–120.
Von G. F. *Kaulfuß* erscheint „Enumeratio filicum quas in itinere circa terram legit Adelbertus de Chamisso" (es sind 165 Arten, darunter 77 neue; geographische Zusammenstellung des Vorkommens). Ein Baumfarn, das auf der Oahu-Insel wächst, trägt Chamissos Namen *Cibotium Chamissoi.*

Fertigstellung des Manuskripts „Übersicht der nutzbarsten und der schädlichsten Gewächse, welche wild oder angebaut in Norddeutschland vorkommen. – Nebst Ansichten von der Pflanzenkunde und dem Pflanzenreiche" (erscheint erst 1827 s. d.).
Fußreise nach dem Harz auf Anraten der Ärzte. Chamisso schreibt an seine Frau Antonie *„. . . ich habe meine alten Beine wieder, dies ist meine junge Kraft, und ich lerne manches, was nicht zu wissen eine große Lücke in meinem wissenschaftlichen Krame war. Es ist einmal mein Stand und mein Beruf, und wehe mir, wenn es nicht zugleich auch meine Lust wäre. . . ."*

1825 Durch das Emigranten-Entschädigungsgesetz erhält Chamisso eine erhebliche Summe zugesprochen, obschon er nicht so recht „an das rückgedrehte Glücksrad" glauben konnte. Im Herbst reist er nach Paris, um die Entschädigungssumme in Empfang zu nehmen. Unerwartet große Anerkennung ward ihm zuteil; der Weltumsegler, der Botaniker, der Naturforscher Chamisso wurde gebührend gefeiert. Auch sieht er seinen Freund und ersten Botaniklehrer *Auguste de Staël* wieder und verlebt bei ihm zusammen mit *Lafayette* einen interessanten Vormittag.

Und *Choris*, der Zeichner der „Rurik“-Expedition, offerierte in einem eleganten Restaurant jenes Diner, mit dem ihm einst Chamisso den Mund wässrig gemacht hatte, als die miese Schiffskost aufgetragen worden war. – An seine Frau Antonie schreibt er: *„Mein vielliebes Herz, es kann einem Menschen, der vieler Menschen Städte und Sitten gesehen und gelernt hat, nicht besser ergehen!“*

Publikationen: In „Archiv für Bergbau und Hüttenwesen“, Band XI, 1. Heft, erscheint „Über die Torfmoore bei Colberg, Gnageland und Swinemünde“, s. S. 121–141.

Schlechtendahl, D. F. L. von: „Adumbrationes plantarum“, fasc I, II, IV, VI. – Abhandlungen über Farne (mit Kupferstichtafeln), die am Kap der Guten Hoffnung vorkommen. Chamisso wird als Gewährsmann für 11 Farnarten genannt, Sprengel, K: „Caroli Linnaei, Equitis. . . . Systema Vegetabilium, vol. II, classis 6–15, 16. Auflage, Göttingen. Der Autor verweist auf seine Korrespondenz mit Chamisso, insbesondere bei der Gattung *Pedicularis*.

Chamisso nimmt teil an politischen Demonstrationen. Mitte Dezember reist er heim über Brüssel, Köln und Bonn; hier besucht er seinen Freund, den Botaniker *Nees von Esenbeck*.

1826 An de la *Foye* schreibt er im September nach den familiären Nachrichten: *„Der erste Band der „Linnaea“ ist nun erschienen; ich empfehle sie Euren Botanikern. Es geht nun auf den zweiten los. . .“*

In „Flora oder Botanische Zeitung“, Jahrgang 9, Band 1, wird über Chamissos beginnende Tätigkeit an der „Linnaea“ länger berichtet.

„Linnaea – Ein Journal für die Botanik in ihrem gesamten Umfange“, herausgegeben von D. F. L. Schlechtendal, erschien pro Quartal ein Heft. In den ersten zehn Bänden (1826–1835) sind die botanischen Forschungsergebnisse der Chamissoschen Weltreise die wichtigsten Beiträge, die stets den Titel tragen „De plantis in expeditione speculatoria Romanzoffiana observatis". – Es ist schwierig festzustellen, wie weit Chamissos Mitarbeit ging. Bestimmt lieferte er stets die *anonymen* Rezensionen über botanische Literatur. Außerdem amtete er als ebenso aktiver wie diskreter Redaktor. Zu eigenen Beiträgen lieferte Chamisso meistens auch Zeichnungen.

(Bandtitel) „LINNAEA – Ein Journal für die Botanik in ihrem ganzen Umfange". Herausgegeben von D. F. L. von Schlechtendal, Med. Chirur. et Phil. Dr. Erster Band. Jahrgang 1826. Mit sieben Kupfertafeln. Berlin, 1826. Bei Ferdinand Dümmler. 8°, IV + 677 + (1) S. u. VII Tafeln (davon 2 koloriert). Im ersten Quartalheft des ersten Bandes auf Seite 1–73 mit zwei Tafeln: DE PLANTIS IN EXPEDITIONE SPECULATORIA ROMANZOFFIANA OBSERVATIS RATIONEM DICUNT ADELBERTUS DE CHAMISSO ET DIEDERICUS DE SCHLECHTENDAL: PRAEFATUR ADELBERTUS DE CHAMISSO S. 1–11 (s. S. 21–44) *Chamisso* beschreibt den Verlauf der Reise und die berührten Stationen als Pflanzenstandorte. Auf den folgenden Seiten umschreibt *Schlechtendal* die geplanten Abhandlungen; darauf folgen die Darlegungen über die Pflanzenfamilien der *Cruciferae, Frankeniaceae, Caryophyllaceae;* die lateinischen Beschreibungen sind unterzeichnet mit *Chamisso und Schlechtendal,* was die beiden Autoren bis zu Chamissos Tod beibehalten werden. Anschließend folgen die von Ch. J. W. *Schiede* bearbeiteten *Linaceae.* Die Gesamtabhandlung bringt u. a. 4 neue Gattungen, ferner 22 neue Spezies, darunter das von *Schiede* aufgestellte *Linum chamissonis.*

In den folgenden Quartalheften 2, 3 und 4 wurden folgende Familien von *Chamisso und Schlechtendal* behandelt: *Plantagineae, Gentianaceae,* die Gattung *Bolivaria* (= Menodora) der Jasminoideae, die neue Gattung *Curtia* der Gentianaceae, *Primulaceae. Umbelliferae, Araliaceae, Ericaceae, Epacrideae, Escalonia* (= Dichondra) der *Convolvulaceae, Droseraceae, Papaveraceae, Fumariaceae.* Im Band I wurden 13 neue Gattungen aufgestellt und 111 neue Arten. Der letzte Beitrag stammt von Chamisso, ebenso die Tafel: „De Digitali purpurea heptandra" (Über abnorme Blüten des roten Fingerhutes an einem Exemplar, das Chamisso 1826 in J. E. Hitzigs Garten fand).

In diesem Band veröffentlichen F. Ch. J. *Gingins de Lassaraz* „Description de quelques especes nouvelles de Violacees, recues de Mr. Adelbert de Chamisso" (neue Art: *Viola chamissoniana*) und Joh. Fried. *Eschscholtz* „Descriptiones plantarum novae californiae" (neue Lupinenart *Lupinus* chamissonis). Hier schreibt Eschscholtz auch „Hispani omnes fructiculos et sic etiam Lupinos *Chamissatas* vocant" (die Spanier nennen alle kleinen Früchte und so auch die Lupinen Chamissatas).

1827 In diesem Jahr erscheint mit großer Verspätung das pflanzenkundliche Unterrichtswerk, diese „Botanik für Nichtbotaniker", das Chamisso im Auftrag des Kultusministeriums verfaßt hat:

„Übersicht der nutzbarsten und der schädlichsten Gewächse, welche wild oder angebaut in Norddeutschland vorkommen. Nebst Ansichten von der Pflanzenkunde und dem Pflanzenreiche". Von Adelbert von Chamisso. Berlin 1827, Bei Ferdinand Dümmler. 8° VIII + 526 S. Einband: hellgrün überzogene Pappdeckel, weißer Papierrücken mit Aufdruck: „von Chamisso Gewächse in Norddeutschland".
„LINNAEA" Zweiter Band, 748 S. und 8 Tafeln, davon koloriert. DE PLANTIS IN EXPEDITIONE SPECULATORIA ROMANZOFFIANA. Behandelte Familien: *Rosaceae, Violaceae, Cistineae, Alismaceae* (!) Gattung *Potamogeton* s. S. 69–77, *Salicariaceae, Onagraceae, Scrophularieae,* Nachtrag *Rosaceae,* und die Rubiaceen Gattung *Cephalanthus.*

Die beiden folgenden Briefe an die Freundin *Rosa Maria Assing-Varnhagen von Ense* und *Louis de la Foye* charakterisieren besser als jeder Kommentar Chamissos Persönlichkeit: der Wissenschaftler, der Schriftsteller, der politisch Engagierte, der Vater, der Freund schreibt von seinem Leben und seinen Lebensansichten.

„An Rosa Maria in Hamburg Berlin am 24. Mai 1827 Hoch erfreut hat mich Ihr Gruß vom 30. März, der die alte gewohnte Klarheit und Herzlichkeit freundlich zu mir herübergetönt, als seien nicht viele, viele

Jahre verstrichen. . . — Ich weiß, wozu Sie mich auffordern, von meinem innern und äußern Leben wenig Worte zu machen; sei es, daß es damit ist, wie es eben soll und nicht besser oder schlechter; sei es — was weiß ich? Ich trage die Augen nicht, wie die Schnekken, nach innen gekehrt, sondern nach außen, und sorge möglichst, nur nicht ungetan zu lassen, was meines Amtes ist zu tun. — Von meinem Schaffen in der Wissenschaft werden Ihnen Ihre Herren Botaniker, Assing und Steinheim, die wohl nicht die botanische Zeitschrift von Schlechtendal, die „Linnaea", unbeachtet lassen dürfen, Rechenschaft geben, — was mehr ist, gehört in meine vier Pfähle, von wo aus es weiter ist nach einem Vor- und Gesellschaftszimmer, als ehedem von meiner Junggesellenzelle nach Owaihi oder Unalaschka. Ein Mensch erleidet wie das Insect seine Verwandlungen, auch in umgekehrter Folge, erst geflügelter Schmetterling, dann Raupe, hörig dem Blatte, von dem sie zehrt . . . Von meinem alten Schlemihl, an dem ich noch meine Freude zu haben nicht in Abrede stellen will, nachdem er sich von den Berliner Straßen-Gängen bis ins englische Oberhaus Bahn gebrochen hat, erscheint eben eine zweite zierliche Ausgabe, der ich eine Auswahl von Liedern und Balladen beigegeben habe. . . . Ich spiele in der neuen Literatur nicht mit, und der Zeitungsschaum bespült nicht meinen Strand. Ich ziehe alte Freunde, Shakespeare, Uhland, Göthe neuen Bekanntschaften in der Regel vor. Doch erfahre ich hier und da von dem, was geschieht, durch einen Dichterverein von dem ich Mitglied bin. — Heinrich Heine gehört gewiß zu den ausgezeichnetsten Männern des neuen Aufschlusses, wie er mir Achtung und Aufmerksamkeit gebietet, freut mich auch sein freundliches Andenken. . . . Ich habe zwei

Söhne, der älteste sechs, der jüngste fünf Jahre alt. Beide schon auf den niedrigsten Sitz der Schule eingeführt; ein ernster, traun, und gewichtiger Schritt .... Und was wird mittlerweile aus uns, unsern Einrichtungen, unserer Welt geworden sein? Entwerfe einer Pläne auf diese Zeit hinaus! Wie der Vater sich die vor ihm verhüllte Welt eröffnet hat, werden es auch wohl die Söhne sollen, jeder für sich und auf eigentümliche Weise. Auch glaube ich wenig an Erziehung, an die nämlich, die planmäßig von dem bestellten Erzieher ausgehend den zu Erziehenden so und so willkürlich gestalten will. Die Jungen erziehen einander in der Schule, wie die Männer in der Welt. Der Vogel in der Luft, der Fisch im Teiche wirken auf das junge Gemüt mehr ein, als unsere ausstudierten Anreden... Eines, denke ich, kann man erhalten, und damit viel, und das Eine habe ich, das ist die Liebe der Kinder, und so bilden sie sich, wie wir, nach selbstgewähltem Muster, was wollen wir mehr verlangen?... — Im Übrigen habe ich jetzt an meinen Stiefeln festansitzende Pantoffeln übergezogen... Wir leben in der äußersten Ecke am Tore, welches nach Schöneberg führt, wo das Herbarium und mein Geschäft mich sechs Stunden des Tages halten, wie gebannt, und ein Gang nach Berlin ist für mich eine Reise in die Fremde... Leben Sie wohl, meine treue, geliebte Freundin, leben Sie wohl, heiter und glücklich. Ihr alter erprobter Freund Adelbert."

An de la Foye *Berlin den 22. Juni 1827*

„... Wir leben still und im Schatten. Wir stehen am Morgen auf, wie wir uns am Abend gebettet haben. Ich werde Dir auf die eine oder die andere Art ein Paar Bände zusenden, der eine unser Schlemihl mit Nachstichen der englischen Kupfer... der andere,

ein allgemein nützlich sein sollendes Buch von den Kräutern und ihrer Nutzbarkeit – mit Ansichten von dem Pflanzenreich und der Pflanzenkunde die ich Dir allein, als mein wissenschaftliches Glaubensbekenntnis, empfohlen haben will. Lebe wohl, mein viel Lieber, Du und Deine Bürgerin, und möge Gott Euch helfen, Eure Priester scheinen eben nicht die zu sein, die es können; Eure Geschichte erinnert mich an die des Dachdeckers, der von einem Dache herabfiel und im Vorbeigehen einem Herrn, der im Fenster des ersten Stockwerks stand, zurief: cela va bien, pourvu que ça dure!"

1828 LINNAEA Dritter Band, 440 Seiten mit 3 Tafeln, bei Ludwig Oehmigke, Berlin.

DE PLANTIS IN EXPEDITIONE SPECULATORIA ROMANZOFFIANA... Folgende Familien werden behandelt: *Scrophulariaceae*, *Orchidaceae* (Autore solo A. de Ch., nur *arktische Orchideenarten*), *Polygonaceae*, *Hypericoideae*, *Valarianaceae*, *Caprifoliaceae*, *Loranthaceae*, *Rubiaceae* (Stellatae), *Juncaceae*, die von E. *Meyer* behandelt wurden.

An der 7. Versammlung Deutscher Naturforscher und Ärzte zu Berlin am 18. September 1928 spricht Chamisso: „Über Lichtentwicklung bei einigen Pflanzen" und am 25. September „Über polarische Erd- und Quellentemperatur sowie über Grund-Eismassen".

Aus einem Brief an seinen Bruder Hippolyte am 5. Oktober:

„Wir haben den jährlichen Congress der deutschen Naturforscher hier gehabt und in seinen Reihen Vertreter fast aller Nationen der Erde, von der französischen wie gewöhnlich. 400–500 Personen waren zusammen, mehr ermüdend als erquickend, denn –, die sich in der Menge suchten, konnten sich kaum finden. Wissenschaftliche Sitzungen füllten die Zeit von 8 bis 3 Uhr aus, die Hälfte des Tage splendide Banketts, der Rest ging so darauf... Indem mir der

Kronprinz begegnete, stellte er mich mit der ihm eigentümlichen Originalität zur Rede und fragte mich, ob ich es der Mühe wert hielt, mich seiner zu erinnern, er sprach von meinem Ruf nach Napoléonville, von meinen Siebenmeilenstiefeln etc. Ich antwortete auf dieselbe heitere Weise, deutete auf meine grauen Haare, sagte ihm, meine Stiefel seien an den Nagel gehängt, ich hätte Wurzel gefaßt, hätte Frau und Kinder etc."

1829 LINNAEA Vierter Band. 756 S. und 11 Tafeln (4 koloriert). DE PLANTIS IN EXPEDITIONE. . . .
Behandelte Familien: *Rubiaceae* (mit 3 neuen Coffea-Arten von den Südsee-Inseln), *Campanulaceae* (nur *arktische* Arten, von *Chamisso* allein verfaßt); *Compositae* (neue Gattung *Lessingia* von *Chamisso* beschrieben); *Boraginaceae* (mit Zeichnung von *Chamisso*); Besprechung verschiedener *Wasserpflanzen* mit Zeichnung; ferner „Zwei botanische-wissenschaftliche Berichte von Heinrich *Mertens*, Naturforscher auf der gegenwärtigen Russischen Entdeckungsreise am Bord des Siniavin, Capt. v. Lütkens, geschrieben im October 1827 in Kamtschatka, mitgeteilt durch den Vater, Prof. Mertens in Bremen, mit einigen Bemerkungen versehen von Dr. *Adelbert v. Chamisso* (enthält Bericht über verschiedene *Fucus*-Arten und „Bericht über eine Exkursion auf den Gipfel des Werstovoi bei Neu-Archangel im Norfolksund in einem Schreiben an einen Freund in St. Petersburg, mit Fußnoten und einer „Vorerinnerung" von Ad. v. *Chamisso* s. S. 90–107). Nachtrag zu „De Digitalis purpurea heptandra" s. „Linnaea" I.

„Verhandlungen der Kaiserlichen Leopoldinisch-Carolinischen Akademie der Naturforscher", Vierzehnter Band, Zweite Abteilung. Bonn, bei E. Weber's Buchhandlung. „Species novas conchylorium terrestrium ex insulis, Sandwich Dictis attulit, Adelbertus de Chamisso. Cum tabula picta. (Neue Arten Landschnecken von den Sandwichinseln . . . Zwischen Pflanzen, die Chamisso von der Insel O-Wahu mitbrachte, fanden sich drei Schalen von Landschnecken, die er zwei neuen Spezies zuweist.)

An de *la Foye:* „... *Mir geht's in kurzem gesagt ganz gut. Die Botanik (die „Linnaea") ist immer stark an der Tagesordnung und nebenbei die Poesie ... Sonst ganz still im Schatten meines Hauses. Schreib, schreib, lieber Freund!"*

An Bruder *Hippolyte:* „*Ich mache keinen Plan für die Zukunft meiner Kinder; die Welt, in der sie leben werden, wird ohne Zweifel eine andere sein als die unsrige, und anders als wir sie jetzt sehen. Alles geht vorwärts, ohne daß man es bemerkt, und die Pläne, die man für mich in Boncourt machte, haben zu nichts dienen können. Ich möchte einmal meine Kinder in den Stand setzen, wie sich auch die Verhältnisse gestalten möchten, ihren wahren Beruf, was mir erst nach tausenderlei Verzögerungen zu tun gelang, richtig zu erkennen, zu ergreifen und festen Fuß in der Welt zu fassen. Ich halte nichts für beständig, rechne auf kein Vermögen, und die erlangten und entwickelten Fähigkeiten sind noch immer das Sicherste, obgleich sie von tausend äußern Umständen abhängen* ....."

1830 LINNAEA Fünfter Band. 756 S. mit 11 Tafeln z. T. koloriert. De PLANTIS IN EXPEDITIONE ... Behandelte Familie: *Rutaceae* von Chamisso allein. Ferner: „Bemerkungen über die Floren der Koragins-Inseln und eines Teils des Landes an der Behrings-Straße" aus Briefen von K. H. *Mertens* an die Herren Fischer und *Trinius,* mit Anmerkungen von *A. von Chamisso;* PLANTARUM MEXICANUM A. CEL. VIRIS SCHIEDE ET DEPPE COLECTARUM RECENSIO BREVIS AUCTORIBUS D. de *Schlechtendal* et Ad. de *Chamisso* (Die von Schiede und Deppe eingesammelten mexikanischen Arten werden kurz besprochen; die *Compositae* werden von Ch. F. Lessing beschrieben; eine von Chamisso gesammelte Bahia-Art aus Kalifornien ist miteinbezogen). – Von Chamisso wird *Ceratophyllum muticum* besprochen.

„9. Versammlung der Deutschen Naturforscher und Ärzte zu Hamburg" am 21. September – Vortrag von Chamisso

„Darstellung der Ehrenbergschen Untersuchungen über Leben und Organisation der Infusorienwelt".
C. F. Lessing: „De Synantherae. . . ." Im Vorwort weist der Verfasser ausdrücklich auf Chamisso hin und verdankt die ihm zur Verfügung gestellten Sammlungen. Er ehrt ihn in den Namen neuer Arten, so *Veronia chamissonis* (Brasilien), *Diplopappus chamissonis* (Chile), *Franseria chamissonis* (Kalifornien), *Wedelia chamissonis* (Guam).

An de *la Foye:* *„Grüße meine ehrenwerten Kollegen ehrenbietigst und, wenn Du willst, trage ihnen vor, daß unser Ehrenberg sich jetzt ganz vorzüglich mit den Infusorien abgibt, die er mit Indigo und Carmin füttert, so daß die Kleinsten Magen- und Darmkanal aufs Herrlichste sehen lassen. Die Augen, die Nerven zeigt er bei der Gelegenheit, auch Muskeln, noch nur kein pulsierendes Herz. Diese Welt wird uns durch ihn klar, und er fabelt nicht; was er sieht, kann er jedem zeigen, und ich habe ihn, wo ich ihm nachgeritten bin, immer fest im Sattel gefunden, voir les Mémoires de l'Académie de Berlin . . .Leb wohl, mein Guter, und vergiß mich nicht. Arocha! Ad.*

1831 LINNAEA Sechster Band, 796 S. mit 11 Tafeln (1 koloriert). Außer de PLANTIS IN EXPEDITIONE . . . (George Bentham beschreibt die *Labiatae* und Ch. F. Lessing *Compositae)* folgt eine Fortsetzung von PLANTARUM MEXICARUM von Schiede und Deppe, besprochen von A. von *Chamisso* und *Schlechtendal.* Von PLANTAE ECKLONIANAE (Sammelgut von Ch. F. Ecklon) bespricht Chamisso folgende Familien *Gentianeae, Rosaceae* und die Gattung *Euclea* der Ebenaceae. Ferner einen Rest *arktischer* Pflanzen der Romanzoffschen Expedition.

An de la *Foye* im August: *„. . . meine kleine Welt wächst und gedeiht und ist nicht, wie die große, von der wir doch bald zu reden kommen werden, aus den Fugen gekommen: Vater, Mutter und fünf Kinder . . . In der Botanik immer tätig und in der Poesie so geehrt, gelesen und bewundert, daß ich es kaum* *glauben kann. . . Das nächste, was nun zu erörtern wäre, möchte die Seuche sein (Cholera), die wir erwarten, und der Ihr auch vielleicht nicht entgehen werdet. Ganz Preußen ist infiziert. . . . Bei uns, mein lieber Freund, wird sich noch die Sache auf Privatelend beschränken, und die Welt wird wenig Notiz nehmen davon . . . Ich ermahne Dich, mein Lieber, zu schreiben, zu schwatzen gegen mich, so wie ich es getan . . ."*

Wissenschaftliche Publikationen, die auf Chamisso als Naturforscher und Botaniker Bezug nehmen:

P. W. Beechey: „Narrative of a voyage to the Pacific and Beering's Strait. . . .", 2 vols., tome I/II, London.
(Über Chamissos Beobachtung der Kimmung (mirage), Chamisso-Insel, Eisformation als Felslager; eine deutsche Übersetzung mit dem Titel „Reise nach dem Stillen Ocean und der Beeringstraße. . . .", Weimar 1832).
G. Bentham: „Labiatae" (in „Linnaea" Bd. VI); neue Arten mit den Namen *Thymus chamissonis, Stachys chamissonis, Phyllostegia chamissonis.*
H. Mertens „Beschreibung der Oikopleura einer neuen Molluskengattung". Mém. Acad. Imp. des Sciences de St. Petersbourg, 6e série, tome I, Petersbourg.
Der Verfasser benennt eine Oikopleura-Art *chamissonis,* „weil er der erste war, der die Aufmerksamkeit der Naturforscher auf dieses Tier gelenkt hat."
C. von Sternberg: „Revisionis Saxifragarum. . . ." Supp. II, Prag. Abhandlung und Abbildungen von 3 *Bergenia* und 181 *Saxifraga*-Arten. (17 Arten hat Chamisso aus seinem Pflanzengut zur Verfügung gestellt.)
K. B. Trinius: „Graminum genera. . .", Mémoire de l'Académie Impériale des Sciences de St. Petersbourg, 6e série, tome I.
(Mehrere Gramineen-Arten stammen von Chamisso.)

1832 LINNAEA Siebter Band, 778 S. mit 15 Tafeln (3 koloriert, gedruckt auf Kosten des Herausgebers Schlechtendal).
De PLANTIS IN EXPEDITIONE ROMANZOFFIANA . . .
Behandelte Familien: *Verbenaceae, Bignoniaceae;* in Heft II

behandelt Chamisso allein *Aristolochia* mit eigenen Zeichnungen (Taf. V–VII) s. S. 29–31 und eine kurze Beschreibung einiger Blütenmißbildungen bei *Aconitum, Chelone* und *Calceolaria.* – In Heft III eine Abhandlung über *Bignoniaceae* (über 100 Seiten) mit Tafeln, verfaßt von Chamisso; ferner ebenfalls von Chamisso allein über *Sesameae.*

Wissenschaftliche Publikationen, die auf Chamisso Bezug nehmen:

Ch. G. Ehrenberg: „Beiträge zur physiologischen Kenntnis der Corallenthiere. . . . .“ Abhandl. Kgl. Akademie der Wissenschaften zu Berlin, Teil I.

„Chamisso liefert einige Korallen von seiner Weltreise, die ins Berliner Museum gelangt sind. Unter den 2 neuen Arten *Tubipora chamissonis* Hempr. et Ehrenb. von den Radackinseln, ferner, die von Chamisso und Eysenhardt beschriebene wird umbenannt in *Synecoryna chamissonis.*“

F. J. F. Meyen: „Über die Salpen“. Verhandl. d. Kaiserl. Leopold.-Carol. Akademie der Naturforscher, Band 8, Breslau/Bonn.

(Zustimmende Bemerkungen zu Chamissos Salpen-Abhandlung, scharfe Ablehnung des Generationswechsels)

C. G. Nees von Esenbeck: „Genera et species Asterearum. . .“ (Behandlung von vielen Arten, die Chamisso gesammelt hat, werden beschrieben, erläutert, berichtigt, umbenannt).

E. Wittig: „Die Corallen rücksichtlich ihrer Bildung und chemischen Bestandtheile“, Annalen der Pharmacie, Lemgo und Heidelberg.

(„Cook hat uns. . . . von den Corallenmassen dieser Zone mitgeteilt, späterhin erhielten wir vollständige Beschreibungen von Chamisso“.)

1833 Nach der Berufung Schlechtendals nach Halle wird Chamisso *Erster Kustos* am *Königlichen Herbarium* des Botanischen Gartens und Museums zu Berlin-Schöneberg. Während der Grippeepidemie, die ganz Berlin heimgesucht hatte, wurden nicht nur Chamisso, sondern auch seine Frau Antonie schwerkrank; beide konnten sich nie mehr erholen; zudem stellen die Ärzte bei Chamisso, der zeitlebens ein starker

Pfeifenraucher gewesen ist, Geschwüre in der Lungengegend fest; der Bronchialhusten nimmt zu.

LINNAEA Achter Band, 683 Seiten mit 3 Tafeln.
In Heft I, II, III und IV bespricht Chamisso ausführlich, die von *Sellow* gesammelten Pflanzen, die hauptsächlich aus Brasilien stammen, unter dem Titel SPICILEGIUM PLANTARUM E FAMILIIS JAM PRIUS RECENSITIS PRAESERTIM BRASILIENSIUM SERIUS A SELLOWIO MISSARUM. Besonders behandelte Familien: *Scrophulariaceae, Boraginaceae, Campanulaceae, Lobeliaceae, Goodenoviae* und die neue Gattung *Klotzschia* (Hydrocotylaceae) sowie eine neue Art der Gattung *Lacis* (Podostemaceae), s. Abb. S. 204–206. Zudem ein Nachtrag zu den *Ecklonschen* Pflanzen, der neue *Enzian-* und *Rosen*arten behandelt.

J. F. Klotsch: „Ericearum a. cel. Adelberto de Chamisso. . .“ („Linnaea“ Band VIII, IX und X).
Abhandlung über die von Chamisso am Kap der Guten Hoffnung gesammelten Erica-Arten; *Erica chamissonis* Klotzsch s. Abb. S. 144.

1834 An de la Foye: *„Das Jahr geht so dahin . . .“*

LINNAEA Neunter Band, 757 S. mit 7 Tafeln (1 koloriert), bei Schwetschke und Sohn, Halle.
In Heft 2,3 und 4 behandelt Chamisso zumeist Pflanzen, die von *Sellow* in Brasilien gesammelt wurden; dazu *Novae Lacidis Species Iconibus Illustratae Auctore Adelberte De Chamisso,* die neuen Lacis-Arten (Podostemaceae) wurden von *Schiede* gesammelt, mit Tafeln von Chamisso, s. Abb. S. 204–206.
Wissenschaftliche Publikationen, die auf Chamisso Bezug nehmen:
W. S. J. G. Besser: „Über Abrotana“ (Eberreise), Nouv. Mem. Soc. Impr. des Naturalistes de Moscou.
(Neue Art: Artemisia chamissoniana)
Companion to the Botanical Magazine, ed. W. J. Hooker, published by S. Curtis, London 1834/35, enthält: H. G. *Bongard:* „Historical sketch of the progress of botany in Russia from the time of Peter the Great to the present day“.
(Chamissos Leistung wird auf p. 183 dargestellt).

1835 LINNAEA Zehnter Band (Jahrgang 1835 und 1836), 758 S. mit 5 Tafeln (2 koloriert).

De PLANTIS in EXPEDITIONE SPECULATORIA ROMANZOFFIANA et in HERBARIS REGIIS BEROLINENSIBUS . . . .

In Heft 1 und 2 behandelt Chamisso *Melastomaceae* aus Südamerika und ein neues Pfeilkraut *(Sagittaria)* aus Brasilien. (Die letzten publizierten Arbeiten, die Chamisso in der „Linnaea" veröffentlicht hat.)

In „Reise um die Erde durch Nord-Asien und die beiden Oceane in den Jahren 1828, 1829 und 1830, ausgeführt von *Adolph Erman*", Naturhistorischer Atlas, Berlin, verlegt bei G. Reimer; die auf den Gebirgen Kamtschatkas gesammelten Pflanzen II. Abt. 1.–2. Band im Teil VII behandelt und beschreibt Chamisso. Es sind einige Moose, Farne und Blütenpflanzen, im ganzen 149 Arten, drei davon sind unbeschrieben; s. S. 78–79.

(Letzte botanische Arbeit, die Chamisso veröffentlicht hat.)

Auf Vorschlag von Alexander von *Humboldt* wird Chamisso fast einstimmig zum *Mitglied der Königlichen Akademie der Wissenschaften* zu *Berlin* gewählt. Der Botaniker K. B. *Trinius* verfaßt das Gedicht „An Ad. v. Chamisso in Berlin, als er die Kgl. Bestätigung zum Akademiker erhielt", (s. Trinius „Gedichte, Berlin 1848).

Wissenschaftliche Publikationen, die auf Chamisso als Botaniker und Forscher Bezug nehmen:

F. Luetke: „Voyage autour du monde. . . . Corvette Le Seniavine. . . . tome I, II, III, Paris 1835/1836.

(Der Verfasser hebt Chamissos Verdienste hervor, besonders für die geographisch-ethnographische Erforschung der *Carolinen*-Inseln, und ehrt ihn, indem er den Hafen der Insel Lugunor *Port Chamisso* nennt „en l'honneur du savant voyageur qui donna, le premier, sur cet archipel, quelques notions dignes de foi".)

F. H. Kittlitz: „Observations zoologiques faites pendant l'expédition de la corvette Le Séniavine" – verweist auf die Molluske *Oikopleura chamissonis.*

Th. Vogel: „Leguminosae (in „Linnaea" X). Chamisso übergab ihm Herbarmaterial, seinerzeit gesammelt auf Oahu, Manila und Chile. Vogel drückt seinen Dank aus und nennt folgende Arten: *Desmodium chamissonis* (Manila), *Phaca chamissonis* (Chile), *Apalathus chamissonis* (Kap der Guten Hoffnung).

An de la Foye Berlin den 3. Juni 1835

Es sind Jahre verstrichen, seit wir uns nicht geschrieben haben; seit Jahren will ich an Dich schreiben, und weil ich einen langen Brief machen will, finde ich die Muße nicht und setze es immer weiter hinaus . . .Ich habe von Dir kein Lebenszeichen wahrgenommen, und ich weiß in der Tat nicht, ob Du lebst und diese Zeilen nicht in den Wind verhallen werden, der über Dein Grab weht. Wir ziehen. . ., und der Tod hält Musterungen, wen er soll von dannen tragen.

Mit mir, mein sehr teurer Freund, scheint es auf die Neige zu gehen. Ich habe von der Grippe ein Übel zurückbehalten, das mich untergräbt. Anscheinlich ein Geschwür in der Lunge in der Gegend der rechten Achsel, aus der ich täglich etliche Tassen Eiter ausleeren muß. Ich magere ab, und die Kraft schwindet. Verschiedene Versuche (fiat experimentum in anima vili, pflege ich meinem Arzt zu sagen, der darauf „fiat" antwortet) haben zu nichts gefruchtet, und ich gehe jetzt nach dem Brunnenort Reinerz in Oberschlesien. . . . Ich bin indes sehr ruhig und heiter, Vater von sieben Kindern, meine Frau ist wohl . . . — Ich finde am Ende meiner Laufbahn, als Dichter und Gelehrter, volle Anerkennung. Glaube keiner unentbehrlich zu sein, ich werde meinen Kindern einen Namen guten Klanges hinterlassen, und das ist ein sichereres Erbe, als irgend ein anderes. Auf welche Habe, auf welches Besitztum kann man rechnen?. . . Wir haben uns durch die Welt schlagen müssen; das werden unsere Kinder auch, jeder für sich, — und die fortgeschrittene, von Dampfschiffahrt, Eisenbahnen und telegraphischen Linien durchfurchte Welt ihrer

Zeit wird eine ganz andere sein, als die unsere Zeit. — Die Akademie der Wissenschaft hat mich jetzt auf Humboldts Vorschlag fast einstimmig zum ordentlichen Mitglied erwählt — ungeachtet meiner Dichterei, die nicht da gilt . . . .
Unser Vater Hitzig ist immer der alte, oft leidend, aber immer frischen Mutes, immer die Achse unserer Welt, unser Halt und unser Rat. . . .
Ich schließe diesen Brief, ohne ihn noch einmal durchzulesen. Ich will, daß Du ihn erhaltest — schreibe mir immer nach Berlin und lebe wohl. Ich bin fast müde geworden. *Ad.*

An de la Foye Berlin, den 13. November 1835

Teuerster Freund, Du begehrst einen Brief, da hast Du einen. . . Die Bergluft hat mich für den Augenblick erfrischt, wo ich sie geatmet habe, und das Geheiß des Arztes, meine Füße zu gebrauchen, hat mich in den Besitz derselben wieder hergestellt. Ich habe weiter keine Cur gebraucht als Luft, Müßiggang und Bergklettern. Wasser habe ich nicht trinken dürfen und täglich nur eine Flasche Molken getrunken. Wie weit ich es gebracht habe, will ich Dir mit einem Male vorprahlen. Ich habe in einer zweitägigen Fußwanderung die Schneekoppe und den Risenkamm bei Warmbrunn erstiegen und durchschweift, trotz einem Gesunden; habe in einer Baude bivakiert, habe der Elbe für vier Groschen die Erlaubnis verschafft, frei ins Böhmerland zu fallen, (es ist niederträchtig, daß die Elbe ihre Künste für schlechtes Geld machen muß) und habe alles getan und genossen, was einem Reisenden von der Classe No. 1 für sein Geld zukommt. — Das ist auch alles, was ich von mir zu rühmen weiß, im wesentlichen sind wir ganz beim Alten. Ich hatte bei der Reise meinen ältesten Sohn mit,

den ich zu botanisieren angeleitet habe, und der mir meine eigene Freude erhöht hat. Ich habe dort in der alpinischen Region manche Pflanze wiedergesehen, die mir seit meinem ersten Botanisieren in der Schweiz nicht wieder vorgekommen war, und auch manche, die ich noch nicht wachsen gesehn. Weißt Du wohl noch, daß eigentlich Du mich zu dem gemacht hast, was ich geworden bin? Wie ich Dir nämlich aus Coppet schrieb, daß ich englisch lernte, antwortetest Du mir, daß, wenn man da säße, wo ich wäre, man nicht englisch, sondern Botanik triebe. Das war mir anschaulich, und ich tat also. Wir sind über Dresden zurückgekommen, wo ich die Galerie zum ersten Mal gesehen habe und einen Teil der sächsischen Schweiz. Ich bin, wie Du siehst, un jeune homme qui finit son éducation, je me complète.
Man sagt mir, daß ich bei meiner vomica achtzig Jahr alt werden könne; ich kann es aber nicht glauben. Im vorigen Winter, wo mir, unter Schloß und Riegel gehalten, Luft, Licht und der freie Gebrauch meiner Füße abging, hatte ich einen Stab, woran ich mich aufrecht erhielt: ich schrieb nämlich ein Buch (Tagebuch meiner Reise). Ich hatte die mir zusagende Geistes-Wirksamkeit; jetzt geht mir diese ab, und ich sinke zusammen... Lebe wohl und halte Dich an den alten Freunden fest, in unsern Jahren kann man sie nicht recht ersetzen."

1836 Adelbert von Chamisso's Werke, Erster Band, „Reise um die Welt", erster Teil: „Reise um die Welt mit der Romanzoffischen Entdeckungs-Expedition in den Jahren 1815–18 auf der Brigg Rurik „TAGEBUCH" Αλλὲ χαὶ ως (Aber trotzdem), 436 S. mit Bildnis des Verfassers, Weidmann'sche Buchhandlung, Leipzig.
(Die Seitenzahlen beziehen sich auch hier auf die 1975 erschienene Ausgabe „Sämtliche Werke".)

ChsW S. 27 *Centaurea nigrescens,* war die neue Art für England und die mahnende Aufmunterung *„Beobachtet, ihr Freunde, sammelt, speichert ein für die Wissenschaft, was in euren Bereich kommt, und lasset darin die Meinung euch nicht irren: dieses und jenes müsse ja bekannt sein, und nur ihr wüßtet nicht darum"* war auch für Chamisso, den präzisen Frager, lebenslang ein wichtiger Leitsatz.
S. 34/35 Beobachtung der *Salpen*;
S. 39 *Meeresleuchten;* S. 46 „Seeblüte"; S. 46–49 Über Flora und Fauna *Brasiliens;* S. 54. *Fucus pyriferus;* S. 66 Myrthenruten; S. 84 Über Affen und die Lernfähigkeit; S. 88 Über das Tabakrauchen; S. 90/91 *Kimmung* (Mirage) und die Torfmoore; S. 93 „und wann man zusammen gelacht hat, kann man getrost Hand in Hand gehen"; S. 95 „fossiles Elfenbein"; Hinweis auf „Linnaea" Band IV *Eschscholtz-Bucht;* S. 96 *Kotzebue-Sund, Chamisso-Insel;* S. 99 *St.-Laurenz-Bucht;* S. 101 Bei den Tschuktschi „Das Lachen ist auch unter diesem Himmel, wie Rabelais treffend sagt, das Eigentümliche des Menschen, wenn nämlich der Mensch noch unabhängig seiner angeborenen Freiheit sich erfreut"; S. 102 besonders schönes Meeresleuchten; S. 103 Vorschlag, Walfische zu zähmen; S. 108 Über den Winter und in einer Fußnote Hinweis auf „Ansichten von der Pflanzenkunde und dem Pflanzenreiche" s. S. 145–228; S. 109/110 Träume vom Regiment Götze und Schloß Boncourt; S. 114 *San Francisco;* „eine Wasserpflanze, meine bekannte Liebhaberei"; S. 117 *Potentilla anserina;* S. 121 Meeresleuchten; S. 127 Botanisieren auf den *Sandwich*-Inseln; S. 132 „willst du baden?"; S. 133 „Arocha" . . .; S. 134 *Oryza sativa;* S. 136 Fackeln aus Kukuinüssen (Aleurites triloba = moluccana); S. 156 Korallenstudium; S. 157 Über die Schamhaftigkeit der Rataker; S. 161 „Dein Nam Chamisso – Totjan Chamisso"; S. 163 „Blumenkranz und kein Mißtrauen"; S. 168 „Mogan" Zwieback der Seefahrer; S. 171–172 Samen der Wassermelonen; S. 180–197 *Unalaschka!*; S. 204 Pflanzentrocknen; S. 207 „nie botanische Kapseln. . ."; S. 235 *Lucon;* S. 242–246 Kap der Guten Hoffnung; S. 248 englische und russische Mentalität; S. 251 Natur und Kunst; S. 252 englische Naturforscher; S. 257 „gemalte Eichentüren in Petersburg";
Adelbert von Chamisso's Werke. Zweiter Band „Bemerkungen und Ansichten", „Anhang", 396 S. mit Tabelle und Land-

karten (gezeichnet Adelbert von *Chamisso*), Leipzig 1836. Korrigierte Neuausgabe des Textes von 1821, erweitert mit „Kamtschatka, die Aleutischen Inseln und die Beeringstraße"; „Notice sur les Iles de corail du grand Océan", s. S. 83–87.

S. 261–262 Flora von *Chile*; S. 276 uff. Flora von *Kalifornien;* S. 284–288 *Großer Ozean* und die *Korallenriffe;* S. 289 Kimmung (mirage); S. 289 Vergleich der verschiedenen *Florengebiete* der Erdoberfläche; S. 309 Ansichten über *pflanzengeographische* Verbreitung usw.; S. 339 *Vulkan de Taal, Luzon;* S. 350 *Flora* von *Guajan* (Guam); S. 394–395 Flora von *Radack* (Ratak); S. 397 Über *Pandanus;* S. 98–399 Nutzpflanzen; S. 400 *getriftete Samen* und *Früchte;* S. 412 neue Nutzpflanzen für die Radacker; S. 416–417 Nutzpflanzen (Palmen) auf den Philippinen; S. 439 Flora von *Romanzoff;* S. 449 Tameiameia und das Sandelholz; S. 467 *Driftpflanzen;* S. 474–475 Flora der *Aleutischen* Inseln; S. 476–482 Beschreibung von *Unalaschka:* Flora etc.; S. 485–486 *arktische* Flora (!) und Fauna.

An de la *Foye:* *„. . . Die Botanik hängt am Nagel, die Muse schweigt. Meine Zeit ist abgelaufen."*

1837 Am 21. Mai stirbt Chamissos Ehefrau *Antonie.*

An de *la Foye* im September: *„Habe ich Dir denn, mein viel lieber Geselle, seit ich meine Frau verloren, geschrieben? Ich werde alt, das Gedächtnis für die jüngste Zeit geht mir aus, und mich erschrecken Töne, Worte, Bilder aus meiner frühesten Kindheit, die mir unversehens aufgehen mit aller Bestimmtheit der Gegenwart, und ich träume von Schloß Boncourt und dem Regiment Götze, kaum einmal von meiner Frau, kaum von meinen Kindern, denen ich doch lebe. Ich gestehe, daß das Wohlwollen, das ich allseitig erfahre und dankbar anzuerkennen weiß, meinen Abend erhellt und erwärmt, aber ich fühle wohl, daß es Abend ist. . . Lieber Freund, wenn Du nicht reisest, nimm ein wissenschaftliches Werk vor und arbeite. Angestrengte Geistesarbeit, die unsere*

Seele auf Sächliches heftet, das ist die bewährteste Ableitung. — Ich habe es gebraucht und gut geprüft, zu einer Zeit, wo mir ein Kind krank lag, das ich zu verlieren glaubte, und ich brauche es jetzt noch, nach Maßgabe meiner geschwundenen Kraft. Meine Hawaiische Grammatik ist gedruckt. . ."

1838 Im Frühjahr schreibt Chamisso an Minister von Altenstein:

„Nicht ohne Wehmut, aber wohlbedächtig und nach Ehre und Pflicht, nur die Wohlfahrt des Instituts berücksichtigend, dem ich seit seiner Gründung mit Liebe angehangen habe, sage ich heute zu Ew. Excellenz: Lassen Sie mich zu Gunsten meines treuen Gehülfen auf die Stelle verzichten, die ich noch einnehme und, durch chronisches Uebel geschwächt, genügend nicht mehr auszufüllen im Stande bin. . ."
(Professor *Link,* Direktor des Kgl. Herbariums begleitete das Gesuch mit folgenden Zeilen: „. . . Er hat viele Kinder und kann keinen Groschen von seiner Einnahme missen. So lange seine Gesundheit es erlaubte und selbst als sie es kaum mehr erlaubte, hat er sein Amt beim Herbarium mit der größten Treue verwaltet; eine Menge trockener Pflanzen, die er auf seinen Reisen gesammelt, hat er ganz in der Stille in das Herbarium eingeschoben. . . .")
Kultusminister vom Stein zu Altenstein entspricht der Bitte Chamissos und schließt sein Schreiben mit: „Eure Hochwohlgeboren haben vieles und viel geleistet in der Welt und dürfen nun wohl gestatten zu ruhen."

Seine Bestattung hat Chamisso testamentarisch festgesetzt: *„Ich will ganz ohne Prunk und in der Stille in die Erde versenkt werden. Es mögen nur ein paar Freunde sehen, wo meine Asche bleibt, und sich nie-*

mand sonst bemühen. Soll die Stelle bezeichnet werden, mag ein Baum es tun, höchstens eine kleine Steinplatte. Ich verbiete auf jeden Fall jegliche andere Grabschrift als meinen Namen, nebst Datum der Geburt und des Hinscheidens."

Die Schlußzeilen:

„Ich bestimme nichts über die Zukunft meiner Söhne. Die Welt, in der ich gelebt habe, ist eine andere gewesen, als für die ich erzogen worden, und so wird es ihnen auch ergehen. Meine Söhne sollen sich befähigen, auf sich selbst in verschiedenen Lebensbahnen und Landen vertrauen zu können. Tüchtigkeit ist das zuverlässigste Gut; das sollen sie sich erwerben. Ich wünsche, daß sie studieren, insofern sie dazu die Mittel haben, bin aber ganz einverstanden, wenn der Eine oder der Andere zu bürgerlichem Gewerbe übergehen will; die Zeit des Schwertes

Wappen der *Familie von Chamisso de Boncourt:*

Auf Silbergrund fünf übers Kreuz gestellte Kleeblätter, darunter zwei offene Hände, eine rechte und eine linke, gegen unten weisend; zwei danebenstehende Löwen, das Wappen haltend; Krone eines Marquis; der Wahlspruch „Fais ce que dois, advienne que pourra" (Tue was sein muß, komme was will).

ist abgelaufen und die Industrie erlangt in der Welt, wie sie wird, Macht und Adel. Auf jeden Fall besser ein tüchtiger Arbeitsmann als ein Scribler oder Beamter aus dem niedern Trosse."

Mitte August fühlte sich Chamisso kränker; auf Rat des Arztes legte er sich zu Bett. In den nächsten Tagen verfiel er in unruhigen fiebrigen Schlaf, unterbrochen durch Phantasien; er redete in vielen fremden Sprachen, meist hawaiisch. Am 17. August ließ er Hitzig rufen, um mit ihm eine zensurierte Stelle eines Gedichts zu besprechen. Chamisso ordnete an, daß das Gedicht erscheinen müsse und der Autor über die zensurierten Stellen zu orientieren sei.
In der Nacht vor dem 21. August redete Chamisso unausgesetzt französisch, von Schloß Boncourt und dem Regiment Götze. Er starb an „einer totalen Veränderung der Schleimhaut der Bronchien und einer höchst selten vorkommenden widernatürlichen Ausdehnung der Äste, so daß der rechte Lungenflügel ganz außer Tätigkeit gesetzt worden war."

*

Die sieben unmündigen Kinder, das älteste war achtzehn- das jüngste zweijährig, wurden durch die Familien *Piaste* und *Hitzig* erzogen; drei Söhne schlugen die militärische Laufbahn ein, einer wurde Förster, einer wurde Arzt und Botaniker. Der letzte männliche Sproß der deutschsprachigen *Chamisso*-Familie war diplomierter Landwirt und kehrte aus dem deutsch-russischen Krieg 1944 nicht zurück.

Nachgelassene Schriften zur Botanik und Zoologie (aufbewahrt in der „Deutschen Staatsbibliothek" Berlin/DDR):

„Pflanzentabellen"; „Über die pflanzengeographischen Einteilungen der Erdoberfläche"; Botanische Notizen und Herbarium"; „Verzeichnis zum Herbarium"; „Journale ausgeteilter Pflanzen"; „Notizen über die Torfmoore zu Linum, Gnageland, Colberg, Swinemünde und Greifswald"; Bibliographie über Botanik"; „Zoologische Systeme"; „Anatomische Zeichnungen und Notizen"; „Briefwechsel mit dem Unterrichtsministerium 1821–1829 (betr. „Herbarien für die Schule" und „Übersicht über die schädlichsten Gewächse. . . .")

Chamissos ältester Sohn Ernst schrieb über seinen Vater (lt. Fulda):

„Vater ging fast nie aus, nur besuchte er regelmäßig die Mittwochs-Gesellschaft. Ab und zu nahm er ein russisches Bad, welches ihm stets ein großer Genuß war. Traf er dort *Alexander von Humboldt,* erzählte er mit großer Freude, wie er mit ihm geplaudert habe. Er liebte es auch mit jüngern Leuten zu verkehren. Zur Zeit der Herausgabe der Bérangerschen Gedichte mit Gaudy (nach der Versetzung in den Ruhestand durch das Ministerium) war dieser viel im Hause und blieb dann im Kreise der Familie, den Tee zu nehmen. Wenn die Freunde, wie Hitzig, Horkel, Ehrenberg, Erman, Weiss, Poggendorf, v. Schlechtendal, oder die jüngeren, wie Rauschenbusch, Geibel, Schmied, ganz ungezwungen die Abende blieben, waren wir ältern Söhne stets zugegen, um durch Anhören der Unterhaltung eine belehrende Anregung zu empfangen. In der Lecture ließ er uns freie Wahl. Auf Wunsch der Mutter erhielten wir, nachdem die Plamannsche Schule eingegangen, Hauslehrer, bis wir aufs Gymnasium kamen. Wenn die Mutter nach etwas fragte oder etwas wünschte, so war die stete Antwort: „Wie Du willst, mein Kind." Vater liebte es, uns seine Gedichte, sobald sie fertig waren, vorzulesen, um zu sehen, welchen Eindruck sie auf uns machten. So verschmähte er es auch nicht, nach Orthographie zu fragen. . . . In Schöneberg pflegte

er zu einer Semmel, die er trocken von zu Hause brachte, einen Kornschnaps zu nehmen, sein „Husarenfrühstück“. Den Fleiß, der ihm eigen, traute er auch seinen Söhnen zu und predigte dafür mit seinem Ausdruck „Sitzfleisch“ zu haben.
Er hatte seine Freude daran, uns Affen und Hundetheater zu zeigen, auch ein Theaterstück, worin ein Mensch den Affen Joko spielte (der berühmte Mime Mazurier). – Sein Husten war sehr quälend und laut. In letzter Zeit passierte es ihm, daß er auf der Straße einen solchen Anfall auszustehen hatte; eine alte Frau blieb stehen und sagte teilnehmend: „Ach! der Herr hat einen argen Husten!“ „Ja, meine Liebe, ich fange es auch an zu merken“, war Vaters Antwort.

In seinem Nekrolog schrieb *Schlechtendal:*

„Für das Gedeihen und den Fortschritt der öffentlichen Sammlung interessierte er sich außerordentlich, ebenso für das Fortbestehen der „Linnaea“, was er teils durch seine Beiträge, aber fast noch stärker dadurch bewies, daß er sich der Korrektur der Druckbogen seiner und anderer Arbeiten unterzog, was ihm eine beschwerliche Arbeit war, und endlich dadurch, daß er jedem, welchem er Pflanzen zur Bearbeitung mitteilte, auch zur Pflicht machte, die Arbeit in der „Linnaea“ niederzulegen. – Die Mehrzahl seiner botanischen Arbeiten machte Chamisso mit mir gemeinschaftlich, an demselben Tische einander gegenübersitzend untersuchten und beschrieben wir zusammen, wobei einer dem andern durch seine Erfahrungen und Kenntnisse zu Hülfe kam; es war ein schönes, ruhiges Verhältnis.“

Chamisso als botanisierender Weltumsegler,
nach einer Federzeichnung von E.T.A. Hoffmann 1815.
(„Der Nordpol" – „Die Welt" – „Schlemihl botanisierend for ever" – „Zoologische Phyten" – „Schlemihl reist zum Nordpol und wird von demselben freundlich empfangen".)

Chamisso gewidmete Namen von Pflanzen, Tieren und geographischen Orten

Aconitum delphinifolium ssp. chamissonianum Hult., Eisenhut-Art, Chamisso-Insel

Adelbertia Meissn. Gattung der Melastomaceae, Westindien, trop. Südamerika

† *Apalanthus chamissonis* Vogel, Papilionoideae, Kapland

Arenaria chamissonis Maguire, Caryophyllaceae, Alaska

Aristolochia chamissonis (Klotzsch) Duchartre (Brasilien)
Arnica chamissonis Less., Compositae, Unalaschka
Artemisia chamissoniana Besser, Kamtschatka und Unalaschka
Aster chamissonis A. Gray, Compositae, Kalifornien

Brachysoma chamissonis (Eysenh.) Lesson. Seeblasen-(Quallen-)Art

Camissonia Link. Gattung der Oenotheraceae, Chile
Campanella chamissonis Lesson., Seeblasen-(Quallen-)Art
Campanula chamissonia Fedorov, Glockenblumen-Art, Alaska
Carabus chamissonis Eschscholtz. Laufkäfer-Art, Unalaschka
Chamise, chamiso, volkstümlicher Ausdruck für Dickichte, die von zwergstrauchförmigen, bodenbedeckenden Pflanzenarten gebildet werden; Kalifornien, bes. von dem Rosengewächs *Adenostoma fasciculatum*
Chamissatas, volkstümlicher Ausdruck für alle kleinen Früchte und Samen, besonders jene der Lupinen (in Kalifornien)
Chamissoa Humboldt, Bonpland et Kunth. Gattung der Amarantaceae
Chamissomneia O. Kuntze, Gattung der Compositae
Chamissoniophila A. Brand, Gattung der Boraginaceae, Brasilien
Cibotium chamissoi Kaulfuß, Baumfarn, Sandwich-Inseln
Claytonia chamissoi Eschscholtz. Portulacaceae, Unalaschka
Coluber chamissonis Hemprich. Schlangenart, Brasilien
Coronella chamissonis Wiegmann = *Orophis chamissonis* Fitz. s. d.
Coryne chamissonis (Ehrenberg) Johnston. Hydrozoen-Polyp, Ärmelkanal

Desmodium chamissonis Vogel. Papilionoideae, Philippinen
Diplopappus chamissonis Lessing. Compositae (Aster), Chile
Draba chamissonis G. Don, Cruciferae, Alaska

Epulia chamissonis (Eysenh.) Eschscholtz. Seeblasen-(Quallen-)Art
Erica chamissonis Klotsch, Ericaceae, Kapland
Eriophorum chamissonis C. A. Meyer., Wollgras-Art, Kamtschatka, Unalaschka
Eritrichium chamissonis DC, Boraginaceae, Alaska

Franseria chamissonis Lessing. Compositae, Kalifornien

Gigartina chamissoi J. G. Agardh. Rotalge an der Küste von Chile.

Hypnum chamissonis Hornschuch. Laubmoos-Art, Ratak-Inseln

Linum chamissonis Schiede. Flachs-Art, Chile.
Lupinus chamissonis Eschscholtz, Kalifornische Lupine.

Mnenia chamissonis Eschscholtz = *Polyptera chamissonis* Lesson s. dort

Oikopleura chamissonis Mertens, Seescheiden-Art, Beringsches Meer
Orophis chamissonis (Wiegm.) Fitzinger. Schlangen-Art, Brasilien

Papilio chamissonis Eschscholtz. Schmetterling, Brasilien
Pedicularis chamissonis Steven. Läusekraut-Art, Unalaschka
Phaca chamissonis Vogel. Linsen-Art, Chile
Philippia chamissonis Klotzsch, Ericaceae, Kapland
Phyllostegia chamissonis Bentham. Labiatae, Sandwich-Inseln
Podostemum chamissonis Tulasne Ann. (Brasilien)
Polyptera chamissonis (Esch.) Lesson. Seeblasen-(Quallen-)Art, Atlantischer Ozean am Kap der Guten Hoffnung
Port Chamisso (von F. Lütke so benannt). Hafen der Inselgruppe Lugunor der Karolinen (Südsee).
Potentilla Hookeriana ssp. *chamissonis* Hult., Fingerkraut-Art, Alaska

Ranunculus glacialis ssp. *chamissonis* (Schl.) Hult., Hahnenfuß-Art, arktisches Ostasien
Rhizophysa chamissonis Eysenhardt = *Epuliua chamissonis* Eschscholtz

Salix chamissonis Anderss., Weiden-Art, Alaska
Saxifraga chamissoi Sternberg, Steinbrech-Art, Unalaschka
Scaevola chamissoniana Gaudichaud, Goodeniaceae, Sandwich-Inseln
Sphaerococcus chamissoi C. A. Agardh = *Gigartina chamissoi* J. G. Agardh s. dort
Stachys chamissonis Benth., Ziest-Art, Kalifornien
Syncoryna chamissonis C. G. Ehrenberg = *Coryne chamissonis* Johnston s. dort

Thamnomyces chamissonis Ehrenberg = *Xylaria chamissonis* s. dort
Thymus chamissonis Benth., Thymian-Art, Kalifornien
Tubipora chamissonis, Hempr. et Ehrenb., Korallen-Art, Ratak-Inseln

Vaccinium chamissonis Bong., Heidelbeer-Art, Alaska
Veronia chamissonis Lessing, Compositae, Brasilien
Viola chamissoniana Gingins, Veilchen-Art, Sandwich-Inseln

Wedelia chamissonis Lessing, Compositae, Guam (Marianen-Inseln)

Xylaria chamissonis (Ehrenb.) Saccardo, Kernpilz-Art, Pyrenomycetae, Brasilien

Nachbemerkung

„Ich kursiere als Konversationslexikonmann, als Weltumsegler und Mann ohne Schatten", stellte einmal *Adelbert von Chamisso* auf der Höhe seiner Laufbahn fest, mit jener humorvollen Selbstdistanz, die ihn auszeichnete.

Heute hat sich sein Nachleben im deutschen Sprachraum, außer bei Interessierten, noch mehr eingeengt. Zwar heißt es meist in den Lexika ‚Dichter *und* Naturforscher', und doch fehlen auch in den jüngsten Gesamtausgaben die naturwissenschaftlichen Texte; vergleicht man das Werk des Schriftstellers mit jenem des Naturforschers, steht das Verhältnis 2:1, d.h. rund 2500 Druckseiten Botanik (!), Zoologie und Geologie gegen knapp 1300 Druckseiten Dichtung. Die nachgelassenen, insbesondere botanischen Schriften liegen noch unbearbeitet im Archiv.

In der folgenden Skizze ist versucht worden, den durch kriegerisch-politische Ereignisse geprägten Lebensweg dieses ebenso bedeutenden wie bescheidenen Naturforschers nachzuzeichnen. Ausgewählt wurden außer den Jahresdaten Briefstellen, die Chamissos Charakter, Lebensart und -haltung beleuchten und lebendig näher bringen. Bibliographische Angaben informieren über seine naturwissenschaftlichen Publikationen; auch jene wurden beigezogen, die durch seine initiative Freigebigkeit entstanden sind, die Zeichen eines Wissenschaftlers sind, der überzeugt war, daß „gemeinsames Suchen nach Erkenntnis, dem Ziele näher führe"; eine Bibliographie über Publikationen nach seinem Tod, die auf Chamissos naturwissenschaftliche Tätigkeit Bezug nehmen, schließt die knappe Übersicht ab.

In angloamerikanischen Gebieten lebt dieser Naturforscher seiner Bedeutung gemäß weiter. Im „Dictionary of Scientific Biography" vol. XV, suppl. 1, New York 1978 werden Leben und Werk ausführlich und treffend geschildert. Wörtlich heißt es: „Unter Wissenschaftlern kennt man ihn als jenen Naturforscher, der als Erster, viele Jahre vor Darwin, die Ufer des Pazifik abgesucht und eine reiche Pflanzensammlung heimgebracht hat; so ganz nebenbei hat er den Kalifornischen Gelbmohn entdeckt und beschrieben, dazu einer vorgelagerten Insel Alaskas seinen Namen gegeben." – Die Entdeckung des Generationswechsels wird besonders hervorgehoben, auch seine schönen, sorgfältig ausgeführten Zeichnungen. – „Dieser aktive, fleißige und humorvolle Beobachter im Feld und am Gelehrtentisch beschäftigte sich mit *Pflanzengeographie, Ökologie, Meteorologie, Ozeanographie, Ethnologie und Linguistik,* vor allem aber mit *Botanik, Zoologie und Geologie.* Auch war er der Erste, der vermutete, daß Driftsamen und -früchte Ursache pflanzlicher Besiedlung von Inseln seien und die „Meeresblüte" pigmentierten Mikroorganismen zuschrieb" (übers. R. S.-G.).

Dieser unbekannte Adelbert von Chamisso, ein präziser Frager an die Natur, hat uns Heutigen einiges zu sagen.

Bibliographie nach 1838 (Auswahl)

1839 *Schlechtendal, D. F. L. von:* Dem Andenken an Adelbert von Chamisso als Botaniker, „Linnaea" Bd. X, Halle

1841 *Gray, A.* Notices of European Herbaria, particularly those most interesting to North American Botanist, Amer. Journal of Sciences and Arts, vol. XL, s. S. 41–42.
Eschricht, D. F.: Over Salperne, Kopenhaven (Bestätigung von Chamissos Entdeckung des Generationswechsels, s. S. 45–62).

1842 *Steenstrup, J. J. S.:* Über den Generationswechsel, oder die Fortpflanzung und Entwicklung durch abwechselnde Generationen; eine eigentümliche Form der Brutpflege in den niedern Tierklassen, übers. von C. H. Lorenzen (Mit der dänischen Originalausgabe erschien gleichzeitig eine deutsche und englische Übersetzung).
Darwin, Ch.: The structure and distribution of coral reefs, London
(Deutsche Übersetzung von J. V. Carus, 1876 „Über den Bau und die Verbreitung der Corallen-Riffe")

1843 *Schlechtendal, D. F. L. von:* A tribute to the memory of Adelbert von Chamisso, London, Journal of Botany, vol. II.

1844 *Darwin, Ch.:* Naturwissenschaftliche Reisen, Teil I/II, übersetzt und herausgegeben von E. Dieffenbach, Braunschweig
(Chamissos Beobachtung getrifteter Samen, Früchte und Hölzer u.a.m.)

1846 *Cotta, C. B. von:* Grundriß der Geognosie und Geologie, Dresden und Leipzig
(Über die Korallenriffe)

1849 *Carus, J. V.:* Zur näheren Kenntnis des Generationswechsels im Allgemeinen, Leipzig
Forbes, E. and Hanley, S.: A history of British Mollusca and their shells, 4 vols., London 1848–1853, vol. I „Including the Tunicata. . . . .“ s. S. 45–62 (Unter V. „Salpidae“ werden die Verdienste Chamissos eingehend gewürdigt)

1854 *Leuckardt, R.:* Zoologische Untersuchungen, Heft 2: Salpen und Verwandte, Gießen

1859 *Geoffroy Saint-Hilaire, I.:* Histoire naturelle générale des règnes organiques, tome 2, Paris
(„De la génération alternante“ und Chamissos Verdienste)

1863 *Biographisch-Literarisches Handwörterbuch* zur Geschichte der exakten Wissenschaften . . ., gesammelt von J. C. *Poggendorf*
(Verweist auf „Über Torfmoore“, „Reise um die Welt“ und „Nordlicht-Beobachtung“ und „dem größeren Publikum als Dichter bekannt“)

1864 *Ascherson, P.:* Aufzählung und Beschreibung der in der Provinz Brandenburg der Altmark und dem Herzogtum Magdeburg bisher wildwachsend beobachteten und der wichtigen kultivierten *Phanerogamen und Gefäßkryptogamen,* Berlin
(Verweist auf Chamissos Arbeit über *Potamogeton* s. S. 69–77 und „Adnotationes quaedam ad Floram Berolinensem“ s. S. 242. Zudem wird Chamissos Sohn, der Arzt Hermann von Chamisso, als Mitarbeiter genannt)
Jessen, K. F. W.: Botanik der Gegenwart und Vorzeit in kulturhistorischer Entwicklung, Leipzig.
Ruprecht, F. J.: Zur Geschichte der Museen der Kaiserlichen Akademie der Wissenschaften, Bulle-

tin de l'Académie, tome VII, suppl. II, fol. 1–36, Petersbourg.
(Das Herbar Chamissos wurde angekauft für 4000 Rubel; enthält 10–12000 Spezies, darunter jene von seiner Weltumsegelung von 1815–1818 und jene von Redowskis Herbarium und Agardhs, Bory de St. Vincent, Eschscholtz, Ehrenbergs, Hornemanns, Hookers, Lessings, C. Mertens, Rieders, Schiedes, Sellows u. a. m.) – Lt. Mitteilung vom Botanischen Museum Leningrad wurden die Herbarpflanzen Chamissos nach dem Englerschen System ins ‚herbarium generale' eingeordnet. R. S.-G.)

1865 *Fontane, Th.:* Wanderungen durch die Mark Brandenburg, Bd. II
(Im Kapitel „Cunersdorf": „das Herbar Chamissos ist noch vorhanden.")

1876 *Darwin, Ch.* Über den Bau und die Verbreitung der Corallenriffe, übers. *J. V. Carus* 2. Auflage
(Widerlegt die Auffassung, daß Darwin sich irrtümlich auf den Beitrag von Eschscholtz stützt, der im „Anhang" der Kotzebueschen „Entdeckungsreise" anonym erschienen ist und beweist, daß Darwin das ganze Werk Chamissos gut gekannt hat.)

1877 *Engler Botanische Jahrbücher,* IX Band, 4. Heft: *F. v. Herder.*
(Biographische Notizen über einige in den Plantae Raddenae genannte Sammler und Autoren).

1880 *De Candolle, A. de:* La phytographie ou l'art de décrire les végétaux considérés sous différents points de vue, Paris

1885 *Hemsley, W. B.:* Appendix on the dispersal of plants by oceanic currents and birds, in „Report on the scientific results of the voyage of H. M. S. Chal-

lenger during the years 1873–76", „Botany", vol. I, London.
(„Chamisso seems to have been one of the first to record the fact that foreign seeds cast ashore in a living state by waves in various parts of the world".)

1881 *Urban, I.:* Geschichte des Kgl. Botanischen Gartens und des Kgl. Herbariums zu Berlin, Jahrbücher des Kgl. Bot. Gartens. . . ., Band I, Berlin.
(Chamissos „Pflichtenheft" und Pflanzensammlung aus den verschiedenen Ländern).

1882 *Ascherson, P., Pontonié, H.:* Chamisso als Botaniker, Berlin.

1888 *Bois-Reymond, E. du:* Adelbert von Chamisso als Naturforscher, Sitzungsbericht Kgl. Preuß. Akad. d. Wissenschaften zu Berlin.

1890 *Böttger, L.* Geschichtliche Darstellung unserer Kenntnisse und Meinungen von den Korallenbauten, Diss. Leipzig.
(. . .„Einen sehr beträchtlichen Zuwachs erhalten unsere Kenntnisse von dem Bau der Korallenriffe und -inseln durch die Untersuchungen, welche Chamisso. . . .")

1897 *Schütt, F.:* Pflanzenleben der Hochsee, Kiel.
(„Unschwer erkennen wir, daß Chamisso bereits das Vorkommen von *Trichodesmium erythraem* als Ursache einer gelblichen Wasserblüte an der Ostküste Brasiliens beobachtet hat, wie dies später auch von dort angegeben wird." (M. Möbius).

1899 *Zittel, K. A. von:* Geschichte der Geologie und Paläontologie des 19. Jahrhunderts, München.

1905 *Safford, Will. Ed.:* The useful plants of the Islands of Guam, physical features and natural history of the Island, of the character and history of its people and of their agriculture, Contributions from the United States National Herbarium, vol. IX, Smithonian Institute, Washington Government Office. (Ausführliche Schilderung von Chamissos Beobachtungen, Zitate aus „Bemerkungen und Ansichten“ und dem „Tagebuch“ dazu eine Charakteristik von Chamissos Persönlichkeit „shy and retiring by nature, but true and noble as gold“.)

1910 *Günther, S.:* Die Korallenbauten als Objekt wissenschaftlicher Forschung in der Zeit vor Darwin, München.

Lenz, M.: Geschichte der Kgl. Friedrich-Wilhelm Universität zu Berlin, Bd. I/II, Teil 1, Ministerium Altenstein, Berlin. (Chamisso wird als Systematiker geehrt; ausführliche Darstellung von dessen „Abenteuer“ bei seiner Festnahme als Spion).

1913 *Agassiz, A.:* Letters and recollections, Boston/New York. (Coral reefs)

Klengel, F.: Die Entdeckung des Generationswechsels in der Tierwelt, Voigtländers Quellenbücher, Band 45. („In der Geschichte der Wissenschaften nimmt Chamisso eine höchst bedeutsame, eigenartige Stellung ein. Fast möchte man es beklagen, daß man über dem Dichter Chamisso den Naturforscher und Geographen zu vergessen oder doch weniger zu beachten pflegt, und doch sind seine Arbeiten und Leistungen auf letzterem Gebiete so wichtig und hervorragend, daß in mancher Beziehung ein Vergleich mit Charles Darwin nahe liegt.“)

1914 *Bersch, W.:* Chamisso als Moorforscher, Berlin. (Darstellung von Chamissos Torfmooruntersuchungen).

1916 *Urban, I.:* Geschichte des Kgl. Botanischen Museums zu Berlin-Dahlem 1815–1913, 2. Aufl. Berlin.

1918 *Möbius, M.:* Chamisso als Botaniker, Beihefte zu Bot. Centralblatt, Band XXXVI, 2. Abt. (Vorzügliche Charakterisierung Chamissos als Botaniker mit wesentlichen Literaturangaben).

1921 *Burckhard, R. Erhard, H.:* Geschichte der Zoologie. . . ./ Smlg. Göschen, 2. Aufl. Berlin. *(Chamisso* als Weltreisender, hingegen *Steenstrup* als Entdecker des Generationswechsels).

1925 *Wächter, W.:* Chamisso als Botaniker, Schweiz. Apotheker-Zeitung, Jg. LXII (1925), vol. LXXIII.
Leffmann, H.: Chamisso, a poet-botanist, American Journal of Pharmacy, vol. 97, Philadelphia.
(Würdigt Chamissos Verdienst als Systematiker, diskutiert Gattungen, die ihm gewidmet sind, und wörtlich heißt es:
„In 1815–18, long before plant geography had been set apart as a distinct science, Chamisso made, as the result of journeys, many observations on the origin of the flora of the South Sea islands. He stated that these plants had been introduced from the Asiatic regions, although the American coast was nearer. On a journey in the Arctic region he remarked the depence of the flora on the climate. He was attracted by the peculair color of the sea water off the Brazilian coast and found that it is due to algae. Ehrenberg has the honor usually of the discovery of this class of facts, but Chamisso was inde-

pendently a discoverer. Chamissos general interest was in plants and animals as manifestations of nature, and he did not give much thought to the philosophic or even practical application of his knowledge. He was, however, not entirely uninterested in practical side, as he wrote a large book on „The Useful and Injurious Plants of North Germany". . . .„Unlike Goethe, Chamisso's two activities were not intermingled. From his writings of natural history no one would glean that he was a poet, and from his poetical and prose contributions to general literature no one would infer an interest in botany. One partial exception to these statements is found, a bit of doggerel, in which he sets forth his relations to natural history, it is the poem „Carabus".

1926 *Sitzungsberichte der Gesellschaft naturforschender Freunde zu Berlin,* Nr. 1–10, 1924.
Correns: Rückblick auf die Botanik (159 J. d. obigen Gesellschaft).
(„Aus der ersten Zeit nenne ich den Dichter *Adelbert von Chamisso,* der der Gesellschaft fast 20 Jahre angehört hat und in den Verhandlungen eine Mitteilung veröffentlichte, die schon durch ihren Titel: „Ein Zweifel und zwei Algen" interessieren muß. Der schwedische Algologe Carl Adolph Agardh d. Ae. hatte nämlich 1820 seine Dissertatio de Metamorphosi Algarum erscheinen lassen, in der unter anderem auch die Umwandlung einer grünen Fadenalge (Cladophora hospita) in eine Rotalge (Sphaerococcus) behauptet wurde. Chamisso untersuchte dasselbe Material nach und kam zu der (uns heute selbstverständlich erscheinenden) Überzeugung, daß die rote Alge sich nur auf der grünen angesiedelt hätte. Hier war der Forscher Agardh zum Dichter geworden,

und ein Dichter, *Chamisso, hat den Forscher ganz nüchtern korrigiert.*" s. S. 43–44.)

1929 *Handbuch der Moorkunde,* hrsg. K.v. Bülow, Bd. I, Allgemeine Moorgeologie, Einführung in das Gesamtgebiet der Moorkunde von K. v. Bülow, Berlin. (Chamissos Untersuchungen werden *nicht* mehr erwähnt.)

1932 *Mahr, August C.:* The Visit of the „Rurik" to San Francisco in 1816 Stanford Univ. Publ., Univ. Series, vol. I, no. 2, Stanford University, California and Oxford University Press 1932.
(Mahr charakterisiert trefflich *Ch.* als Charakter, Reiseschriftsteller und Botaniker, von dem wir lesen: „In our book the reader is also given an opportunity to appreciate Chamisso's accomplishments as a *botanical taxonomist,* as his first descriptions of California plants, gathered by himself, have been reprinted here form the original. Mrs. G. F. Ferris, Dudley Herbarium of Stanford University, made up this list and consulted „Linnaea" vol. I, II, III, IV, VI and XI and gave as parallel the modern names of all plants mentioned, according to „Manual of the Flowering Plants of California" by W. L. Jepson" s. S. 32, 41–43.)

1935 *Handwörterbuch der Naturwissenschaften,* 2. Aufl. Bd. X (s. ‚Adelbert von Chamisso'; ‚Salpen'; ‚Tunicata'; ‚Korallenriffe'; ‚Pflanzengeographie'; ‚Torfmoor'; ‚Geschichte der Botanik'.
(Die Leistungen Chamissos als Naturforscher werden nur beiläufig erwähnt. Der Autor *Harms* schreibt von „Bestrebungen" und „Neigung".)
Breitschneider, E.: History of European botanical discoveries in China, Leipzig (Nachdruck v. 1898).

(Chamisso als Botaniker, Zoologe, Weltumsegler gewürdigt.)

1936 *Schmucker, Th.:* Geschichte der Biologie, Forschung und Lehre, Göttingen.
(*Steenstrup* als Erforscher des Generationswechsels, *Chamisso* „Dichter und adeliger Emigrantensohn".)

1938 *Keil, A.:* Chamisso als Naturforscher, in „Der Biologe", 7. Jahrgang, Berlin.
(Biographische Angaben ohne Werkhinweise außer „Reise um die Welt".)
Anker, J. und Dahl, S.: Werdegang der Biologie, übers. aus dem Dänischen, Leipzig.
(Chamisso als Entdecker des Generationswechsels, der von Steenstrup bestätigt und weiter bearbeitet wurde.)

1942 *Schmid, G.:* Chamisso als Naturforscher, Eine Bibliographie, Leipzig.
(Gründliche Arbeit, zuverlässige Angaben. Diese vorbildliche Zusammenstellung hat die Arbeit der Herausgeberin, die „Naturwissenschaftlichen Schriften" Chamissos zusammengetragen, möglich gemacht und wesentlich erleichtert.)

1943 „*For itinary in Alaska*" cf. Bot. Not. 1940, Occ. Pap. Calif. Ac. Science, no. 20, 1943, p. 21–27.

1944 *Eastwood, A.:* The botanical Collections of Chamisso and Eschscholtz in California, Leaflets of Western Botany, April '44, San Francisco.
(Alle Pflanzenfunde (publ. in „Linnaea") werden zitiert, die Chamisso „ad portum San Francisco" gesammelt hat, und bemerkt: „but judging by the number of distinct species of plants collected, it must have been a year of early rains. – Very few if any are to be found there today", s. S. 32, 41–43.)

1950 *Flora Malesiana,* Bd. 1, Chamisso, Adelbert von: (Genaue Angaben über „Reise um die Welt“; Hinweis in welchen Herbarien sich gesammelte Pflanzen von Chamisso befinden.)

1951 *Gothan, W.:* Die Geschichte der Paläobotanik und ihre Ausweitungen in Berlin, Deutsche Akademie der Wissenschaften, Vorträge und Schriften, Heft 42, Berlin.
(„Chamisso hat (1822) den Nachweis geführt, daß es sich um echte Landpflanzen handelte, wie Phragmites, Eriophorum, Carex, Menyanthes usw. . . . .“ s. S. 109–143).

1954 *Bessler, O.:* Chamisso als Naturforscher; bisher unveröffentlichte Briefe, Wissenschaftl. Zeitschr. Martin-Luther-Universität, Halle-Wittenberg.

1955 *A Century of Progress in the Natural Sciences 1853–1953* ed. Ewan, California Academy of Sciences, San Francisco.
(Über *Chamisso*, Adelbert Ludwig von, 1781–1838, haben folgende Autoren gearbeitet: Alden, Brewe, Eastwood, Embacher, Essig, Hultén, Lasègue, Urban, Van Steenis, A. C. Mahr, A. Eastwood, Safford, Storer.)

1957 *Neue Deutsche Bibliographie 3,* Adelbert von Chamisso (Text: A. Elsenbroich).
(„Chamisso als bedeutender Florist Amerikas, der Arktis und der Südsee.“ Aber die Abhandlung über die Salpen, „Linnaea“ etc. werden nicht erwähnt. Er ist ein „Dichter der Schullesebücher“.)

1959 *Stresemann, E.:* Eine Charakteristik Adelbert von Chamissos aus dem Jahre 1815, Forschungen und Fortschritte, Nachrichtenblatt der deutschen Wissenschaft und Technik, 33. Jg., Heft 5.

1960 *Hultén, E.:* Flora of the Aleutian Islands, Weinheim/ New York.
(Ausführliche Darstellung Chamissos als Pflanzensammler und Taxonom. s. S. 22, 35–39 „Unalaschka“).

1961 *Contributions Dudley Herbarium,* May 1961, Pao Alto, Calif.
(Chamisso made the „first really extensive collection“.)

1965 *Portmann, A.:* Gestalt als erstes und letztes Problem der Lebensforschung, Eranos-Jahrbuch 34.
(Würdigt ausführlich die Abhandlung „De Salpa“ und schreibt: „Die Entdeckung Chamissos hat also in einer unauffälligen Form eine ähnliche Wirkung gehabt wie seinerzeit die Weltreise von Darwin auf dem Vermessungsschiff ‚Beagle‘. Sie hat das Denken in den Begriffen der Evolutionslehre vorbereitet.“)

1966 *„Deutscher Geist“,* ein Lesebuch aus zwei Jahrhunderten, Band 1, hrsg. Oskar Loerke und Peter Suhrkamp, Frankfurt.
(Auszug aus „Ansichten von der Pflanzenkunde und dem Pflanzenreiche“; s. S. 145–228.)

1968 *Hultén, E.:* Flora of Alaska and Neighboring Territories, Stanford Univ. Press Calif.
(„The first more extensive collections in Alaska were made by Adelbert Ludwig von Chamisso „naturalist and poet“. – Bibliogr. „Bemerkungen und Ansichten“, „Reise um die Welt“, „Linnaea“ vols. I-X“, „Notices respecting the botany of certain countries“, Bot. Misc. 1, 1830, London.)

1969 *Bernardi, L.:* De Labillardière à Cowan en passant par Chamisso, Genève.
(Der Autor diskutiert Chamissos Beschreibung der Gattung *Pyramia* und ist unsicher, ob dieser sie

A. Pyrame de Candolle gewidmet habe. – Chamissos Mitarbeit an dem von de Candolle herausgegebenen „Prodromus. . .“ macht dies mehr als wahrscheinlich.)

1970 *Lasègue, A.:* Musée botanique de M. Benjamin Delessert with an introduction F. A. *Stafleu,* 1840/reprint (Chamissos Tätigkeit wird mehrere Male ausführlich beschrieben als *Taxomon,* als *Forschungsreisender,* als *Pflanzensammler,* als *Donator* etc.)

Chamisso, A. von: „Reise um die Welt“ hersg. W. *Migge.* (Erwähnung von „Die Salpe“ und „die naturwissenschaftlichen Arbeiten sind umfangreicher“.)

1971 „Pflanzenjäger oder die abenteuerliche Suche nach dem Grünen Gold“ von Tyler Whittle, deutsche Übersetzung mit Anhang „Über die deutschen Pflanzenjäger“, München.

(Chamissos „wissenschaftliche Leistung längstens überholt“. Herbar und Taxonom werden mit keiner Zeile erwähnt.)

1976 *Stafleu, F. & Cowan, R.:* Taxonomic literature: a selective guide to botanical publications with dates, vol. I A–G, 2nd ed., Utrecht.

(Vollständigste Referenzen über Chamissos Wirken, inkl. Angabe, in welchen Bibliotheken sich die Publikationen befinden. – Literaturnachweis aller Abhandlungen über Chamisso bis 1961.)

1978 *Dictionary of Scientific Biography,* vol. XV, suppl. 1, New York.

(Unter *Chamisso, Adelbert von,* wird von *D. Rudnick* Leben und Werk des Naturforschers ausführlich dargestellt, was in keinem deutschsprachigen Lexikon geschah.

Da heißt es: „For scientists he is the naturalist, who explored Pacific Shores many years before Darwin, bringing back rich botanical collections, incidentally naming the California poppy and leaving his own name to an Alaskan island." Über „De Salpa": „. . . includes an accurate identification of the alternation of generations in salps, which was only later to be recognized in other animal and in most plant groups, ... and is illustrated with beautiful lithographs of Chamisso's accurate and finely executed drawings." „He was an active, keen, and humorous observer in fields as various as biogeography, ecology, meteorology, oceanography, linguistics, and ethnology – not to mention botany, zoology and geology. He was the first to propose floating fruits as gents for populating islands and to ascribe the coloration of seawater to pigmented microorganisms." Ausgezeichnete Bibliographie.)

1979 *Englera* 1 – „Veröffentlichungen aus dem Botanischen Garten und Botanischen Museum Berlin-Dahlem": *B. Zepernick* und *F. K. Timler* „Grundlagen zur 300jährigen Geschichte des Berliner Botanischen Gartens, s. S. 9, 36–38 mit wichtigen Literaturangaben über Chamissos Tätigkeit als Botaniker.

1980 *Moor- und Torfkunde,* hersg. K.H. Göttlich unter Mitarbeit namhafter Fachleute, 2. Aufl., Stuttgart. (In „Geschichte" der Torfmooruntersuchungen wird Chamissos Arbeit *nicht* erwähnt.)

1981 *von Chamisso, D.,* Adelbert von Chamisso, Bild seines Lebens, Berlin-Dahlem.
(Wertvolle Angaben über Kindheit, Werdegang, Zeittafel. Auswahl von Pflanzen, Orten, Tieren, die zu Ehren Chamissos benannt wurden.)

1982 *von Chamisso, D./ Timler, F. K.:* Chamissos Berliner Zeit, Berliner Forum 4, Berlin-West (Lebensbild des Menschen, Dichters und Botanikers mit unveröffentlichten Abbildungen aus dem Familienarchiv)

Personenregister

Buch, Leopold Frhr. v. (1774–1853), Geologe, Mitgl. Preuß. Akademie der Wissenschaften, Berlin.

Busch, N. A. (1869–1941), russischer Botaniker, bes. Cruciferae; 80, 81.

Candolle, Alphonse de (1806–1893), schweizerischer Botaniker; Prof. Univ. de Genève; Sohn von

Candolle, Augustin Pyramus de (1778–1841), berühmter Systematiker, u. a. „Prodromus systematis naturalis regni vegetabilis"; mit Chamisso Austausch wissenschaftlicher Ergebnisse; 10, 67–68, 240, 286, 295.

Chamisso de Boncourt, Louis Marie, Comte de (1738–1806) verheiratet mit Marie Anne Argam (1751–1806); sieben Kinder; vorbildliche Verwaltung der Ländereien; Rittmeister, Offizier im Emigrantenheer de Broglie. 1792 Versteigerung des Hausrates von Schloß Boncourt, Abbruch desselben. Exil der ganzen Familie. 1801 Rückkehr nach Frankreich, außer den beiden jüngsten Söhnen Charles Louis Adelaide (später Adelbert von Chamisso) (1781–1838) und *Eugène* (1738–1802). Mit den Eltern nahmen wieder Wohnsitz in Frankreich Charles Louis Marie *Hippolyte* (1769–1841), *Charles* Louis (1774–1826) und die einzige Schwester und Vertraute Adelberts *Maideleine* (Lise). – Adelbert von Chamisso heiratete 1819 Antonie Franziska *Piaste* (1800–1837); sieben Kinder. Der zweitjüngste Sohn *Hermann* (1832–1886) war praktizierender Arzt in Berlin, auch Botaniker, und wird als Gewährsmann in Aschersons Berliner Flora aufgeführt.

Chézy, Helmina Christiane von (geb. v. Klencke) (1783–1856), Schriftstellerin. Übersetzte gemeinsam mit Chamisso Werke von A. W. Schlegel, der in jener Zeit Reisebegleiter von Frau von Staël war; 237.

Choris, Login (Louis) Andrewitsch (1795–1828), russischer Zeichner und Lithograph; Teilnehmer an der Romanzoffschen Expedition 1815–1818; lebte in Paris; 20, 86, 249, 250.

Correns, Carl E. (1864–1933), Botaniker, Dir. Kaiser-Wilhelm-Inst. f. Biologie, Berlin, Hauptwerk über Vererbungslehre; 290.

Cotta, Carl Bernhard v. (1808–1879), Geologe, Mineraloge, Prof. Bergakademie Freiburg i. Sachs.

Cuvier, Georges Frédéric, Baron de (1769–1832), Zoologe, Paläontologe, agrégé de l'Académie Francaise, lebte in Paris. Cuvier ermunterte seinerzeit Chamisso, die Abhandlung „De Salpa" sofort zu publizieren, was dieser befolgte; 18, 61–62, 245.

Darwin, Charles (1809–1882), Naturforscher, Begründer der Evolutionslehre; Expedition „Beagle" 1831–1836; lebte in London und Down; Darwin, der Chamissos Arbeiten bestens kannte, erwähnte öfters „this justly distinguished naturalist" s. u. a. „Voyage of a Naturalist round the World" (1845); 10, 227, 283–284, 286.

Delessert, Benjamin (1773–1847), französischer Industrieller, Bankier, Philanthrop, Förderer der Naturwissenschaften, bes. Botanik (s. Lasegue „Le musée botanique de B. D." 1842/1974) Beiträge in „Linnaea"; 228, 295.

Delessert-Boy de la Tour, Madeleine (1747–1816), Mutter des Vorigen: Empfängerin der „Botanischen Lehrbriefe" von Jean-Jacques Rousseau, dem sie in lebenslanger Freundschaft verbunden war. Chamisso verehrte das philosophisch-pädagogische Werk Rousseaus ebenso wie seine botanischen Schriften, die er bestens kannte.

Don, George (1798–1856), schottischer Pflanzensammler, bes. Brasilien, Westindien, Afrika.

Dumont d'Urville (Durville), J. S. C. (1790–1842), Leiter der Forschungsschiffe „Astrolabe" (1826–29) und „Zelée" (1937–40) nach der Südsee.

Ecklon, Chr. Fr. (1795–1868), botanischer Sammler, lebte meist in Kapstadt. Unter „Plantae Ecklonianae" besprach Chamisso viele Familien in „Linnaea"; 265, 268.

Ehrenberg, Chr. Gottfried (1795–1876), Naturforscher, Expedition mit Hemprich nach Ägypten, Sinai, Rotes Meer (1820–25) mit A. von *Humboldt* und H. *Rose* nach dem Ural und Altai; 249, 265, 267, 278, 286, 289.

Engler, H. G. A. (1844–1930), Botaniker, Prof. Univ. Berlin, Direktor Botanischer Garten Berlin; führender Systematiker, u. a. „Die natürlichen Pflanzenfamilien", „Versuch einer Entwicklungsgeschichte der Pflanzenwelt" (1879).

Erman, Paul (1764–1851), Physiker, Lehrer an der Kriegsschule und am Collège Français, wo Chamisso sein Schüler war, der sich durch Fleiß und Begabung auszeichnete. Später, an der jungen Universität Berlin, wo Erman lehrte und Chamisso studierte, begegneten sie sich wieder; freundschaftliche Beziehung, reger geistiger Kontakt dauerten bis ans Lebensende Chamissos, dessen Gedicht „Ich bin nach Weisheit weit umher gefahren" seinem Lehrer gewidmet ist; 236, 243, 278.

Eschricht, Daniel F. (1798–1863), Anatom und Zoologe, Prof. Univ. Kopenhagen; 284.

Eschscholtz (Eschholz), Johann Fried. (1793–1831), Arzt und Zoologe; Schiffsarzt auf der Forschungsexpedition „Rurik"; Freundschaft und Zusammenarbeit mit Chamisso, der nach ihm die neue

mann. In seiner Knabenzeit wurde er von Chamisso in Französisch und Botanik unterrichtet; 242.

Itzenplitz, Henriette Charlotte von (1772–1848), Gattin des Folgenden. Berühmte Gartenanlagen.

Itzenplitz, Peter Alexander Graf von (1768–1834), Besitzer der Herrschaft Kunersdorf-Friedland bei Wrietzen. Hervorragender Landwirt und Verwalter seiner Güter, Staatsrat, Generalintendant, preuß. Domänen und Forsten.

Kadu (Cadu) – Eingeborener von der Insel Ulea (Ratak-Inselgruppe) Freundschaft mit Chamisso. Lieferte wertvolles Informationsmaterial in ethnologisch-geographischer Hinsicht. Begleiter der Expedition nach den arktischen Meeren (1817–1818); 15.

Kaulfuß, Georg Fried. (17?–1830), Botaniker, bes. Farne; Chamisso übergab ihm alle auf seiner Weltreise gesammelten Farnarten zur Bearbeitung (s. W. J. Hooker und Greville „Icones filicum" 1827/30); 256.

Kittlitz, Fried. Heinr. Freih. v. (1799–1874), Naturforscher und Zeichner. Teilnehmer der Expedition „Senjawin" (1826–29); 62, 269.

Klengel, Friedrich (1865–?), Zoologe, Univ. Berlin, u. a. geschichtliche Darstellung „Über den Generationswechsel" (1914); klare Herausstellung von Chamissos Entdeckung und Abhandlung „Über die Gattung Salpa"; 288.

Klotzsch, Joh. Friedrich (1805–1860), Botaniker, Chamissos Nachfolger als Kustos am Kgl. Herbarium zu Berlin; In „Linnaea" VIII widmete Chamisso ihm die neue Umbelliferen-Gattung „Klotzschia"; 268.

Koelreuter, J. G. (1733–1806), Dir. Botanischer Garten Karlsruhe; 167, 226.

Kotzebue, Otto von (1787–1846), Offizier und Kapitän im russischen Dienst. Zwei Forschungsexpeditionen: „Rurik" (1815)1818 mit Chamisso als Naturforscher, und „Predpriatie" (1823–26).

Krebs, L. (17?–18?), Pflanzensammler, seit 1816 in Grahamstown (Kapland) als Apotheker ansässig.

Krusenstern, J. Adam von (1770–1846), Seefahrer, leitete die erste russische Weltumsegelung 1803–1806.

Kunth, Carl Sigismund (1788–1850), Botaniker, botanisierte mit Chamisso in Berlin. 1813–1819 Bearbeiter der Reiseherbarien A. von Humboldts und Bonplands. Später Prof. an der Universität Berlin; 70, 242.

Kuntze, Otto (1843–1907), Botaniker, hauptsächlich Nomenklatur, lebte in Leipzig; 281.

Herausgeber der „Linnaea“ seit 1826; dann auch „Botanische Zeitung“ mit H. v. Mohl (1843). In seinem Nekrolog betonte er, daß die Herausgabe der „Linnaea“ nur möglich geworden sei durch die tätige Mitarbeit Chamissos; 241, 257, 258–59, 278, 284.

Schleiden, Matthias, J., Botaniker, Kulturhistoriker, Prof. Univ. Jena.

Schleiermacher, Friedr. E. D. (1768–1834), Religionsphilosoph, Prof. Univ. Berlin; 236.

Schmid, Günther (1888–?) Botaniker, Prof. Univ. Halle a.d.S., Verfasser der vorzüglichen Bibliographie „Chamisso als Naturforscher“ Leipzig (1942); 42, 242.

Schmidt, Joh. Carl (1793–1850), Botaniker, Verwalter des Shuttleworthschen Privatherbars in Bern.

Schwendener, Simon (1829–1919), Botaniker, Univ. Professor in Basel, Tübingen, Berlin. Dir. Bot. Garten Berlin, u. a. „Theorie und Anwendung des Mikroskops“, zahlreiche Publikationen (Flechten, Blattstellung usw.); 43.

Sellow (Sello) Friedrich (1789–1831), deutscher Forschungsreisender und Sammler. Seit 1814 in Brasilien. Bearbeitung seines Pflanzenmaterials in „Linnaea“; 268, 286.

Seringe, Nicolas Charles, französischer Botaniker, Prof. Faculté des Sciences Lyon.

Sprengel, Kurt (1766–1833), Botaniker und Mediziner, Prof. Univ. Halle; 257.

Staël-Holstein, Anne Louise Germaine Baronne de, geb. Necker (1766–1817), einflußreiche Bücher u. a. „De l'Allemagne“; literarischer Salon. Von Napoleon verbannt. Chamisso, der damals in ihrem Kreis lebte, begleitete Madame de Staël nach Coppet. Hier „im botanischen Garten Europas“, wandte sich Chamisso der Pflanzenkunde zu; 236–240.

Staël, Auguste L. Baron de (1790–1827), Privatmann, Botaniker, lebte in Coppet und Paris. Chamisso widmete ihm die Gattung Staelia aus der Familie der Rubiaceae; 240, 256.

Steenstrup, Johann J. Smith (1813–1897), Zoologe, Prof. Univ. Kopenhagen. Sein Werk „Om Forplantning og Udvikling gejennem vexlende Generationsraeker. . .“ („Über den Generationswechsel“), 1842 publiziert, enthält eine volle Würdigung von Chamissos Entdeckung und Abhandlung „Über die Gattung Salpa“. Und doch wird in manchen Nachschlagewerken Steenstrup als Entdecker des Generationswechsels genannt; 62, 284, 289, 292.

für die Teilnahme an der Expedition von 1815 nach Brasilien wurde zurückgewiesen; 243.

Wiegmann, A. J. Friedr. (1771–1853), Botaniker, Berlin.

Willdenow, Carl Ludwig (1765–1812), Botaniker, Prof. an der neugegründeten Friedrich-Wilhelm-Universität 1810, wo sich zwei Jahre später Chamisso als stud. med. immatrikulierte. Bedeutendes Herbar; Forschungs- und Sammelreisen, bes. Oberitalien und Frankreich.

Zittel, K. A. von (1839–1904), Paläontologe, Professor Univ. München.

Sachregister

Konsultierte Werkausgaben

Adelbert von Chamisso, sämtliche Werke, Erster–Vierter Band. (Ausgabe letzter Hand), Leipzig, 1836; Fünfter und Sechster Band, (hersg. von J. E. *Hitzig* nach seinem Tode) „Leben und Briefe“ von Adelbert von Chamisso, Leipzig 1839. – Fünfte vermehrte (und berichtigte Auflage) besorgt von Friedrich Palm, Berlin 1864. Zuverlässige Angaben über den Naturforscher.

Chamissos Werke, herausgegeben von Oskar F. *Walzel,* o.J. (1892). – In der Einleitung wird die wissenschaftliche Laufbahn berücksichtigt.

Chamissos gesammelte Werke in 2 Bänden. Biographische Einleitung Max *Koch,* Stuttgart, 1905. – In der Einleitung Naturforscher berücksichtigt. Auszug aus „Ansichten von der Pflanzenkunde und dem Pflanzenreiche; „Notice sur les îles de corail du grand Ocean“.

Chamissos Werke in drei Bänden, hersg. mit biographischer Einleitung von Hermann *Tardel* (Meyers Klassiker-Ausgaben), Leipzig, o.J. (1907). – Kritisch durchgesehene und erläuterte Ausgabe. Naturforscher wird berücksichtigt; enthält „Notice sur les îles de corail du grand Océan“.

Chamissos Werke in fünf Teilen, neu herausgegeben mit Einleitung und Anmerkungen von Max *Sydow,* Berlin, o.J. (1909). – Naturforscher in biographischer Hinsicht berücksichtigt.

Chamissos Leben und Werke, herausgegeben von Adolf *Bartels,* in vier Bänden (Biographie und Charakteristik), Leipzig 1917. – Naturforscher erwähnt.

Adelbert von Chamisso – Sämtliche Werke in zwei Bänden, nach dem Text der Ausgaben letzter Hand und Handschriften; Textredaktion Jos *Perfahl;* Bibliographie, Anmerkungen, Nachwort Volker *Hoffmann,* München 1975. – Enthält „Notice sur les iles de corail“; im Glossar präzise Angaben zoologischer und botanischer Namen. *Alle Seitenverweise beziehen sich auf diese Werkausgabe.*

Adelbert von Chamisso – Sämtliche Werke in zwei Bänden, herausgegeben von Werner *Feudel* und Christel *Laufer*, München 1982 (in Vorbereitung); in der Verlagsanzeige keine besondere Berücksichtigung des Naturforschers.

Biographische Darstellungen (Auswahl)

„Leben und Briefe“, 2 Bände, hersg. J. H. Hitzig (1839).
Werner Feudel: „Adelbert von Chamisso“ (1971).
Karl Fulda: „ Chamisso und seine Zeit“ (1881).
Martin Möbius: „Chamisso als Botaniker“ (1918).
René Riegel: „Adelbert von Chamisso“ (1934).
D. F. L. Schlechtendal: „Dem Andenken an Adelbert von Chamisso“ (1839).
Günther Schmid: Chamisso als Naturforscher, eine Bibliographie (1942).
Dorothea von Chamisso: Adelbert von Chamisso, Bild seines Lebens. „Zeittafel“ von E. Potztal, 1981.

Literaturnachweis

K. von Bülow: „Allgemeine Moorgeologie“ (1928).
A. Englers „Syllabus der Pflanzenfamilien“, 12. Aufl.
G. Hegi: Illustrierte Flora Mitteleuropas, 13. Bde. (1906–1931).
V. Heywood: Flowering Plants of the World (1978); „Blütenpflanzen der Welt“ (1982).
E. Hultén: „Flora of Alaska and Neighboring Territories“ (1968).
E. Hultén: „Flora of the Aleutian Islands“ (1960).
Friedrich Klengel: „Die Entdeckung des Generationswechsels“ (1914).
A. C. Mahr: „The Visit of the ‚Rurik‘ to San Francisco in 1816“, (1932).
M. Rothmaler: „Exkursionsflora von Deutschland“ (1963).
J. C. Willis: „A Dictionary of the Flowering Plants and Ferns“, (1973).
„Moor- und Torfkunde“, hersg. K. Göttlich (1980).

Bildnachweis

Zeichnungen von *AvCH: Aristolochia* aus „Linnaea“, Bd. VII, *Lacis* aus „Linnaea“ Bd. V und VI, *Potamogeton* aus „Linnaea“ Bd. IV, V, VI (Bibliothek Botanisches Museum Berlin-Dahlem); *De Salpa* aus „De animalibus quibusdam. . .“ (1819), (Bibliothèque de la Ville de

Neuchâtel, Schweiz); *Draba ? parryoides* aus: A. Ermans „Reise um die Erde“ (1835) (Stadtbibliothek Schaffhausen, Schweiz).

Eschscholtzia californica (Zeichnung von F. Gimpel) aus „Horae physicae Berolinensis (1820); *Erica chamissonis* aus Curtis Botanical Magazine, Nr. 6108 (Bibliotek Botanisches Museum Berlin-Dahlem).

Adelbert von Chamisso (nach einer Zeichnung von E. T. A. Hoffmann) (Bildarchiv Preußischer Kulturbesitz). Wappen *von Chamisso de Boncourt,* Familienarchiv von Chamisso de Boncourt, Leverkusen.